事故分析のためのヒューマンファクターズ手法

実践ガイドとケーススタディ

ポール・サーモン／ネビル・スタントン／マイケル・レネ
ダニエル・ジェンキンス／ローラ・ラファティ／ガイ・ウォーカー 著

小松原明哲 監訳

KAIBUNDO

Human Factors Methods and Accident Analysis
by Paul M. Salmon et al.

目 次

著者紹介

ポール・サーモン（Paul M. Salmon）

モナッシュ損害研究所ヒューマンファクターズグループ，
モナッシュ大学クレイトンキャンパス事故リサーチセンター・災害回復ユニット
Victoria 3800, Australia
paul.salmon@monash.edu

ポール・サーモン博士はモナッシュ損害研究所ヒューマンファクターズグループの上席研究員で，公衆衛生分野において Australian National Health and Medical Research Council（NHMRC）のポスドク特別研究員でもある。ポールは軍隊，航空，道路，鉄道輸送機関などの多くの領域において約 10 年間の応用人間工学の研究経験を有しており，8 冊の書籍，60 を超える査読論文，多数の会議論文，共同執筆書を著す。近年，ポールは王立航空協会誌 *Aeronautical Journal* に共同執筆論文を寄稿し，これに対して 2007 年に同協会から Hodgson 賞を与えられた。さらに，Human Factors Integration Defence Technology Centre（HFI DTC）の同僚らと共に 2008 年に英国人間工学会から会長賞が与えられた。ポールは，人間・社会科学分野におけるオーストラリア優秀若手研究者賞の候補にも選ばれている。

ネビル・スタントン（Neville A. Stanton）

サザンプトン大学社会環境工学部交通研究グループ
Highfield, Southampton, SO17 1BJ
n.stanton@soton.ac.uk

スタントン教授は，サザンプトン大学社会環境工学部においてヒューマンファクターズの教授を務めている。彼は，150 以上の学術論文，ヒューマンファクターズと人間工学に関する 20 冊の書籍を著している。彼は工学心理学とシステム安全に関する共同執筆論文により，1998 年に，Institution of Electrical Engineers Divisional Premium Award を授与された。英国人間工学会は，人間工学の基礎および応用研究に関する彼の貢献に対し，2001 年に Otto Edholm 賞を，2008

年には学会長賞を授与した。2007 年には，王立航空協会は，フライトデッキの安全に関する研究に対して，彼とその同僚らに Hodgson Medal および Bronze Award を授与している。スタントン教授は *Ergonomics* 誌の編集委員であり，*Theoretical Issues in Ergonomics Science* および *International Journal of Human Computer Interaction* の編集委員会に属している。スタントン教授は 英国心理学会のフェロー・認定心理学者であり，また英国人間工学会のフェローでもある。彼は，ハル大学から産業心理学の理学士，バーミンガム大学アストン校において応用心理学の修士，ヒューマンファクターズの博士号を取得している。

マイケル・レネ（Michael G. Lenné）

モナッシュ大学事故リサーチセンター，
ヒューマンファクターズグループリーダー
Victoria 3800, Australia
Michael.lenne@monash.edu

マイケル・レネ博士はモナッシュ大学事故リサーチセンターでヒューマンファクターズチームを率いており，最近では，西オーストラリアのパースにあるカーテン・モナッシュ事故研究センターの非常勤准教授と次長を務めている。マイケルは実験心理学の博士号を有しており，過去 18 年間にわたって，道路交通，鉄道，軍事航空，海事を対象に，シミュレーションによる人間のパフォーマンス測定に従事してきた。彼も彼の率いる科学者チームも，シミュレーションに強い関心を寄せている。センターでは最近，テスト車両を用いて道路走行時のドライバーのパフォーマンスを計測する新手法を導入した。彼は現在，シミュレーションと路上テストの双方から，インフラデザインが人間のパフォーマンスとエラーに対して与える影響，車内システムがドライバーのパフォーマンスと不注意に与える影響，アルコールや薬物が運転パフォーマンスに与える影響について研究している。彼はまた，ヒューマンエラー，事故調査とシステム安全を専門にしており，航空業界での事故調査や報告プログラムの開発，ヒューマンファクターズ手法を用いた運輸・非運輸領域のデータ解析を行っている。

ダニエル・ジェンキンス（Daniel P. Jenkins）

ソシオテクニカルソリューション社
2 Mitchell Close, St Albans, Herts, UK.
dan@sociotechnic.com

ダン・ジェンキンス博士は，フリーランスのヒューマンファクターズエンジニアであり，ソシオテクニカルソリューション社の責任者である。ダンは，2004 年にブルネル大学において最優秀の学業成績で大学賞を受賞，卒業した。Mechanical Engineering and Design の修士号を有している。その後，自動車技術者としての彼の経歴が始まった。自動車産業に属していたときに，ダンは人間工学とヒューマンファクターズに強い関心を持った。2005 年に，ダンは人間工学研究グループでフルタイムの研究員としてブルネル大学に戻った。ダンは研究員として勤める傍ら，Human Factors and Interaction Design の博士課程で研究し，2008 年に博士号を取得，工学部より Hamilton Prize for the Best Viva を授与された。2009 年に，ダンは自身のコンサルタント会社を設立し，そこで広範囲にわたるさまざまな産業経験を積んだ。ダンはそれらの経験を防衛，原子力施設，自動車，潜水艦，航空，警察，制御室設計といったさまざまな分野での研究に展開した。ダンは 8 冊の書籍を共著し，40 以上の査読論文，さらに多数の学会論文，図書の分担章を執筆している。基礎と応用的人間工学研究における貢献に対し，ダンと彼の同僚らは，2008 年に英国人間工学会長賞を授与された。

ローラ・ラファティ（Laura Rafferty）

サザンプトン大学社会環境工学部交通研究グループ
Highfield, Southampton, SO17 1BJ
l.rafferty@soton.ac.uk

ローラ・ラファティ博士はサザンプトン大学の交通研究グループの研究員で，心理学の学士号とヒューマンファクターズの博士号を有する。ローラは，軍の同士撃ち発砲事故，チームにおける自然主義的な意思決定やヒューマンファクターズ手法，事故原因とその分析を含むさまざまな分野について，応用的なヒューマンファクターズ研究を 5 年以上経験している。ローラは，3 冊の書籍，多数の査読論文，学会記事を含む多くの出版物を執筆・共同執筆している。

ガイ・ウォーカー（Guy H. Walker）

ヘリオット–ワット大学建築環境学部
Edinburgh, UK, EH14 4AS
G.H.Walker@hw.ac.uk

ガイ・ウォーカー博士はエジンバラのヘリオット–ワット大学建築環境学部の講

師であり，インフラと交通輸送におけるヒューマンファクターズ研究に注目している。彼とその同僚はその原著論文により，英国人間工学会長賞を受賞している。彼はまた，ヒューマンファクターズ手法の主要な記事を含むヒューマンファクターズの多様な話題に関する 9 冊の書籍の著者・共著者であり，50 以上の国際的な査読論文を執筆・共同執筆している。

謝　辞

本書に述べる各研究に携わった，あるいは本書の原稿の準備，査読に協力していただいた多くの同僚たちに，心から感謝を申し上げたい。とくに本書で紹介される多くの事例研究に携わった我々の同僚である Chris Baber，Missy Rudin-Brown，Eve Mitsopoulos-Rubens，Amy Williamson，Charles Liu，Margaret Trotter，Elizabeth Varvaris，Mike Regan，Narelle Haworth，Nicola Fotheringham，Karen Ashby，Michael Fitzharris に対して，深甚なる謝意を表したい。本書で紹介される多くの研究プログラムを実現し，資金を提供していただいた先見性と主導性のある各組織に，心から感謝を申し上げる。データ収集と分析活動に援助を賜り，また分析結果に価値ある解釈や考察を提供してくださった多くの各専門家にも心から感謝したい。最後に，本書の最終原稿を査読してくださった Kerri Salmon と，終始，有益なコメントをお寄せくださった Miranda Cornelissen にお礼を申し上げる。

なお，本書をまとめるに際して，Paul Salmon は，Australian National Health and Medical Research Council 訓練フェローシップ，およびモナッシュ大学事故リサーチセンター戦略的開発計画基金からの資金提供を受けた。

はじめに

事故，事故原因，事故防止は，ヒューマンファクターズと人間工学（ergonomics）研究において，世界的な重要テーマである。本書を著している現時点で，ヒューマンファクターズと人間工学の主要なジャーナル（*Ergonomics, Human Factors, Applied Ergonomics, Theoretical Issues in Ergonomics Science, Safety Science, Accident Analysis and Prevention*）において，タイトル，アブストラクト，キーワードに「accident」（事故）という単語を含む 1970 年代以降の査読付き論文は 2000 以上に上っている。

さらに，学術記事を概観すると，さまざまな領域において事故に焦点を当てた文献が見られる。たとえば，道路交通（Clarke et al. 2010），航空（Griffin et al. 2010），医療（Harms-Ringdahl 2009），海事（Celik and Cebi 2009），鉄道（Baysari et al. 2009），野外教育活動（Salmon, Williamson et al. 2010），鉱業（Patterson and Shappell 2010），建設（Wu et al. 2010），武装警察活動（Jenkins et al. 2010），軍事（Rafferty et al. 2010），食品業界（Jacinto et al. 2009），農業（Cassano-Piche et al. 2009），ダイナマイト製造（Le Coze 2010）などがある。

事故に焦点を当てた研究がきわめて多数なされてきているにもかかわらず，事故に関する我々の理解は不完全なままであり，事故は複雑な社会技術システムにおいて相変わらず起こり続けていることは広く認識されている（Hollnagel 2004）。これは，研究が貧弱だからではない。そうではなく，事故の進展の仕方が，確率的な複雑性を持つという本質を反映している。したがって，ヒューマンファクターズの研究者，実務者，事故調査員，安全担当者が事故分析や事故調査をするために用いる手法は，安全のためにシステムのどこが改善されるべきかを示すだけではなく，事故の背後にある原因についての理解を深めるためにも重要性を帯びるものである。事故はこれからも起こり続けることは確かなことである。そこで，事故が起こったときには可能な限り事故から学びとることがきわめて重要となる（Reason 2008）。この領域の中心人物である James

Reason は，組織が，事故やニアミスのデータから可能な限り学びを得ることの必要性について語っており，それに成功した組織のことを，潜在的な敵の出現に備えて絶えず周辺を警戒する注意深いリスに例えている（Reason 2008）。

一言でいうと，適切な事故分析法なしでは，事故の理解と事故を防ぐ能力は制限を受けてしまう。しかし，驚くことでもないが，ありがたいことに，ヒューマンファクターズの学問領域からは，多くの事故分析手法が生み出されている。ヒューマンファクターズは，社会技術システムにおける人間のパフォーマンス研究，すなわち「人とその労働環境との関係性に関する科学的研究」に深く関係している（Murrell 1965）。社会技術システムの安全性と効率性について広く理解し，それを強化するためにヒューマンファクターズの学問は存在する。したがって，複雑な社会技術システムにおけるパフォーマンスを記述，理解，評価する多数の方法が，ヒューマンファクターズの研究者と実務者によって使われている。

これらの体系化された手法は我々の学問領域の主要部分を形成しており，最近の報告では優に 100 以上の学術記事が報告されているという（Stanton et al. 2005）。それらは，さまざまな事柄をカバーしており，たとえば状況認識，意思決定，ワークロードといった個々のオペレーターにかかわることから，チームワーク，調整，協同といったチームに関すること，さらには，事故，安全文化，トレーニング，システムデザインなどといったシステムに関することにまでわたっている。多くの異なる方法が存在，発達し，多くの異なる目的に適用されているが，それらの大部分は事故分析に適用することができる。それらのいくつかは事故分析に特化して開発されており，理解が容易である。しかし，いくつかの手法は他の目的のために開発されており，それほど理解が容易ともいえないが，事故とその原因について独自の見通しを提供するものであり，大変有用である。この本の目的は，著者らが以前，さまざまな領域における事故分析のために用いたヒューマンファクターズ手法について，詳細なガイダンスを提示することにある。

本書の対象読者と構成

この本は事故分析と調査にかかわっている，またはかかわることを希望する実務者や学生を含む研究者のために書かれたものである。本書は，読者の分析ニーズを満たすために，事故分析の適切な方法論の選択を意図しており，読者がその手法がどのように機能するかを学べ，その手法を効果的に適用できるよう，実際的なガイダンスとケーススタディを示すようにした。

読者は本書を順に読む必要はない。独立して各章を読むことができるようになっている。事故原因に関するモデルに詳しくない読者のために，まず第 1 章では事故原因に関するモデルの概要と事故分析法について，一般論を述べる。この章は事故原因について，革新的あるいは新しい見解を提供するものではない。むしろ，現在のヒューマンファクターズの文献の範囲内で，現状のごく一般的な概要を提供するものである。

第 2 章では事故分析法に関して，簡単な導入を提供する。そして，事故分析目的のために適用されてきた，もしくは適用することができるいくつかのヒューマンファクターズ手法について，少し詳しい解説とガイダンスを述べる。ここでは著者らがかねてより有用であると考えている次のヒューマンファクターズ手法の記述基準を利用して，各手法を説明していく（たとえば Salmon, Stanton et al. 2010，Stanton et al. 2004，Stanton et al. 2005）。

1. 名称と略称：手法の名称と，その関連した略称
2. 背景と適用：手法の概略，その起源，その後の展開など
3. 適用領域：その手法が当初開発，適用された領域，その後のその手法の他の領域への応用
4. 事故分析・事故調査への適用：事故分析と調査目的のために，その手法がどのように適用されたか
5. 手順と留意点：その手法の適用プロセスと，その手法に関する一般的なアドバイス
6. フローチャート：手法を適用するとき，分析者が従わなければならない手順を表すフローチャート
7. 利点：事故分析のためにその手法を用いることの主要な利点

8. 弱点：事故分析のためにその手法を用いる際の主要な問題点
9. 分析例：その手法を実際に適用したときに得られた結果例
10. 関連手法：その手法に密接に関連した手法。これは，その手法とともに適用されなければならない他の手法，その手法のインプット情報を与える他の手法，その手法と類似した他の手法などである。
11. おおよその訓練期間・適用期間：読者に対してイメージを与えるために，その手法を使用するにあたって必要な訓練期間と，実際に適用したときに要するおおよその時間
12. 信頼性と妥当性：その手法の信頼性や妥当性に関して，学術論文に発表されたエビデンスを紹介
13. 必要な道具：その手法を使用するときに必要とされる道具（たとえばソフトウエアパッケージ，ビデオ，オーディオ記録装置，メモ帳）
14. 推薦文献：その手法とその周辺のトピックとして，参考とすべき文献をリストアップ

手法の説明は 3 つのレベルを追って行う。まず，検討対象とした手法の詳細な概要を示す。次に，ある分析のために研究者や実務者が適切な手法を選択しようとする際に必要となるであろう情報（たとえば関連手法，分析結果例，フローチャート，訓練期間，適用期間，必要な道具，推薦文献）を示す。3 番目には，選択した手法をどのように適用するかについて，段階を追ったフォーマットで，詳細なガイダンスを示す。

第 2 章に引き続く各章では，第 2 章で記述された各手法について，著者らがかかわった適用事例を示していく。各々のケーススタディでは，体系化されたフォーマット，すなわち，なぜ，どうやってその手法を適用したのか，そして分析によって得られた結果と結論に関する概要を示す。7 つのケーススタディに引き続き，第 8 章では手法を統合的に用いたケーススタディを示す。これはヒューマンファクターズ手法を統合したフレームワークを事故分析のために用いたものである。ケーススタディの各章の概要を以下に示す。

第 3 章「AcciMap」：アウトドア活動と武装警官の対応に関するケーススタディ。第 3 章では，AcciMap 事故分析法（Rasmussen 1997）について，典型

的な2つのケーススタディを提示する。最初の事例はライム湾（イングランド南部の海岸沖）でのカヌー事故に関して，システムの広い範囲に存在した諸問題を記述するためにAcciMapを適用した例を示す。第2の事例では，ストックウェル（英国，南ロンドン）でのJean Charles De Menezes氏の銃撃事件の分析に関してのAcciMapの適用を示す。

第4章「HFACS（Human Factors Analysis and Classification System）」：オーストラリアの民間航空機事故と鉱山事故のケーススタディ。第4章では，HFACS（Human Factors Analysis and Classification System）（Wiegmann and Shappell 2003）について，2つのケーススタディを示す。最初の事例は，保険会社のデータベースにより得られたオーストラリアの民間航空事故の分析におけるHFACSの適用例を示す。2つ目の事例では，2007～2008年の間にオーストラリアの主要な鉱業会社で起こった263件の重大な採炭事故の分析にHFACSを適用した例を示す。

第5章「CDM（Critical Decision Method）」：小売業での労災事故のケーススタディ。第5章では，小売業における事故において，事故直前になされた判断を調査するため，認知的タスク分析アプローチであるCDM（Critical Decision Method）を用いたケーススタディを示す（Klein et al. 1989）。小売店労働者の49件の労災事故に関して，そこでの判断に影響している要因を調査するためにCDMが用いられたものである。

第6章「命題ネットワーク（Propositional Networks）」：同士撃ち砲撃事故のケーススタディ。第6章では，軍で生じた同士撃ち砲撃事故の分析のために命題ネットワーク分析方法を適用したケーススタディを示す（Salmon et al. 2009）。湾岸戦争における戦車チャレンジャーIIの同士撃ち砲撃事故に関する状況認識の失敗を説明するために，命題ネットワークが用いられたものである。

第7章「CPA（Critical Path Analysis）」：ラドブローク・グローブ事故のケーススタディ。第7章では，英国ラドブローク・グローブ鉄道事故の分析にCPA（クリティカルパス分析）を適用したケーススタディを示す。事故の直前に列車進入警告信号を出そうとした信号手の反応をモデル化することに，CPAが用いられた。

第 8 章：手法の統合事例。第 8 章では，異なるヒューマンファクターズ手法を統合したフレームワークを適用したケーススタディとして，Provide Comfort 作戦でのブラックホーク友軍砲撃事故の分析を示す。このケーススタディの目的は，ヒューマンファクターズ手法が事故を分析するためにどのように統合化され，有効に適用されるかについて示すことである。

第 9 章：まとめ。第 9 章では，事故分析法の有用性に関する考察を行う。各々の手法の分析結果を一般的な事故原因フレームワークにマッピングし，複雑な社会技術システムにおける事故原因を特定するための，各方法の能力について議論する。

1

事故，事故原因のモデル，そして事故分析手法

1.1 イントロダクション

学術論文には事故原因についてのさまざまな見方が示されており，長年にわたる興味深い話題となっている（たとえば Heinrich 1931）。しかし，ここではヒューマンファクターズの学問領域からもたらされた事故原因モデルのどれが最も良いのか，という議論をするのではなく，読者に対し，利用可能な，特徴あるいくつかのモデルの概要を示したいと思う。

まずは，「事故」の意味することについて説明することが必要と思われる。Hollnagel（2004）は，事故という言葉に関する一連の語源を整理したうえで，以下のように事故を定義している。すなわち，「望まれない，そして望ましくないアウトカムが結果としてもたらされる，短期的で突発的な予想外の事象または出来事」(Hollnagel 2004, 5)。そして Hollnagel（2004）は，それが事前の警告なしで起こるという点で，事象はゆっくり生じるのではなく，むしろ短期間に，突然発生するものであると指摘している。さらに Hollnagel は混乱を避けるために，事故（accident），不運（bad luck），不幸（misfortune），幸運（good luck），達成（achievement），目標の充足（goal fulfilment）を区別している。この区別を表 1-1 で示す。望まれない結果には 2 つの状況（すなわち事故あるいは不運・不幸）があるものの，そのなかでも事象が予想外または予測できないもののみが事故と定義されると示している。

表1-1　イベントとその結果

	望まれない結果	望まれる結果
予想外，予測できないイベント	事故	幸運
予測した，予測できるイベント	不運，不幸	達成，目標の充足

（Hollnagel 2004 による）

1.2　事故原因に関するモデル

事故原因のモデルには，さまざまなものが存在し，各々が独自の事故分析アプローチを提出している（たとえば Heinrich 1931，Leveson 2004，Perrow 1999，Rasmussen 1997，Reason 1990）。一般的に見て，事故原因に関する見解は，この一世紀の間に進化している。すなわち，当初はハードウエアまたは機材の故障に対して関心が持たれていたが，やがては，オペレーターによってなされる不安全行為や「ヒューマンエラー」へと関心が移り，そして 1980 年代後期から 1990 年代初期ともなると，より広い組織システムの問題が焦点となった。現在では，複雑な社会技術システムで起こる事故は，人間とシステム要因との広範囲な相互作用に起因することが広く受け入れられている（たとえば Reason 1990）。

分類については，いくつかの不一致があるものの（たとえば Reason 2008），Hollnagel（2004）は 3 種類の事故原因モデルを定義している。すなわち，連鎖モデル（sequential model），疫学的モデル（epidemiological model），創発的モデル（systemic model）である。連鎖モデルは Heinrich（1931）のドミノ理論のモデルに表せられるものであり，事故を一連の連続した事象の結果として単純に示し，最後の事象が事故そのものであるとしている。疫学的モデルは Reason の「スイスチーズモデル」（後に Reason 自身はこのモデルを批判している（Reason 2008））で表現されるものであり，事故を蔓延する疫病と見立て（Hollnagel 2004），いわゆる「現場（sharp end）」のオペレーターによりなされる不安全行為を，システムに時に存在する潜在的な状況の組み合わせから生じるものと描写している（Reason 1997，Hollnagel 2004）。最後に，創発的モデルは Leveson の STAMP（Systems Theoretic Accident Modelling and Processes）によって表現されるものである（Leveson 2004）。これはシステム全体のパフォーマンスに焦点を当てるもので，連鎖モデルや疫学的モデルとは対照的なものである（Hollnagel 2004）。このアプローチにおいては，事故は社会技術システム全体から発現する（emergent）特性であるとみなされる。

以下，いくつかの著名な事故原因モデルを概説する。

分類に関係なく，最も有名で実用的なモデルは Reason（1990）のスイスチーズモデル（図 1-1）であることは疑う余地はないであろう。その有名さは，それがさまざまな事故分析手法，たとえば HFACS 航空事故分析法（Wiegmann and Shappell 2003）の開発を促したり，事故分析フレームワーク（たとえば Lawton and Ward 2005）としてそれ自体が用いられることからもわかる。Reason のモデルは，システム全体に広がる「潜在的な状況（latent conditions）」（たとえば，貧弱なデザイン，不十分な器材，不十分な監督，製造の欠陥，メンテナンスの

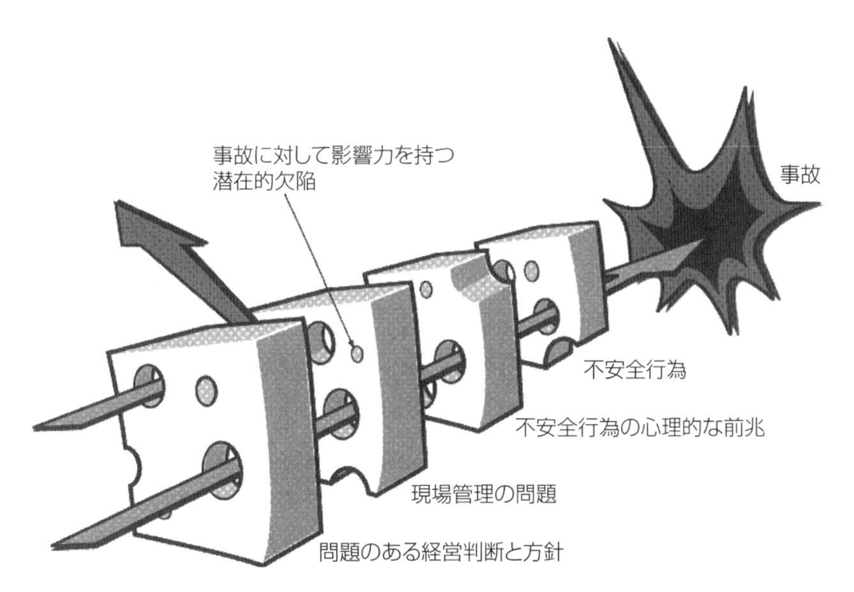

図1-1　Reasonのスイスチーズモデル（改作）
(Reason 1990 を基に作成)

問題，不十分なトレーニング，貧弱な手順）と人間オペレーターによる不安全行為との間に生じる相互作用と，それの事故に対する影響を記述する。Reasonのモデルの重要なことは，最前線，すなわちいわゆる「現場」に焦点を当てるというのではなく，むしろ組織システムのすべてのレベル（たとえば，より高次の管理や経営レベル）において存在する潜在的な状況をどのように記述するのかに焦点を当てることにある。このモデルによると，組織レベルの各々には，たとえば保護器材，ルールや規程，トレーニング，チェックリスト，安全機能の実装などといった，産業事故を防ぐように設計されている防護壁が存在する。これら防護壁の弱点としては，潜在的な状況と不安全行為により，「機会の窓（windows of opportunity）」が開くことであり，これにより，防護壁を事故の軌道が突き破り，事故を引き起こすことになる。

Reasonのモデルほど高い知名度はないが，他にも著名な事故原因モデルがある。たとえば，Rasmussenのリスクマネジメントフレームワーク（risk management framework）（Rasmussen 1997，図1-2）は良い評価を得ているも

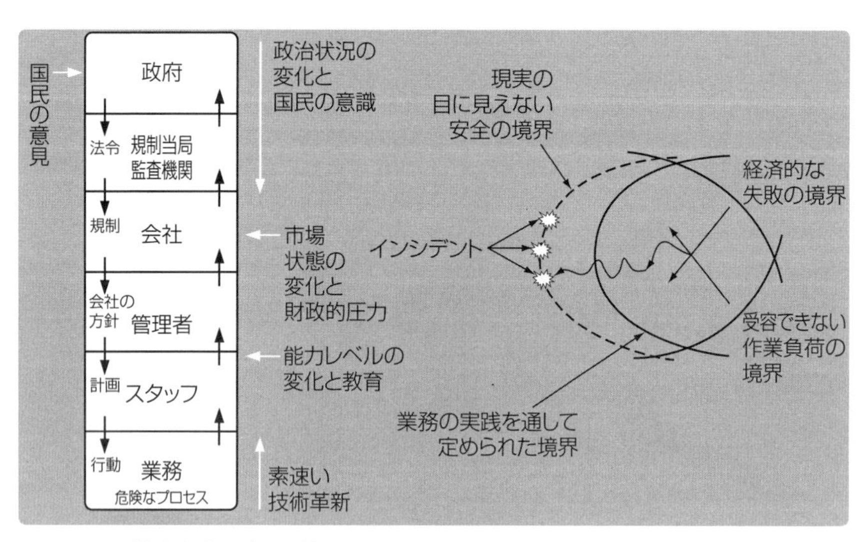

図1-2　業務実践モデルに従ったRasmussenのリスクマネジメントフレームワーク（Rasmussen 1997を基に作成）

のであり，事故分析手法の開発にも貢献している（たとえば AcciMap，Rasmussen 1997）。Rasmussen のフレームワークは，事故フローの引き金を引く人や，通常の業務フローを変更する人の活動によって事故が形成されるという概念に基づく。スイスチーズモデルと同様に，このフレームワークでは生産と安全管理にかかわるさまざまな組織レベル（たとえば政府，監査機関，会社，管理者，スタッフ，業務）を記述し，最前線で働く人々によってなされる不安全行為のみならず，組織システム全体において，その行動をもたらすメカニズムに着目している。このモデルによると，複雑な社会技術システムは，関係者，個々人，組織の階層性の集合体である（Cassano-Piche et al. 2009）。そして安全は，各レベルの関係者間の相互作用から生じる特性であるとする。

安全が最優先されるべきシステムを構成している各レベルが，法令，ルール，指示命令を通してハザードの多いプロセスをどのように制御し，安全管理に関与しているかということを，このモデルは記述している。このフレームワークによると，システムが安全に機能するためには，システムの高次に位置する政府，規制当局，経営レベルで下された決定は，下位のレベル（すなわちスタッフの業務レベル）に広められ，そこでの決定や行動に反映されなければならない。反対に，システムの下位のレベルの情報は，高次レベルの意思決定と行動に反映されるために伝達される必要がある（Cassano-Piche et al. 2009）。こうしたいわゆる「垂直統合（vertical integration）」なしでは，制御されるはずのシステムのプロセスは，その制御を失ってしまうことになる（Cassano-Piche et al. 2009）。

Rasmussen（1997）によると，事故は一般的に「解放されることを待っている」ものであり，それは，システムにおいて従事しているさまざまな関係者が行っている日々のルーチンタスクに埋め込まれているものである。そして，その振る舞いにおける当たり前の変動が，事故を解放してしまうとされる。

Rasmussen のモデルの第 2 の構成要素は，業務遂行がどのように時間とともに変化するかを記述するものである。これらはしばしば，安全なタスク遂行の境界（ボーダーライン）を超えるものである。図 1-2 の右側のモデルは，時間とともに経済的・生産性圧力がどのように業務遂行に影響するかについて示している。これらはシステムの防御性や業務遂行の減退をもたらす。重要なことは，安全な業務遂行の減退は，システムのすべてのレベルで，しかも最前線でない部分でも生じることである。この安全な業務遂行の減退に気づかなかったり，注意を向けないことは，安全のボーダーラインを超える事態をもたらし，不安全な事象や事故をもたらすことになる。

最後に，特筆すべき最近提案された事故モデルに，STAMP モデル（Leveson 2004）がある。STAMP は制御理論および本質的全体性に基づくものであり，システム構成要素は，それぞれに安全制約が課せられており，そして，構成要素の不具合，外乱，システム構成要素間の不適当な相互作用が生じ，これらが制御されないときに安全制約が破られ，事故が起こる，すなわち事故は制御の問題であるとしている（Leveson 2009）。Leveson（2009）は，さまざまな制御形態として，たとえば経営上，組織上，物理的，操作上，製造上の制御を示している。上述の Rasmussen のモデルと同様，STAMP も物理的，社会的，経済的なプレッシャーに対して，複雑なシステムがどれほどダイナミックであるか，そしてどのように事故に移行してしまうのか，ということを強調するものである。

このようにシステムの安全と事故は，STAMP では制御の問題とみなされている。Leveson によると，複雑な社会技術システムの制御を可能にするためには以下の 4 つの状態が要求され（Leveson et al. 2003），4 つすべての状態が達成されなかった場合に事故は起こるとされる。

1. ゴールの状態：制御者は，たとえば安全制約を維持するといった，1 つあるいは複数のゴールを持たなければならない（Leveson et al. 2003）。
2. 行為の状態：制御者は，内外に複数の擾乱が生じる状況でも，プロセスがあらかじめ定義された限界や安全制約のなかで挙動し続けられるように，システムに影響を与えることができなければならない。
3. モデルの状態：制御者は，そのシステムの精緻なモデルを持たなければならない。一般に事故は，制御者によって用いられるモデルが不正確であるために生じる。
4. 観測可能な状態：制御者は，自分の持つシステムモデルを更新できるように，フィードバックを通してシステムの状態を特定できなければならない。

1.3　まとめ

この章では，ヒューマンファクターズの文献に示される，いくつかの著名な事故原因モデルについて要点を示した。多くのヒューマンファクターズの概念がそうであったように，事故原因の概念についても，事故原因のメカニズムを記述しようという初期の試みからは，徐々に進化してきていることは明らかである。現在では一般に，システム理論的な視点から，事故は複雑なシステムのさまざまなレベルにわたるシステム構成要素の不十分，不適当，不必要な相互作用の結果であるとみなされている（たとえば Leveson 2004，Reason 1990，Rasmussen 1997）。これは例外なく，事故というものは非常に複雑な現象であるとするものであり，事故を理解するのに用いる方法に対して多大なる要求を与えるものである。事故原因について広く受け入れられるモデルは，まだ出現していないということも銘記すべきだろう。Reason のモデルは，疑う余地なく最も一般的なものである。しかし，たとえば STAMP のような最近のシステム理論的なアプローチは，現代の複雑な社会技術システムに関連した複雑さを，より適切に考慮したものといえるだろう。しかしながら，STAMP は Reason のモデルほどには，まだ関心を得られていない。さまざまな点で異なるが，事故原因についての著名なモデルには，少なくとも 1 つの共通点がある。それはつまり，徹底的に事故を描出しようとするのならば，複雑な社会技術システム全体を分析単位としなくてはならないということである。

2
事故分析のためのヒューマンファクターズの手法

2.1　ヒューマンファクターズの手法：イントロダクション

ヒューマンファクターズの手法には実に多くのものがあるが，この本の目的からすると，以下のように分類できるだろう。

1. データ収集手法（Data collection methods）

事故分析，システム設計，システム評価など，どのようなヒューマンファクターズの分析であっても，まずは実際の，あるいはそれに類似したシステムを記述することが出発点であり，そのためにはデータ収集手法が用いられる（Diaper and Stanton 2004）。これは，タスク，デバイス，システムやシナリオに関する具体的なデータを集めるために用いられるもので，事故の分析結果に対して極めて重大な役割を果たす。なぜなら，分析結果は，その事故について利用できるデータそれ自体に依存してしまうからである。事故分析活動に用いられる典型的なデータ収集手法としては，一般に，インタビュー，観察，実地検証や記録文書のレビューなどがある。

2. タスク分析手法（Task analysis methods）

タスク分析手法（Annett and Stanton 2000）はタスクとシステムを記述するために用いられるもので，一般に，ゴールと，必要となる身体的・認知的タスクのステップを，アクティビティとして記述するものである。これらは「システムゴールを達成するためになすべき行為や認知プロセスについて，オペレーターに要求されること」に注目する（Kirwan and Ainsworth 1992, 1）。タスク分析手法は事故分析に有効である。その理由として，そのように実行すべきであった，もしくは実行されるべきであったタスクやシステムの説明（たとえば，タスクまたはシステムの規範的な記述）と，さらにはタスクやシステムが実際にはどのように進んだか，もしくは実行されていたのか，ということを説明する際に用いることができるからである。さらには，不安全行為，エラー，違反，およびそれらの背後要因を明確にしていくことにも有益である。

3. 認知タスク分析手法（Cognitive task analysis method）

認知タスク分析（CTA）手法（Schraagen et al. 2000）は，タスク遂行中の認知的側面に着目する。それらはタスクを遂行する際の背後に存在するプロセスとゴール構造において（Schraagen et al. 2000）「タスクをうまく達成するのに必要な，認知的スキルあるいは心的要求を明らかとし」（Militello and Hutton 2000, 90），さらにそのための知識を記述するために用いられる。CTA 手法は事故分析において有益である。それは，関係する認知プロセスや事故シナリオの生じる前，あるいは事故シナリオが展開している際の，関係する判断やタスク遂行を成形する要素についての情報を集めることに用いることができるからである。

4. ヒューマンエラー同定・分析手法（Human error identification / analysis methods）

安全が強く求められる領域では，かなりの割合（おおよそ 70％）の事故は「ヒューマンエラー」に起因するといわれる。ヒューマンエラー同定手法（Kirwan 1992a, b, 1998a, b）は，ヒューマンエラーのモードの分類と，行動形成要因（PSF：performance shaping factors）を利用して，あるタスク遂行中に起こりうるエラーを予測する。これらの手法は，以下の前提に基づいている。すなわち，この手法を用いる人は，なされているタスクと，用いられている技術を理解しているということであり，それにより，マン・マシンインタラクションにおいて生じうるエラーを同定できるということである。ヒューマンエラー分析アプローチは，特定の事故や事象が進展している間に発生したエラーだけではなく，その原因要素を遡及的に分類・記述するためにも用いられる。こうしたアプローチは，事故分析の目的に有益なものである。ヒューマンエラー同定手法はある特有の状況下において生じうるエラーを同定するのに対して，ヒューマンエラー分析手法は事故シナリオにおいて生じたエラーを分類するために用いられる。

5. 状況認識測定（Situation awareness measures）

状況認識とは，「タスク遂行中に何が起こっているのか」についての，個人，チーム，もしくはシステムの認識である（Endsley, 1995）。状況認識の測定は，個人，チーム，もしくはシステムの，タスク遂行時の状況認識を測定もしくはモデル化するのに用いられる（Salmon et al. 2009）。状況認識のモデリングアプローチは，事故分析の目的においても有益である。なぜなら，事故が進展している際に，個人，チームやシステムがどのような状況認識を有していたのか，そして，その事故を避けるためにはどのような状況認識が要求されていたのかをモデル化するのに使えるからである。これにより，事故シナリオにおいて，状況認識の失敗を特定していくことが可能となる。

6. メンタルワークロード測定（Mental workload measures）

メンタルワークロードは，タスクあるいは一連のタスクにおいて要求される処理資源の割合を表す。メンタルワークロード測定は，タスク遂行中にオペレーターに課せられるメンタルワークロードのレベルを評価するために用いられる。メンタルワークロード測定を事故分析に使うことは一般的でない。しかしながら，事故に含まれるワークロードレベル（負担が多すぎる，あるいは少なすぎる）を遡及的に評価するのに有効である。

7. チームパフォーマンス測定（Team performance measures）

Wilson et al.（2007, 5）によると，チームワークは「チームメンバーがあるタスクを遂行するときに生じる，協調し同期した集団行動をもたらす相互に関連付けられた認識，行動，そして態度に関係する多次元的でダイナミックな構成」と定義される。チームパフォーマンス測定は，チームパフォーマンスのさまざまな側面を記述，分析するために用いられるものであり，その側面には，チームパフォーマンスを支援する知識，スキル，態度や，チーム認識，ワークロード，状況認識，コミュニケーション，意思決定，協力，協調といったことが含まれる。チームパフォーマンス測定は，業務にチームメンバーらが含まれる事故シナリオの分析の目的に有益である。ここでの特徴的な関心事は，チームワークの破綻である（たとえば，コミュニケーションや協調の欠落など）。

8. インタフェース評価手法（Interface evaluation methods）

インタフェースのデザインが貧弱な場合，製品が使えなかったり，フラストレーションを与えたり，エラーの誘発，パフォーマンスの阻害，操作時間の増加などをもたらす。インタフェース評価へのアプローチ（Stanton and Young 1999）は，製品やデバイスのインタフェースを評価するために用いられるものである。評価対象となっているデバイスに対するユーザのインタラクションを理解し予測することによって，インタフェースデザインを改善することが目標となる。インタフェースはさまざまな側面から評価される。レイアウト，ユーザビリティ，カラーコーディング，ユーザー満足やエラーの可能性などである。インタフェース評価手法は事故分析にも有益である。なぜなら，事故原因の一部としてインタフェースデザインを評価することができるからである。たとえば，インタフェースの貧弱なデザインは，安全が最重要となる産業領域の事故において，オペレーターのエラーの原因になっている例がしばしば見られるからである。

9. パフォーマンス時間モデリング手法（Performance time modelling methods）

パフォーマンス時間モデリング手法は，複雑な社会技術システムにおいて，オペレーターがタスクもしくは一連のタスクを遂行するときに要する時間をモデル化するために用いられる。これらのアプローチは事故分析目的に有益である。なぜなら，事故シナリオが進展する間に，対応に要した時間の側面から，オペレーターが適切に行動したかどうかを明らかとすることができるからである。

10. 事故分析手法（Accident analysis methods）

事故分析目的に限定して開発された一群の分析手法がもちろん存在する。これらの手法は事故の原因要素を特定するのに使われ，さまざまな形態がある（2.3 節を参照）。

なお，他の形態のヒューマンファクターズの手法も，システムや製品デザインのアプローチに有益である（たとえば，機能配置分析（allocation of functions analysis），ストーリーボーディング（storyboarding），シナリオベースデザイン（scenario-based design）など）。しかしながら，本書で注目する部分とは異なるため，本書では言及しない。

2.2　事故分析における重要事項と考慮点

事故分析において重要となる考慮事項について議論するにあたって，最もシンプルで一般的な事故分析手順を図 2-1 に示す。この全体像は，事故分析を考える際に頭をもたげる，重要な要素や考慮事項を議論する上で参考となるだろう。議論される要素はすべて，用いられる事故分析手法と，そこから引き出される分析結果の質とその効用に関係を持つものである。

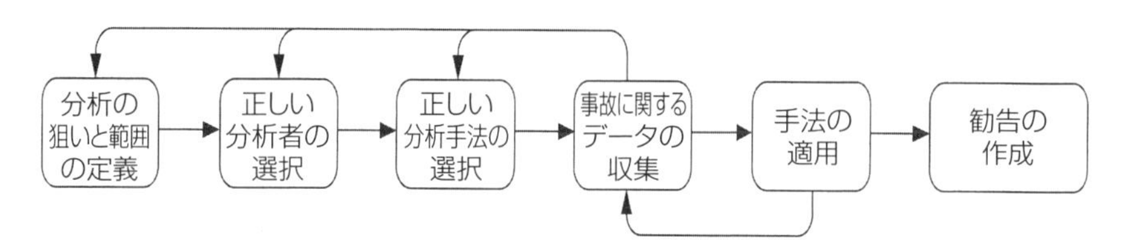

図2-1　基本的な事故分析手順

狙いと範囲

分析者，用いられる手法，そして得られる結果に関係するため，分析の狙いと範囲は重要である。一般に事故分析の狙いは，原因となる要因を特定することであるが，しばしば他の原因要素や，システムの別の構成要素に焦点が向けられることがある。たとえば，事故において役割を果たしたシステム全体に影響を与えた問題に焦点を当てたり，あるいはそのシステムのある特定レベルでの問題（たとえば企業経営陣の施策），または最前線で業務に取り組んでいるオペレーターの失敗に注目するといったことである。近年の傾向としては，社会技術システム全体の問題に注意が向けられることが多い（たとえば Cassano-Piche et al. 2009, Jenkins et al. 2010, Salmon, Williamson et al. 2010）。しかしながら，オペレーター個人（たとえば Stanton and Baber 2008）や設備機器（Kecojevic et al. 2007）などといった，システムのさまざまな要素やレベルに注目することも一般的なことである。

分析の範囲も同じく重要であり，利用できるリソース（たとえばデータ，分析者，時間，費用）や分析目的を反映する。分析範囲は，分析に用いることのできるデータや分析者がどのようなものであるかといったことや，どれだけの時間と資金が使えるかなどにより，たいていは制限を受ける。たとえば，死亡者のいない軽微な事故の場合に，高度な組織レベルの問題に関するデータを探し出すことは難しいであろう。その結果，事故が生じる直前の事象に分析範囲は制限される。さらに言えば，多くの場合，時間や経済的制約は，どのようなデータを集めることができるのかということや，どれくらい深い分析を行えるのかということに対する制約となるのである。

分析者と分析対象のエキスパート

分析者は，なされた分析の質に対する鍵となる（Grabowski et al. 2009）。分析者を選ぶ上で重要なこととして，事故原因の理論やヒューマンファクターズに関しての知識が豊富であることや，とくに，採用された事故分析手法に関する経験とスキルを有することがあげられる。また，分析対象となる分野のエキスパート（SME：Subject Matter Expert）を，データ収集や分析といった分析プロセスに含めることが重要である。これは，分析結果のまとめや見直しにおいてとくに重要である。多くの場合，異なるスキルを持った人たちを分析チームとして使うのが有用である。たとえば，航空事故分析の場合では，ヒューマンファクターズの専門家 1 人，パイロットなど分析対象分野のエキスパート 1 人，機材に造詣のあるエンジニアと分析者各 1 人といった形である。

用いられる手法

この本の主題である，事故分析のための手法は，分析結果と極めて深い関係がある。たくさんの手法が存在することから，手法を選ぶためには，分析の狙いと範囲，そして選択された手法を使う分析者をよく踏まえることが重要となる。たとえば，もしシステム全体に及ぶ事故について事故分析がしたいのならば，AcciMap（Rasmussen 1997）もしくは STAMP（Systems Theoretic Accident Modelling and Processes, Leveson 2004）が適切である。反対に，もし分析の狙いが事故に関係した，ある 1 人のオペレーターの意思決定プロセスに関するものであるのならば，認知タスク分析アプローチの 1 つである CDM（Critical Decision Method, Klein et al. 1989）が使われるべきである。

分析をサポートするために利用可能なデータ

適用された分析手法自体の有効性というより，恐らく最も重要なことは，事故分析をサポートするために利用可能なデータであり，事故分析というものは根底となるデータにより制約を受けるものである（たとえば Dekker 2002, Grabowski et al. 2009, Reason 1997）。規模の大きい悲惨な事故では，しばしば大量のデータが利用可能となる。なぜなら，政府や公的な調査では，多くの時間と予算を事故調査に投入するからである。しかしながら，複合的で安全が最優先されるべきシステムであっても，生じた事故が小規模であれば，周辺的なデータが調べられることはなく，事故分析を効果的にサポートしないこともある。

たとえば，システムベースの事故分析アプローチにおいて，問題としているシステムについての運用組織や，さらには政府レベルでの問題を確認するのに十分なデータが得られないことがある。著者らが最近携わった，ビクトリア州（オーストラリア警察管轄圏）での交通死傷事故分析の場合がそうであった。

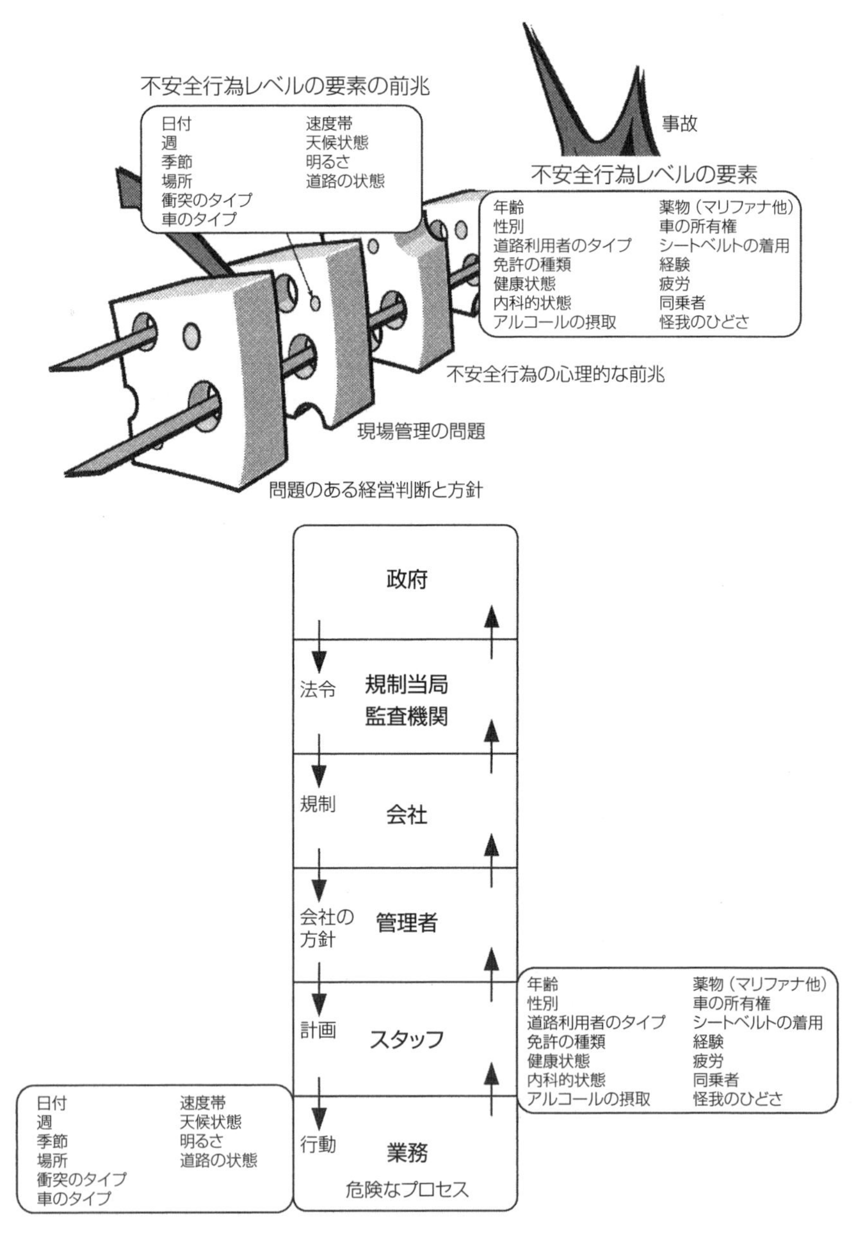

図2-2　事故因果関係フレームワークにビクトリア州の交通死傷事故データをマップしたもの

そこにおいて利用できるデータは，HFACS 事故分析法でいう不安全行為とその背後要因についてのみのものであった（Salmon, Lenné and Stephan 2010）。要するに，データはドライバー中心であり，たとえば道路構造やインフラ設計，運行規程，交通違反を助長するかもしれない諸要素といった，システム全体にかかわる問題事項についての情報は欠落していたのである（Wagenaar and Reason 1990）。

図 2-2 はこの状況を示すものであり，ここでは我々の分析に使えたデータを Reason と Rasmussen の事故原因モデル（accident causation model）にマップしている。どちらの図においても，関係する道路利用者（たとえば，ドライバー，二輪運転者），環境にかかわる一部の事項（たとえば，速度帯，気象状況），機材（車両の型式），状況要因（たとえば，日，週，季節）といったデータのみが利用可能であったことが示されている。現在の道路交通事故報告では，より高次の要因は報告されないことから，この地域の警察管轄圏においては，完全なシステム分析はなされないことは明らかである。

データ収集

事故分析をする上で，利用可能なデータは重要である。ということは，データ収集手法は重大な意味を持つことになる。データ収集手法として一般的なものとしては，以下のようなものがある。調査対象となっている対象領域の関係者や，その領域に明るい人へのインタビュー，事故現場や同様の作業現場への訪問・視察，文書調査（たとえば，その時点での事故分析結果，政府の事故調査報告書，業務分析，訓練マニュアル，規程類），事故現場の視察，類似した業務またはシステムの観察，事象を再構築してタスクを一通り行ってみること，事故データベースからデータを得るなど，いくつか例を挙げればこうしたものがある。データ収集プロセスは，分析の制限の範囲内で，できるだけ徹底的であること，またそれと同時に，できるだけ正確なデータが集められることが重要である。

2.3 事故分析のためのヒューマンファクターズの手法

この節では，著者らが事故分析で以前使用した，10のヒューマンファクターズの手法について詳しい説明を行う。重要なことは，これらの手法はそれぞれ，事故シナリオの別の切り口について考慮していることである。あるものはシステム全体に注目し，あるものは特殊な要素（オペレーターの作業時の判断など）に注目する。それぞれの手法のあらましを表2-1に示す。

CDM（Critical Decision Method, Klein et al. 1989）は認知タスク分析（cognitive task analysis）手法であり，危機的な状況における当事者らの認知過程に関する情報を収集するもので，半構造化インタビューを使用する。あらかじめ定義された質問項目（認知プローブ，cognitive probe）は，分析対象の事案において，重要な意思決定の鍵となる判断を調査するのに用いられる。調査成果は事故分析において有益である。なぜなら，それら各々の重大な意思決定とそのパフォーマンスに影響を与えているポイントを明らかにすることができるからである。

先述したRasmussenのリスクマネジメントフレームワークをもとに説明すると，AcciMap（Rasmussen 1997）は，分析対象としている事案において強い影響を与えた意思決定，行為，失敗を，それらの関連性のもとに視覚的に表現するシステムベースの事故分析手法といえる。

視覚的に表現するその他の手法に，FTA（Fault Tree Analysis）がある。FTAは，事故シナリオに関係する問題事象を視覚的に表すのに用いられる。樹木のような図を使って，問題事象に対して，人間とハードウエアに関する原因系を記述する。

ReasonのスイスチーズモデルにHFACS（Human Factors Analysis and Classification System, Wiegmann and Shappell 2003）がある。これはシステムベースの事故分析法であり，もともとは航空事故分析の目的で開発されたものであるが，幅広い領域においても適用されている。これは分析者に対して，組織の4つのレベルにおける失敗モード分類を提供する（不安全行為，不安全行為の前提要素，不安全な監督要素，そして組織の影響要素）。事

表2-1　ヒューマンファクターズの事故分析手法の要約

名称	適用領域	手法の種類	訓練期間	適用期間	入力手法	必要な道具	主な利点	主な弱点	出力
AcciMap (Svedung and Rasmussen 2002)	包括的	事故分析	短い	長い	インタビュー 観察研究 文書のレビュー	ペンと紙 フリップチャート Microsoft Visio	1. 現場の問題とシステム全体にわたる問題の両方を考えることができる 2. 出力が視覚的で，解釈が容易 3. 組織外も含む6つのレベルで寄与要素を考えることができる	1. その包括性から，時間と手間がかかる 2. 分析者の後知恵に影響を受ける 3. 出力の質が入力の質に依存する	問題となっている事故を表す図（現場での失敗と6つの組織レベルにおける原因要素を含む）
CDM (Klein et al. 1989)	包括的	認知的作業分析	長い	長い	インタビュー 観察研究	ペンと紙 録音・録画機器 ワープロソフト	1. 事故シナリオの認知過程に関する情報を引き出すことができる 2. 事故シナリオ中の意思決定に影響を与えている要素を収集するのに有効 3. 複雑な社会技術システムに長年適用されている実績がある	1. 得られるデータの質はインタビュアーの能力に強く依存する 2. 言語的インタビューの返答が，作業中の意思決定者の認知過程を正確に反映しているかは疑わしい 3. 時間と手間がかかる	作業中の認知過程と，意思決定を形成する要素の記述
CPA (Baber 2004)	HCI	作業時間のモデリング	短い	中	観察研究 文書のレビュー 階層的作業分析	Microsoft Visio	1. 適切なタスク遂行時間を決定するために標準的作業者のタスク遂行時間を用いる 2. 適切なタスク遂行時間を定めることが事故分析に役立つ可能性がある 3. 習得と実施が容易	1. 事故の原因要素については何も得られない 2. エラーのない作業をモデル化するだけである 3. 最初のタスク分析に時間がかかることがありうる。また，より大きく複雑な作業に適用するのは困難	タスクの順序に関連した作業時間の予測

表2-1　（続き）

名称	適用領域	手法の種類	訓練期間	適用期間	入力手法	必要な道具	主な利点	主な弱点	出力
EAST (Stanton et al. 2005)	包括的	チームワーク評価，状況認識評価，コミュニケーション分析，タスク分析，認知タスク分析	長い	長い	観察研究 インタビュー 文書のレビュー アンケート	ペンと紙 WESTTソフトウエア HTAソフトウエア	1. 高度に包括的で，活動はさまざまな角度から分析される 2. 分析成果は共同的活動についての説得力のある図を提供する 3. たくさんのヒューマンファクターズ概念（状況認識，意思決定，チームワーク，コミュニケーションを含む）を考察することができる	1. 完全に行おうとすると，EASTフレームワークはかなりの時間と手間がかかる 2. さまざまな手法を使用することから，このフレームワークは習得に時間がかかる 3. 領域，タスク，SMEに対する高水準のアクセスが要求される	行われたタスクの記述，共同活動レベルの評価，コミュニケーション分析，作業中の状況認識の記述，コミュニケーションテクノロジーの分析，認知過程の記述
FTA (Kirwan and Ainsworth 1992)	包括的	事故分析	短い	中	インタビュー 観察研究 文書のレビュー	ペンと紙 フリップチャート Microsoft Visio	1. 起こりうる問題事象や関連する原因を定義する。これは，たくさんの原因がある問題事象を分析する際，とくに役立つ 2. ほとんどの場合に，覚えることと使うことが容易 3. もし正しく完了したならば，それはかなり包括的である	1. 複雑なシナリオの場合，手法は複雑になり，難しく，また時間をとる。そして結果は扱いにくいものとなる 2. 改善策や対応策はない 3. プロセス制御以外での利用例はほとんどない	現場での失敗とそれらの原因要素を含む分析対象事故の図的表現

表2-1 （続き）

名称	適用領域	手法の種類	訓練期間	適用期間	入力手法	必要な道具	主な利点	主な弱点	出力
HFACS (Wiegmann and Shappell 2003)	航空	事故分析	短い	長い	インタビュー 文書のレビュー 事故のデータベース	HFACS分類基準 Microsoft Word Microsoft Visio SPSS	1. 4つのレベルでの失敗モードの分類を提供する 2. 航空部門に特化して発展してきたにもかかわらず，さまざまな領域での事故分析に使われており，信頼しうる結果を提供している 3. 基盤となる理論がある	1. 航空以外の領域に適用する場合，分類が制限される可能性があり，分析をいくらか制限してしまう 2. 組織の外の失敗については考慮していない 3. 使用できるデータの質に強く依存する。そして，高いレベルでの失敗を特定することはしばしば困難である	4つのレベルでの事故を含む失敗の記述，レベルをまたいだ失敗の関連性の統計的分析
TRACEr	航空交通管制	エラー予測と分析技法	中	長い	文書のレビュー 観察研究 インタビュー	TRACEr分類基準	1. さまざまなエラーの切り口を網羅した包括的分類を提供する 2. 予測的にも回顧的にも使うことができる 3. 航空交通管制の領域の外でも使われている	1. オペレーター個人のエラーに強く注目しており，システムの問題を考慮することができない 2. 時間と手間がかかる 3. いくつかの分類は航空分野に特化している	事故に含まれるオペレーターのエラーの包括的な分析
命題ネットワーク (Salmon et al. 2009)	包括的	作業中のシステムの認識モデル	短い	長い	観察研究 言語的分析 階層的タスク分析	ペンと紙 フリップチャート Microsoft Visio WESTT	1. システムの状況認識とその間の関係性の基盤となる情報要素の記述 2. システム内の個人とサブシステムの認識を分解して記述できる可能性がある 3. 状況認識の測定・モデリングに関連した欠陥のほとんどを防ぐことができる	1. 測定手法というよりも，モデリングのアプローチである 2. 手間がかかり面倒である可能性がある 3. たくさんの関係者を含む大きなシナリオに適用する場合，システムが大きく複雑で，扱いにくくなるだろう	システム，チーム，個人のエージェント（人および人以外）による状況認識のネットワーク記述

表2-1 （続き）

名称	適用領域	手法の種類	訓練期間	適用期間	入力手法	必要な道具	主な利点	主な弱点	出力
SNA (Driskell and Mullen 2004)	包括的	システム要素間のコミュニケーション分析（たとえば個人間，チーム間，人と技術的エージェントの間）	短い	長い	観察研究 文書のレビュー 階層的タスク分析	ペンと紙 Agna SNAソフトウエア Microsoft Visio	1. 事故に含まれるコミュニケーションの失敗を特定するのに有効 2. 社会ネットワークダイアグラムは，事故シナリオで行われたコミュニケーションを表すのに強力である 3. ネットワークは数学的に処理できる可能性がある	1. データ収集の手順には時間と手間がかかる 2. 大きくて複雑なネットワークでのデータ分析手順には，大変時間と手間がかかる 3. 複雑で複合的なタスクにおいては，SNAの成果は複雑で扱いにくい	システム要素間のコミュニケーションのグラフ表現
STAMP (Leveson 2004)	包括的	事故原因の論理的モデル	長い	長い	文書のレビュー 観察研究 インタビュー	描画ソフト （たとえば Microsoft Visio）	1. 基盤となる理論がある 2. 社会技術システム全体の制御の欠如を考察できる 3. 広い領域の事故分析に利用されている	1. STAMP分析を行う助けとなるガイダンスは限られている 2. 他の手法よりも複雑である。制御構造，動的構造，動的態度を考察しなければならない 3. 手法の信頼性に疑問がある	階層的制御構造図，それぞれの制御レベルでの失敗記述，事故の動的システムモデル

故の直接要因からさかのぼって，準備されている分類基準により，4 つのレベルにおけるエラーと関連要因を分類していくことができるものである。

Leveson の STAMP モデル（Leveson 2004）は，事故を制御や統制（コントロール）の問題とみなし，業務システム全体の統制の失敗に注目する。STAMP は，経営，組織，物的，業務，製造などといったさまざまな形態での制御を考慮し，分析者に制御の失敗区分を提供する（Leveson 2009）。確認された制御の失敗の原因を調査するために，STAMP はシステムダイナミックスを用いている。

社会ネットワーク分析（SNA : Social Network Analysis，Driskell and Mullen 2004）は，記述の視覚化と統計モデリングを通してネットワーク構造を理解するために用いられる（Van Duijn and Vermunt 2006）。事故分析においては，SNA は，関係するコミュニケーションの失敗や，社会ネットワークにおける諸問題（たとえば過負荷ノードや，コミュニケーションのボトルネック）の評価に用いられる。SNA により社会ネットワーク図が得られる。これは関心を向けたシナリオにおける実在する事象間の接続性を表す。その後，関心を向けた側面について定量化するために，ネットワークを数学的に分析する統計モデリングが用いられる。

命題ネットワーク方法論（propositional network methodology）は当初，複雑な社会技術システムにおける状況認識をモデル化するために開発され（Salmon et al. 2009），事故における状況認識に関連する失敗をモデル化するために用いられてきた（たとえば Griffin et al. 2010）。まず状況認識を表現するネットワークを構築し，次に状況認識の失敗（たとえば認識の欠如，誤った認識，鍵となる情報の伝達の失敗）をネットワーク分析の手順により特定する。

クリティカルパス分析（CPA : Critical Path Analysis, Baber 2004）は，一連のタスクに関して，タスク遂行に要するパフォーマンス時間をモデル化することに用いられており，以前から事故シナリオにおけるオペレーターの対応を時間側面からモデル化する際に用いられている（たとえば Stanton and Baber 2008）。CPA は一連のタスクをモデル化し，人間の標準的な反応時間データを用いてそのタスク遂行に必要とされる時間を算定するものである。

認知エラーの回顧・予測的分析法（TRACEr : Technique for the Retrospective

and Predictive Analysis of Cognitive Errors, Shorrock and Kirwan 2002）は航空交通管制と鉄道事故の分析において以前から用いられてきた方法であり，予測的にも回顧的にも使うことができる。TRACEr は，関係するオペレーターエラーを調査するために，エラーそれ自体，行動形成要因，エラー検出と回復戦略を含む，6 つのエラー分類を用いる。

これまで述べてきた各手法と異なり，系統的チームワーク事象分析（EAST : Event Analysis of Systemic Teamwork, Stanton et al. 2005）は，協調的システムにおける活動を分析するための手法を統合したものである。EAST は協調的活動の背景として存在するタスク，社会・知識ネットワークを記述するために，タスク分析，社会ネットワーク分析，ネットワーク分析，チームワーク評価手法などを組み合わせて使う。最近の適用例としては，事故シナリオをモデル化するアプローチにおいて用いられたものがある（たとえば Rafferty et al. 印刷中）。

2.3.1　CDM

背景と適用

CDM（Critical Decision Method, Klein et al. 1989）は半構造化インタビューアプローチであり，複雑な社会技術システムで起きている出来事における意思決定の基礎をなす認知過程に関する情報を収集するために用いられる。一般に分析対象とする「クリティカル」なシナリオ（すなわちルーチンではない，つまり問題事象）を，まず重要な判断ポイントに分解する。次にインタビュアーは一連の「認知プローブ（cognitive probe）」（認知と意思決定に焦点を当てた探索的インタビュー項目）を用いて，インタビューを受ける調査対象者に，その各判断ポイントにおける行為と，そのための意思決定の背景をなす認知プロセスについて質問する。これによって，なされた判断と意思決定に影響している要因，双方に関する詳細な情報が集められる。インタビュー対象者が調査対象となる事故に関係するのであれば，CDM アプローチは事故分析と事故調査において適用できる。事故が進展している最中，もしくは事故の進展以前になされた当事者の意思決定に調査の関心が向けられる場合，CDM はとくに有用である。たとえば，オペレーターがなぜそういった特定の意思決定をし，そうした意思決定に対して，どのような要因（個人とシステムの双方を含む）が影響したのかを調べるといったことがなされる。

適用領域

手順は特別なものではなく一般的であり，どのような領域にでも適用できる。たとえば，救急サービス（Blandford and Wong 2004），航空（Paletz et al. 2009），航空交通管制（Walker et al. 2010），軍事（Salmon et al. 2009），エネルギー（Salmon et al. 2008），道路交通（Stanton et al. 2007），鉄道輸送（Walker et al. 2006），急流川下り（O'Hare et al. 2000）など，幅広い領域で用いられてきている。

事故分析・事故調査への適用

著者らは最近，小売部門での労働災害事故の予防における関係者の意思決定に影響を与えている要因を調査するため，CDM を使用した。CDM は事故分析と事故調査の手法として，米国連邦航空局のウェブサイトにも取り上げられている。

手順と留意点

＜ステップ 1 ＞　分析の狙いを明確に定める

すべてのヒューマンファクターズ分析に共通する重要事項として，分析の狙いは最初にはっきり定められなければならない。CDM をベースとする分析においても同じであり，その狙いによって，焦点を当てるべきシナリオ，調査対象者，さらには（これが最も重要なのだが）インタビュー中に用いられる CDM プローブ（CDM probe）が決定されるからである。したがって，「これから実施する分析の狙いは何なのか」を最初にはっきり定めなくてはならない。

＜ステップ 2 ＞　分析するシナリオを特定する

分析の狙いをはっきり定めたのであれば，どのシナリオが分析されるべきなのかを確認することが次に重要となる。多くの場合，CDM 分析では，ルーチンではない出来事や危機的な事態を対象とする。事故分析では，ある特定の事故シナリオが関心事となる。そして焦点を当て選択したシナリオにより，一般に，調査対象とすべき参加者が特定される。この場合，分析対象とする事故シナリオのポイントにおいて鍵となった意思決定者がインタビューされなくてはならない。一方，CDM 分析は，関心事となっているシナリオを直接観察（direct observation）することによって進めることもできる。この場合は，参加者にタスク実行中に発生したすべての危機的状況を特定するよう求めることによって，後付け的に危機的な事態の全容が明らかとなる。

＜ステップ 3＞　適切な CDM インタビュー調査の認知プローブを選択・作成する

CDM 手法は，タスクパフォーマンス中になされる認知プロセスに関する情報を引き出すためにデザインされた「認知プローブ」を使った参加者調査によって進められる。そのため，事故分析目的にこの手法を使う際は，適切なプローブが選ばれる，もしくは作成されることが非常に重要である。利用できる CDM の一連の文献（たとえば Crandall et al. 2006, Klein and Armstrong 2004, O'Hare et al. 2000）があるが，分析条件に従ってプローブの新しいセットを作成することが適当となる場合もある。たとえば，著者らは小売店の傷害事故調査を行うに先立ち，小売店労働者の意思決定を評価するために，文献から関連したプローブを求め，それを統合することで，表 2-2 に示すプローブを使用した。

＜ステップ 4＞　適切な参加者の選択

分析の狙い，タスク，プローブを定めたら，次は適切な参加者を選ばなければならない。繰り返しになるが，これは分析の文脈と要求条件に完全に依存する。選ばれる参加者は，分析対象としている事故シナリオの主要な意思決定者であることが求められる。もし，これが可能でないならば，調査対象としている問題領域やタスクについて詳しい人（SME）を選定することによって進めざるをえないだろう。

表2-2　事故分析におけるCDMプローブ

目的の特定	あなたはこの活動を通して何を成し遂げようとしていましたか?
評価	あなたが当時の状況を誰かに説明することを想定してください。あなたはどのように状況を要約しますか?
手がかりの特定	あなたが決断を下すとき，どのような特徴を探していましたか? 決断をする必要があると，どのようにして知りましたか? いつ決断を下すべきだと，どのようにして知りましたか?
期待	あなたは一連の出来事の間に，そのような決断をすることになると感じていましたか? それがあなたの意思決定にどのように影響を及ぼしたかを述べてください。
選択肢	あなたには，採ることのできるどのような行動指針がありましたか? あなたが下した決断以外に採れた代替案はありましたか? なぜ，どのようにして，その選択肢は選ばれたのですか? なぜ他の選択肢は採られなかったのですか? そのときにあなたが意思決定のために従ったルールはありましたか?
影響する要因	そのとき，あなたの意思決定に影響した要因は何でしたか? そのとき，あなたの意思決定に最も強く影響した要因は何でしたか?
状況認識	決断のときにあなたが持っていた情報は何でしたか?
状況の評価	決断をまとめる際に，持っている情報をすべて使いましたか? 決断のまとめを補助するために他に使えたかも知れない情報はありましたか?
情報の統合	決断をまとめる際に最も重要だった情報は何ですか?
経験	意思決定の際に特定の訓練や経験が必要，または有用でしたか? このタスクでの意思決定において，さらなる訓練が必要だと思いましたか?
メンタルモデル	この活動において起こりうる結果を想像していましたか? いくつかの場面を頭のなかで想像しましたか? 今回の出来事や，それがどのように展開していくかを想像しましたか?
意思決定	意思決定において時間的制約はどの程度ありましたか? 実際に意思決定にかかった時間はどの程度でしたか?
概念	あなたの決断が異なるものになる状況はありますか?
手引き	タスクや出来事におけるその時点での手引きを探しましたか? 手引きは使用できましたか?
選択の基本	あなたの経験に基づいて，他の人が同じ状況において決断を成功させることを助けられるようにルールを発展させることはできると思いますか?
アナロジー・一般化	いつのことでもよいのですが，過去にあなたは，同じようなまたは異なる決断を下した経験をお持ちですか?
介入	今後，似たような出来事が起こり，不適切な決断が下されそうになった際，それを防ぐためにはどのような介入(手だて)があればよいと思いますか?

<ステップ5>　タイムラインと重要な事象（イベント）を含む，事態の情報を集める

CDMは通常，過去に起きた事故において記憶を遡及し，または分析対象としているタスク，シナリオの直接観察に基づいて実施される。事故分析においては，分析が記憶に基づくことは，ごく普通のことである。この場合，インタビュアーとインタビューされる人は，事故シナリオの詳しい説明を展開するために協力しなければならない。インタビュアーとインタビューされる人はシナリオを明らかにするために，タスクモデルまたは事象のタイムラインを作成しなければならない。そして，さらなる分析のために，そのシナリオは危機的な事象，あるいはその事象フェーズからなる（通常4つから5つの）シリーズを定めることに用いられる。これらは一般に，問題のシナリオにおける危機的な意思決定のポイントを表す。しかし，過去には，明瞭な事故フェーズが用いられたこともある。

<ステップ6>　CDMインタビューを行う

ステップ5までに特定された危機的な事態または重要な意思決定について，CDMインタビューを参加者に対して行う。まず，できるだけ詳細に，分析対象としているタスク，インシデントフェーズ，または意思決定のポイントを解説するようにインタビューされる人に求める。その後，タスク，インシデントフェーズまたは意思決定のポイントにおいて，意思決定者の認知過程に関して情報を引き出すために，インタビュアーはプローブを使って半構造化インタビューを行う。インタビュアーがCDMプローブにこだわらないことは重要である。むしろ，さらに率直な深い答えを引き出すために，分析の要求に従って，柔軟なアプローチをとるべきである。インタビューのメモはインタビュアーによって記録されなければならず，また，インタビューはビデオや音声記録装置を用いて記録されるべきである。一般に，2人のインタビュアーが用いられることが推奨され，1人はインタビューの議論を進め，もう1人はメモを取るとよい。しかし，もちろん1人のインタビュアーだけでもCDMインタビューを行うことができる。

＜ステップ 7 ＞　インタビューデータを記録する

インタビューが完了したならば，データは Microsoft Word のようなワープロソフトを使用して書き起こされる必要がある。データが何を表現しているかを明らかにするために，認知プローブとそれに対するインタビューされた人の反応を含め，CDM 表を各々の参加者に対して作成するとよい。

＜ステップ 8 ＞　必要に応じてデータを分析する

CDM データは分析条件に応じて分析されなければならない。CDM データは，質的，量的の双方の側面から分析されると有益である。たとえば，複数の参加者を利用するときには，回答に関して内容分析を行い，発言された事項の頻度をカウントすることは，重要なテーマを確認するために有益である。また，このアプローチを，ある特定の事故について焦点を当てて使うのであれば，関係する原因要素の判断につないでいくことができるだろう。

利点

1. CDM は，直面する意思決定，意思決定に影響を与えている要因，利用された情報を含め，事故シナリオに関係する認知過程に関する詳細な情報を引き出すことに用いることができる。
2. さまざまな CDM プローブが利用できる（たとえば Crandall et al. 2006, Klein and Armstrong 2004, O'Hare et al. 2000）。
3. CDM アプローチはとくに意思決定プロセスを評価することに適しており，事故シナリオが始まる前，シナリオの進展する間になされた意思決定の文脈において適用することができる。
4. この手法はポピュラーなものであり，多くの異なる領域でのさまざまな分析目的に使用されている。
5. CDM は，投入される時間に対する収集されるデータの点で，良いリターンが得られる。
6. 柔軟性がある。意思決定，状況認識，ヒューマンエラー，作業負担，不注意などを含む，あらゆる種類のヒューマンファクターズの概念の研究に適用できる。

7. インタビューを用いることから，CDM はデータ収集プロセスに対して，強いコントロールが可能である。対象とするインタビューでのプローブは，あらかじめデザインすることが可能であり，インタビュアーはそれに適合するようにインタビューを実施することができる。
8. 得られたデータは，質的にも量的にも扱うことができる。

弱点

1. 得られるデータは，インタビュアーのスキルと質，さらにはインタビューを受ける人の自発性に強く依存する。たとえば，インタビューされる人は処罰を恐れて，抑制的になるかもしれない。
2. 参加者は事故シナリオにおける認知要素を，言葉として表現することが難しいと感じることがあるかもしれない。つまり，インタビューとして得られた言語的な反応が，タスク遂行中に費やされた認知過程を正確に表しているのか，ということは，しばしば疑わしいこととなる。
3. インタビューを計画，実施し，結果を記述し，そして分析することは，かなりの時間と手間を取るプロセスとなる。そのため，参加者数は限定的なものとなる。
4. インタビュー手法の信頼性と有効性には疑問が残り，扱いが難しい。たとえば Klein and Armstrong（2004）は，過去の事故を分析する場合，記憶の消失や変容といった要因のために信頼性は制限されると指摘している。
5. CDM において効果を最大限に引き出そうとすると，かなり高水準の専門知識が要求される（Klein and Armstrong 2004）。
6. 一般的に，CDM は 1 人 1 人の個人に焦点を当ててしまうことから，非難の文化（blame culture）を促してしまう可能性がある。
7. CDM は，インタビュアーとインタビューされる人との間のバイアス（社会的な好ましさのバイアスを含む）に影響されやすい。
8. CDM インタビューを成功裏に終わらせるために必要とされるレベルを有する SME の関与を得ることが難しい。

関連手法

CDM は，Flanagan による Critical Incident Technique（Flanagan 1954）に基づいたインタビューを基礎としたアプローチである。また，CDM を応用する際には，シナリオ観察と記述の段階において，観察研究法と時系列分析法が，しばしば用いられる。DRX（team Decision Requirements eXercise, Klinger and Hahn 2004）もチーム CDM アプローチとして有効である。

おおよその訓練期間・適用期間

CDM の手順を理解するのにさほどの時間は要さないが，インタビューの経験を積むことと，認知心理学の概要を理解するための訓練時間を多くとる必要がある（Klein and Armstrong 2004）。そして，手法の訓練がなされてからも，分析者が CDM に熟達するまで，相当量の実践が必要である。実際に CDM を適用するときに要する時間は，使われるプローブと，関係する参加者数に依存する。インタビューにおいて高度なレベルのデータを得て，それを記述するためには，相応の時間を要する。CDM インタビューは 45 分～2 時間ほどかかり，1～2 時間の CDM インタビューを書き起こすためには，通常 2～4 時間はかかるものである。

信頼性と妥当性

CDM アプローチの信頼性には疑問が残る。Klein and Armstrong（2004）は，信頼性に対する懸念は，記憶の消失や変容のような要因によると述べている。さらに，認知過程を言語で表現することが困難であるために，アプローチの有効性についても疑わしいとする。また，インタビューアプローチは，社会的好ましさをはじめとする信頼性と有効性レベルに影響を与えるさまざまな形のバイアスによっても影響を受けてしまう。

必要な道具

単純なレベルでは，CDM は紙と鉛筆だけで行うことができる。しかし，インタビューは録画と録音装置を使って記録することを勧める。インタビューにおいては，CDM プローブをプリントアウトしておくことが望まれる。

表 2-3　小売店労働者の負傷事故についての CDM インタビューのトランスクリプト

店舗	XXXXXX
活動	大きい商品（組立式家具）を客とショッピングカートの上に持ち上げる。
出来事	実はその重い箱は，私たちが組立式家具と呼んでおり，その大きな商品はいまはもう扱っていないのですが，当時は50～60キロ程度の重さがありました。そのときは私と2人の客がおり，そのうちの片方が，私が組立式家具をショッピングカートに載せるのを手伝っていたのですが，もう片方の客が少し馬鹿で，私たちが組立式家具を載せようとすると，いつも冗談のつもりでショッピングカートを奥に引くのです。そのとき起こったことと言えば，私の手伝いをしてくれていた客が，私がショッピングカートに近づいたので彼のほうは手を離してよいと思ってしまったのです。実は近くにショッピングカートはなく，組立式家具は私の上に落ち，私はこの重い家具を持ちながら立たなければならず，それにより私は腰を少し捻り，急激な痛みに襲われました。つまり，これはまったくもって適切な行動をしない愚かな客による事例で，ええと，そのときは忙しい，忙しい土曜日でした。ええと，後から考えてみると，ええ，もちろん確かに他のスタッフを呼んでトラックか何かに組立式家具を入れるのを手伝ってもらうのはいい考えですけど。もしそのときあなたより大きく力強い人に手を貸してもらえるよう頼めればの話ですけどね。私は組立式家具を地面に落とし，それが私を押しつぶしたということです。
目的の特定	**あなたはこの活動を通して何を成し遂げようとしていましたか？** 客がこの商品をレジに通し，支払いを行い，家に持って帰ることを手伝うことです。
手がかりの特定	**あなたが決断を下すとき，どのような特徴を探していましたか？** その日はとくにスタッフが少なく，極端にスタッフが少なく，改めて考えると，私はそのときに間違った判断を下しました。そう，客は組立式家具をショッピングカートの上に載せるように頼んでいました。彼が手を離すまでは，すべてがうまくいっており，彼が手を離そうと決めてから，事がうまくいかなくなってしまい，もう彼に頼ることができなくなってしまいました。客は私より6インチは身長が高く，筋肉隆々だったので，彼1人で持ち上げられたように見えました。
期待	**あなたは一連の出来事の間に，このような決断をすることになると感じていましたか？ それがあなたの意思決定にどのように影響を及ぼしたかを描写してください。** ええと，この事件が起きてから多くの訓練が行われました。その事故は2年以上前に起きて，ええと，実は最近，私は客をまったく信用していません。客が幼稚であることが明らかになったので，最近は客を信用していないんです。

表2-3 （続き）

選択肢	**あなたはどのような行動指針を採れましたか？ あなたが下した決断以外に採れた代替案はありましたか？** スタッフの助けを得るべきでした。私のサービスを受けようとしている客が周りに6，7名いた上に，急いでイライラしている客もいたので，その日はプレッシャーを感じていました。スタッフが非常に不足し，病気療養中の人も何名かいたので。他のスタッフの力を借りようと試みるべきでした。ええと，私は他の客がどれくらい待っているかという範囲を超えて，十分な時間をかけてスタッフを待つべきだったのです。 **なぜ，どのようにして，その選択肢は選ばれたのですか？** スタッフの不足です。 客からのプレッシャーです。
影響する要因	**そのときあなたの意思決定に影響した要因は何でしたか？** スタッフの不足です。私はどれだけ仕事が忙しく，客を待たせているかを知っていました。 **そのときあなたの意思決定に最も強く影響した要因は何でしたか？** 客は少し敵意を抱いていました。意思決定の間中ほとんど「来い，スタッフ，私には時間がないんだ」と言っていました。彼の言葉は効果的で，私ははじめは他の誰かにショッピングカートに載せ彼らのトラックに載せるのを手伝ってもらおうとしていましたが，彼は「来い，私が載せるのを手伝うから」と言いました。なので……

適用例

著者らは最近，小売店における労働災害を引き起こすこととなった，労働者の意思決定に影響している要因を調査する際に CDM を用いた。小売会社の事故と傷害データ（詳細な分析については第 5 章を参照）で報告されるように，事故に関係した労働者との間で，計 49 回の CDM インタビューがなされた。分析者の 1 人が，負傷した小売店労働者に対してインタビューを行い，負傷につながった事故原因となっている行動に対して，その意思決定に注目した。CDM インタビューから引き出されたトランスクリプトの例を表 2-3 に示す。

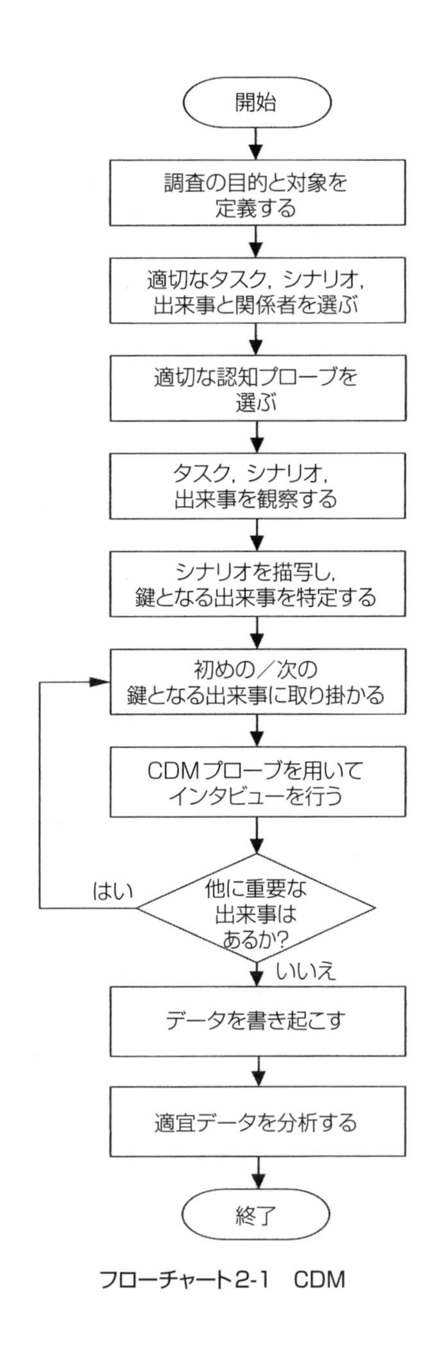

フローチャート2-1　CDM

推薦文献

Crandall, B., Klein G. and Hoffman, R. (2006) *Working Minds: A Practitioner's Guide to Cognitive Task Analysis*. Cambridge, MA.: MIT Press.
Klein, G. and Armstrong, A.A. (2004) Critical decision method. In: N.A. Stanton, A. Hedge, E. Salas, H. Hendrick and K. Brookhaus (eds), *Handbook of Human Factors and Ergonomics Methods*. Boca Raton, Florida: CRC Press, pp.35.1–35.8.
Klein, G., Calderwood, R. and McGregor, D. (1989) Critical decision method for eliciting knowledge. *IEEE Transactions on Systems, Man and Cybernetics*, 19:3, 462–72.

2.3.2　AcciMap

背景と適用

AcciMap（Rasmussen 1997, Svedung and Rasmussen 2002）は，事故原因がシステム全体にわたるときに，それを視覚的に表現する事故分析法である。事故に関係する環境状況と物理的なプロセスを確認するだけではなく，事故の上流から始まる原因事象の流れにも着目し，さらに何らかの形で事故に関与した可能性のある計画，経営，管理体制についても着目する（Svedung and Rasmussen 2002）。一般に，複雑な社会技術システムにおける次の 6 つのレベルが考慮される（しかし，これらは分析ニーズに適するように修正することができる）。すなわち，政府の方針と予算配分，規制体制・組織，地方自治体の政策と予算配分，会社経営（技術・運営管理を含む），物理的プロセスと関係者の行動，装備と周辺環境である。各レベルの問題は，原因–結果関係に基づき，レベル間で，もしくはレベル全体にわたって明確化し，関連付けを行う。

適用領域

AcciMap は事故分析を目的に開発された汎用的なアプローチであり，あらゆるタイプの複雑な社会技術システムに用いることができる。この方法はさまざまな種類の事故に適用されてきており，ガスプラントの爆発（Hopkins 2000），警察での拳銃事故（Jenkins et al. 2010），宇宙船の遭難（Johnson and de Almeida 2008），アウトドア教育（Salmon, Williamson et al. 2010），航空事故（Royal Australian Air Force 2001），公衆衛生事故（Cassano-Piche et al.

2009, Woo and Vicente 2003, Vicente and Christoffersen 2006），道路・鉄道事故（Svedung and Rasmussen 2002）などの例がある。

事故分析・事故調査への適用

AcciMap は，事故分析目的に特化して開発されてきたものであり，前述のような，安全がとりわけ重視される領域において用いられてきた。

手順と留意点

<ステップ 1>　データ収集

AcciMap は遡及的なアプローチであるから，分析対象としている事故についてのデータがどれほど正確で詳細であるか，ということにかかってくる。したがって，分析の第一歩として，対象とする事故について，前述の 6 つのレベルにおいての問題にかかわる詳細なデータを収集することが課題となる。AcciMap のためのデータ収集ではさまざまな活動が可能であり，たとえば，その事故や問題領域に詳しい SME に対するインタビューであるとか，事故報告書や調査レポートの分析，事故の録画・録音の観察などを用いることができる。AcciMap 手法は非常に包括的なものであるから，多くの場合，データ収集段階で非常に時間を要するものであり，膨大なデータソースの分析もまた必要となる。このアプローチの鍵は，対象としている事故以前の（すなわち事故が生じる前の，非常に長い期間での）問題にかかわるデータを収集することである。

<ステップ 2>　装備と環境，物理的プロセスや関係者の行動の問題の確認

すでに述べたように，AcciMap 分析は組織の 6 つのレベル全体において事故に関係する問題を確認することが必要である。すなわち，政府の方針と予算配分，規制体制・組織，地方自治体の政策と予算配分，会社経営（技術・運営管理を含む），物理的プロセスと関係者の行動，装備と周辺環境である。これらの問題は原因–結果関係に基づいて，レベル内，レベル間において関係づけられる。装備・周辺環境と物理的なプロセスや関係者の活動レベルでの問題を確認することは一般に容易である。なぜなら，一般にそれらは特定が簡単だからである（たとえば装備の漏れ，天候，関係者の手順違反につながった意思決

定など)。このステップの手順は通常，何度も繰り返すこととなるので，A3用紙，付箋，または大きなホワイトボードなどを使い，大まかなAcciMap図をつくることから始めるとよい。このステップ中で最初に特定される問題は，装備と周辺環境，また物理的プロセスや関係者の活動のレベルにおいて見いだすとよい。

＜ステップ3＞　ステップ2において確認された問題に関連した要因の特定

ステップ2において確認された各問題に対して，分析者は，ステップ1において集められたデータを，次の各レベルにおける関連要因を特定するために用いなくてはならない。すなわち，政府の方針と予算配分，規制体制・組織，地方自治体の政策と予算配分，会社経営，物理的プロセスと関係者の行動，装備と周辺環境である。たとえば，装備と環境における問題として「装備品の不足」があったとする。これは，会社経営レベルにおける財政的制約によって新しい装備品の購入が妨げられた例といえる。つまり，他のレベルが原因要素である例である。分析者は装備・環境と物理的なプロセスや関係者の活動の各レベルで各々の問題を扱うと同時に，他の4つのレベルにおいて関連している問題を明らかにしなければならない。

＜ステップ4＞　他のレベルでの問題の確認

装備・環境，物理的なプロセスと関係者の活動レベルでの問題，および他のレベルからの原因要素を確認するプロセスにより，一般には，関係する問題の大部分が十分に確認できる。しかしながら，問題が見過ごされていないかを見るために，他のレベルへと進むことは有益である。すなわち，分析者は各レベルにおいて，他に関係する問題が存在しないかを確認すべきである。問題が他のレベルで確認されたならば，その原因を特定し，概略図に加えなければならない。

＜ステップ5＞　AcciMapのドラフト図を構成する

ステップ2〜4でつくられたドラフト図を使って，AcciMapの最初のドラフトを構成する。この目的のために，Microsoft Visioのような描画ソフトウエア（理想的には，ボックスを動かしても，その関係を保持できるパッケージ）は大変有益である。最初のドラフト（そしてそれに続くドラフト）を構成するときには，問題が正しいレベルに布置されており，また，それらの問題間の関係性が正しいかどうかを確認しなければならない。

＜ステップ6＞　AcciMap 図を完成させ，見直しをする

AcciMap は，完成される前に複数回の展開をする。したがって，最終的なステップでは，AcciMap 図の見直しと修正が必要である。多くの場合は，AcciMap が完成する前に，このステップが必要となる。具体的には，チェックプロセスでは以下をチェックする。

- すべての問題が確認されたこと
- 問題が適切なレベルに布置されていること
- 問題の関連性（原因と結果の関係）が適切であること

有益なアプローチとしては，問題が切り出され，それが適切なレベルに置かれていることをまず確認することと，それが AcciMap に表されている他の問題と適切に関連づけられているかどうかを確認することである。分析の有効性を確実にするために，チェックプロセスにおいて SME の協力を得ることも重要である。たとえば，SME パネル（SME グループ）がこの段階で AcciMap を見直すことが一般的になされる。他の AcciMap 分析を検証することも，価値ある演習である。図の頂上（政府，規制レベル）に見られた問題は，事故の起きた問題領域においても同様であることが多いからである。高次での問題が分析において考慮されたかどうかをチェックするために他の分析結果を利用することは，しばしば有益な結果をもたらす。

利点

1. AcciMap は，現場（sharp end）の問題と，組織システム全体にわたる問題の双方を明らかにするアプローチである。適切に分析されることで，事象の連鎖全体が明らかとなる。
2. 学びやすく，使いやすい。そして，しっかりとした理論的な基礎も有している。

3. AcciMap により，たとえば貧弱な準備，不適当あるいは不十分な政策，不十分な管理，悪いデザイン，不十分な訓練，不十分な装備といった，システムの問題や不具合の状況を明らかにすることができる。
4. AcciMap は，6 つの異なるレベルにおける寄与状況を考慮した上で，事故の全貌の説明を提供するものである。各レベルでの分析では，原因要素を，月あるいは年単位でさかのぼってトレースすることができる。
5. 作成される結果は視覚的で，簡単に解釈できる。
6. AcciMap は普遍性のあるアプローチであり，どのような領域にも適用可能である。
7. 事故分析目的のために，多くの領域で使われてきている。
8. 個人への非難に話がいくことを避け，（個人ベースの対策とは対照的に）組織的対応策の展開が促される。

弱点

1. その包括性のゆえに，時間がかかることがある。
2. 分析に後知恵問題が生じる。たとえば Dekker（2002）は，後知恵により原因系を過剰に単純化しすぎ，事実に反する推理がなされることがあると指摘している。
3. 得られる分析結果の品質は，使われるデータの品質に完全に依存する。正確なデータは必ずしも広範には利用できないので，調査の多くは仮定や，その領域の知識，専門知識に基づかざるをえない場合がある。より上位レベルの問題を見いだすことも，しばしば難しい。
4. 得られる結果そのものは，改善策や対応策を明示的にはもたらさない。それらは，完全に分析者の判断に基づくこととなる。
5. 分析者が問題を分類するときに，それを支援する問題タイプの分類基準が存在しないため，分析の信頼性に疑問が残る。
6. アプローチは回顧的なものである。
7. 複雑な事故シナリオに対しては，分析結果は巨大となり，扱いにくいものとなることがある。

関連手法

AcciMapの使用においては，かなりのデータ収集活動を行うことになり，たとえばインタビュー，アンケート，観察研究といったさまざまなデータ収集手法を使うこととなる。

おおよその訓練期間・適用期間

AcciMapは比較的簡単に習得することができる。しかし，分析対象の事案によっては，データ収集と分析の双方に，分析者は相当な努力を必要とし，時間と手間が非常にかかることがありうる。我々の経験に基づくと，分析者はデータ収集のためにおよそ1～2週間，AcciMapのドラフト作成のために1週間，そしてSMEによるレビューを繰り返すことでAcciMapの完成度を高めるために，さらに数週間が必要となる。

信頼性と妥当性

信頼性と有効性についてのデータを示す文献はない。異なる問題レベルで分析が導かれるものであるから，信頼性は場合によっては低いかもしれない。というのも，異なる分析者が同一の事象を各様に記述するかもしれず，そのうえ寄与因子を見過ごすかもしれないからである。事故が複雑で，関係する原因要素がほとんどわからないようなときには，これは悩ましい問題となるだろう。

必要な道具

AcciMapは紙と鉛筆で行われる。一般に，ラフなAcciMapは，紙と鉛筆，付箋紙，ホワイトボードを使ってつくることができる。その後，Microsoft Visio，Microsoft PowerPoint，またはAdobe Illustratorのようなソフトウエアが，最終的なAcciMapを作成する際に用いられる。

適用例

1989年4月15日にヒルズボロ・フットボールスタジアムで起きた大事故をもたらした諸問題を表すのに，AcciMapが用いられた。事故があった日に，リバプールとノッティンガムフォレストの両フットボールクラブは，英国サウスヨークシャー州シェフィールドのヒルズボロ・フットボールスタジアムで，FA カップの準決勝に参戦することになっていた。グラウンドの外がひどい観客過密状態となったため，ゲームのキックオフのまさに直前に，グラウンドにファンを誘導する試みがなされた。その結果，グラウンド内で大きな群衆なだれが生じた。96 人ものファンが窒息によって命を落とし，400 人以上が病院で治療を受けることとなった（Riley and Meadows 1995）。この大事故は，英国最悪のフットボールの惨事として記憶されている。

将来において，スポーツにこの手法を適用できることを示すために，我々はヒルズボロの悲劇における AcciMap を作成した。図 2-3 に示される AcciMap は，Lord Justice Taylor の調査報告書のレビューに基づいて作成された（Lord Justice Taylor 1990）。分析は，6 つのレベルのうちの 5 つにわたって，多くの問題を明らかにした。物理的関係者とプロセスのレベルでは，さまざまな問題が確認された。それは，グラウンドの内外の警察隊のコミュニケーションの失敗，キックオフの前にゲームを取り消すことについての怠慢（要請されていたにもかかわらず），不十分なリーダーシップと命令，防災計画実施の着手の遅れなどである。その日の失敗の原因となったさまざまな全体的問題も確認された。それは，試合に対する警察の警備計画の問題（たとえば，以前に立てていた実施手順や，不十分な実施手順によりもたらされた結果を評価しなかったこと），警備計画における指揮者の変更，引き継いだ指揮者に類似したイベントの経験が乏しかったことなどである。地域と政府レベル，そして規制当局においても多くの問題があり，その結果，不適格な設計をされていたスタジアム（たとえば，テラスは囲いを切ったエリアに分割されていた）の継続的な利用を許すことにもなっていた。

推薦文献

Rasmussen, J. (1997) Risk management in a dynamic society: a modelling problem. *Safety Science*, 27:2/3, 183–213.

Svedung, J. and Rasmussen, J. (2002) Graphic representation of accident scenarios: mapping system structure and the causation of accidents. *Safety Science*, 40, 397–417.

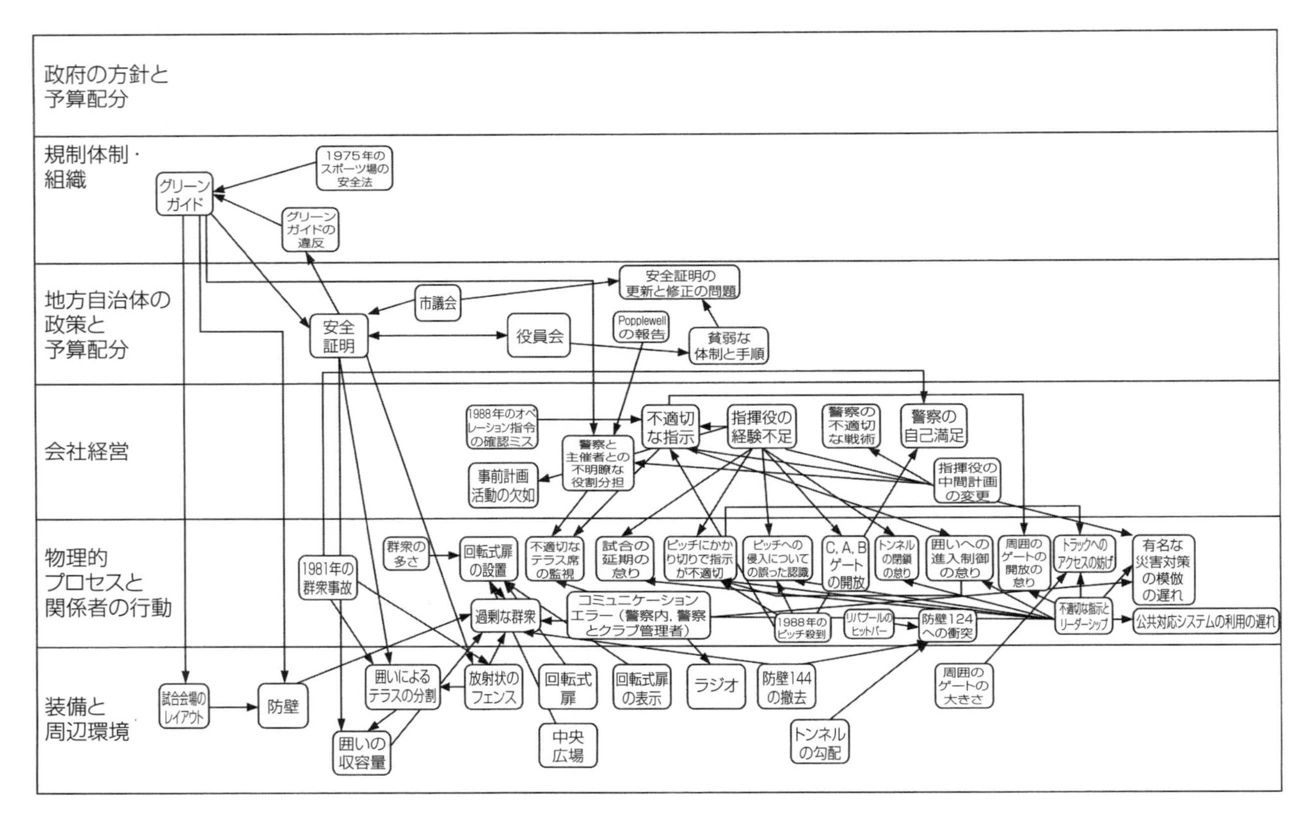

図2-3　ヒルズボロの悲劇についてのAcciMap（Salmon, Stanton et al. 2010を基に作成）

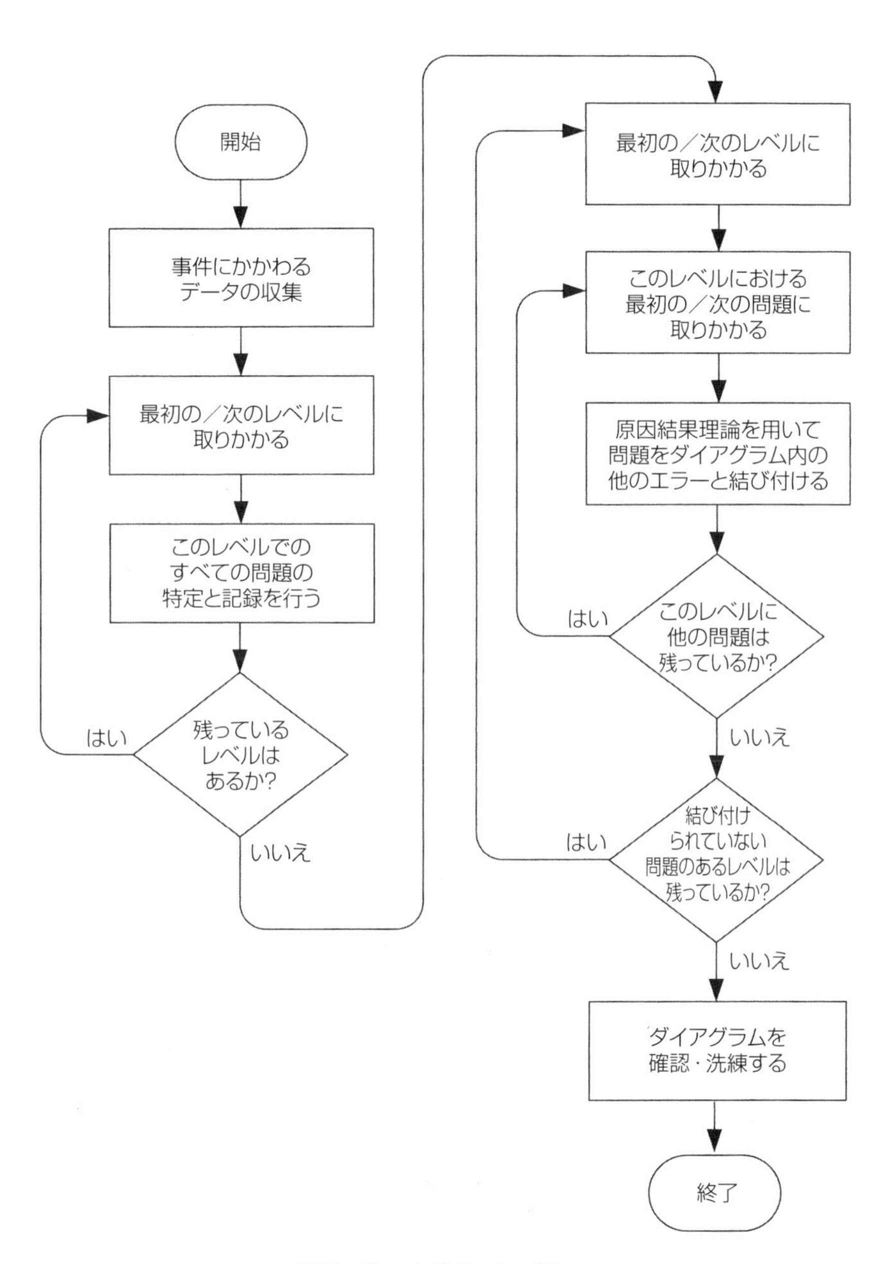

フローチャート2-2　AcciMap

2.3.3　FTA（Fault Tree Analysis）

背景と適用

フォールトツリーは，事故ならびにそれらの原因となっている事象を，視覚的に表す。ここでは，問題となる事象，ハードウエアの故障，ヒューマンエラーといったことについて可能性のある原因を，樹形図を用いて定義していく（Kirwan and Ainsworth 1992）。フォールトツリーアプローチはもともと，航空宇宙と防衛産業における複雑なシステムを分析する手法として開発され（Kirwan and Ainsworth 1992），現在はプロセス制御における確率的安全性評価として広く使われている。フォールトツリーのプロセスは，事故，すなわち頂上事象を確定することから始める。次に，それに対する寄与事象が，ANDとORの論理ゲートを使って配置される（Kirwan and Ainsworth 1992）。ANDゲートは，2つ以上の事象が事故を引き起こすときに使われる。つまり，ANDゲートのすぐ下に置かれた事象は，上位の事象が起きていたときに，同時に生起しているものである。他方，ORゲートでは，事象は独立しており，1つの下位事象が生起すると上位の事象が生起するときに使われる。

適用領域

FTAは当初，原子力発電と化学プロセス領域に適用された。しかしながら，この手法には普遍性があり，さまざまな領域に適用できる潜在性を有している。

事故分析・事故調査への適用

フォールトツリーは事故分析の目的で幅広く使われてきた。最近は，海運（Celik et al. 2010），化学プロセス制御（Nivolianitou et al. 2004），水力プラント領域（Doytchev and Szwillus 2009）などの適用例がある。

手順と留意点

＜ステップ1＞　問題事象の確定

分析対象とする事故，すなわち問題視する事象が，最初に定められなければならない。これには，すでに起こった実際の事象（回顧的事故分析），もしくは予見される問題事象（予測分析）の場合がある。この問題事象は，フォールトツリー図では，いちばん上に置かれる頂上事象となる。

＜ステップ 2 ＞　問題事象に関するデータ収集

FTA は，分析する事故に関する正確なデータに依存する。そこで，このステップは分析対象とする事故に関するデータ収集となる。フォールトツリーにおいては，これらの活動として，事故の関係者や SME へのインタビュー，事故についての報告書や調査の分析，事故記録の観察などがなされる。

＜ステップ 3 ＞　問題事象の原因の特定

問題事象が定められたなら，その事象に関連した寄与原因（contributory causes）が定められなければならない。分析される原因の特質は，分析の焦点に依存する。一般に，ヒューマンエラーとハードウエアの故障が考慮される（Kirwan and Ainsworth 1992）。このフェーズにおいては，たとえば，当該事故に関する文書類，業務の分析結果，SME または事故に関係する人々とのインタビューなど，さまざまな分析支援材料を用いることが有益である。

＜ステップ 4 ＞　AND と OR の分類

問題事象の原因が特定されたならば，それらの原因が AND または OR のどちらの分類となるのかを検討する。ステップ 3 において特定された各々の原因要素は AND 事象なのか OR 事象なのかを分類するのである。2 つあるいはそれ以上の寄与事象が組み合わさって問題事象に関与するのであれば，それらは AND 事象と分類される。2 つあるいはそれ以上の寄与事象が独立に生じても問題事象が生起するのであれば，それらは OR 事象と分類される。繰り返しになるが，このフェーズにおいて，分析中の事故にかかわる SME や関係者を利用することは有益である。ステップ 3 と 4 は，事故の最初の原因となる事象や関連する事象がすべて調査され，記述されるまで，繰り返されなければならない。

＜ステップ 5 ＞　フォールトツリー図をつくる

すべての事象とそれらの原因が十分に確定されたなら，それをフォールトツリー図に表現する。フォールトツリー図は，主要な問題を頂上事象として図の最上位に位置させ，それへとつながる原因を AND または OR 事象として連結させていく。すべての事象と原因が完全に表現されるまで，あるいは図がその目的を満足するまで，図が展開される。

＜ステップ 6＞　フォールトツリー図の見直しと修正

フォールトツリーの構築は，高度に反復的なプロセスとなる。フォールトツリー図が完成したなら，それを見直し，修正する必要があり，そのときには，SME またはその事故の関係者の協力を求めることが望ましい。

利点

1. 起こりうる問題事象や関連する原因を明確化する点で，フォールトツリーは有益である。とくに問題事象に関係する複数の原因を一覧するときに有益である。
2. 単純なアプローチであり，フォールトツリーは簡単かつ迅速に習得でき，使用することができる。
3. 質的，量的の両面に使うことができる。
4. 結果は簡単に解釈できる。
5. 適切につくられることによって，さまざまな知見を与える可能性がある。
6. 予測的にも回顧的にも使うことができる。
7. 原子力発電においての分析に最も一般的に用いられているが，普遍性があり，多くの領域に適用することができる。

弱点

1. 事故原因についての理論的な展開による遡及的アプローチである。
2. 複雑な事故の分析に使われるとき，フォールトツリーの作成は複雑な難しい作業となり，時間がかかることがある。そして，結果として得られる図は巨大で扱いにくいものになる恐れがある。
3. ハードウエアの故障とヒューマンエラーについて焦点が当たり，環境状況や，より高次の組織的問題を表現しにくい。

4. 量的観点から利用するためには，高度の訓練が必要となる（Kirwan and Ainsworth 1992）。

関連手法

FTA は，しばしばイベントツリー分析と一緒に使われる（Kirwan and Ainsworth 1992）。フォールトツリーは，他のチャート手法（charting method），たとえば原因–結果チャート（cause-consequence chart），意思決定–アクション図法（decision action diagram），イベントツリーなどと類似している。データ収集手法，たとえばインタビューや観察研究は，フォールトツリー図の作成において一般的に用いられる。

おおよその訓練期間・適用期間

フォールトツリー手法はとても単純な手法であり，訓練時間は短くてすむ。作成に要する時間は，分析対象の事案次第である。複雑な事故シナリオであれば作成に要する時間は長くなるし，反対に単純な事故事象であれば短時間で作成することができる。

信頼性と妥当性

FTA の信頼性と有用性に関するデータは，文献としては示されていない。

必要な道具

FTA は，紙と鉛筆があれば行うことができる。しかし，フォールトツリー図を作成する際には，Microsoft Visio や Adobe Illustrator のような描画パッケージを用いることが勧められる。フォールトツリー図を描くいくつかの専用ソフトウエアもあり，これらには確率計算の自動化という利点がある。

適用例

FTA 法の適用例として，貨客フェリー「ヘラルドオブフリーエンタープライズ号」事故の分析を示す。貨客フェリー「ヘラルドオブフリーエンタープライズ号」は，1987 年 3 月 6 日に Zeebrugge 港を出たすぐ先の浅瀬で転覆した。

150 人の乗客と 38 人の乗員が亡くなった。事故は下甲板に海水が流入したものであったが，その直接原因は，内部の船首ドアが開いていたにもかかわらず出帆したためであり，船首ドアを閉めることに関する副甲板長の怠慢と，ドアが開いているにもかかわらず出帆するという船長の意思決定の結果であった(船長はドアが開いていることは知らなかったのではあるが)。いろいろな寄与因子が，その後，特定された（詳細については Reason 1990 を参照のこと）。たとえば，副甲板長は，船首ドアを閉めるべきとき，その前までの業務から解放され，溜まっていた疲れから自分の船室でまどろんでいたこと。さらに，甲板長は船首ドアが開いていると気がついたが，それを閉じることは自分の仕事ではないとして，それをしなかったこと。他の問題としては，早く出発することについての乗組員へのプレッシャー，操舵室に船首ドアの状態表示装置が装備されていなかったという会社側の問題（事故の前に，船長は装備するようにと要求を出していたのだが)，そして重心が高いというフェリーの不安全な設計などである（Reason 1990)。

この事故に関するさまざまな情報源を吟味することによって，フォールトツリー図が作成された。これらは，運輸省の公式調査報告（1987）と，たとえば Reason（1990）や Wikipedia（2010）といった他の解説も参考としている。

推薦文献

Kirwan, B. and Ainsworth, L.K. (1992) *A Guide to Task Analysis*. London, UK: Taylor and Francis.

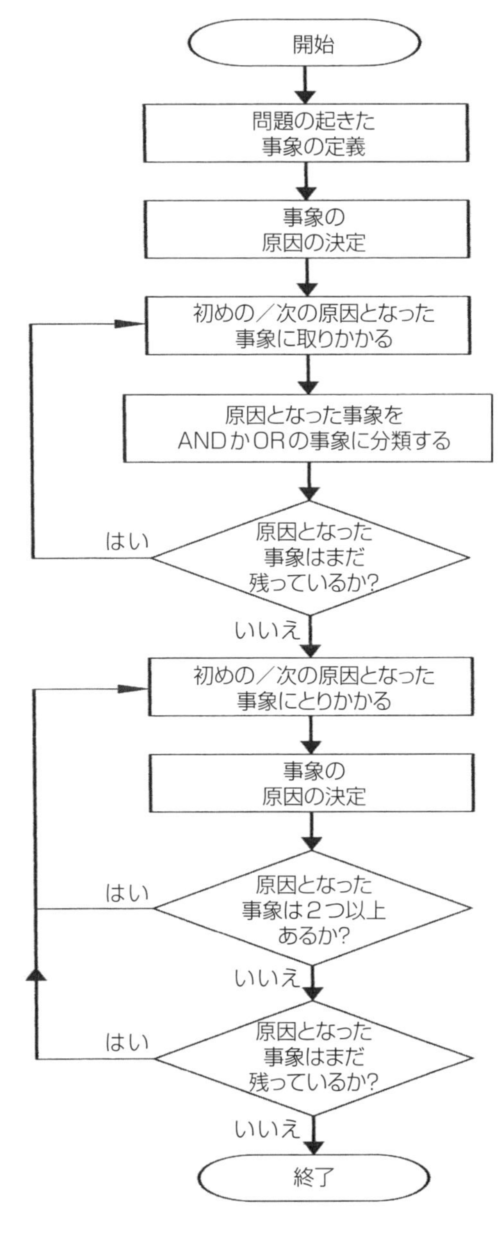

フローチャート 2-3　フォールトツリー

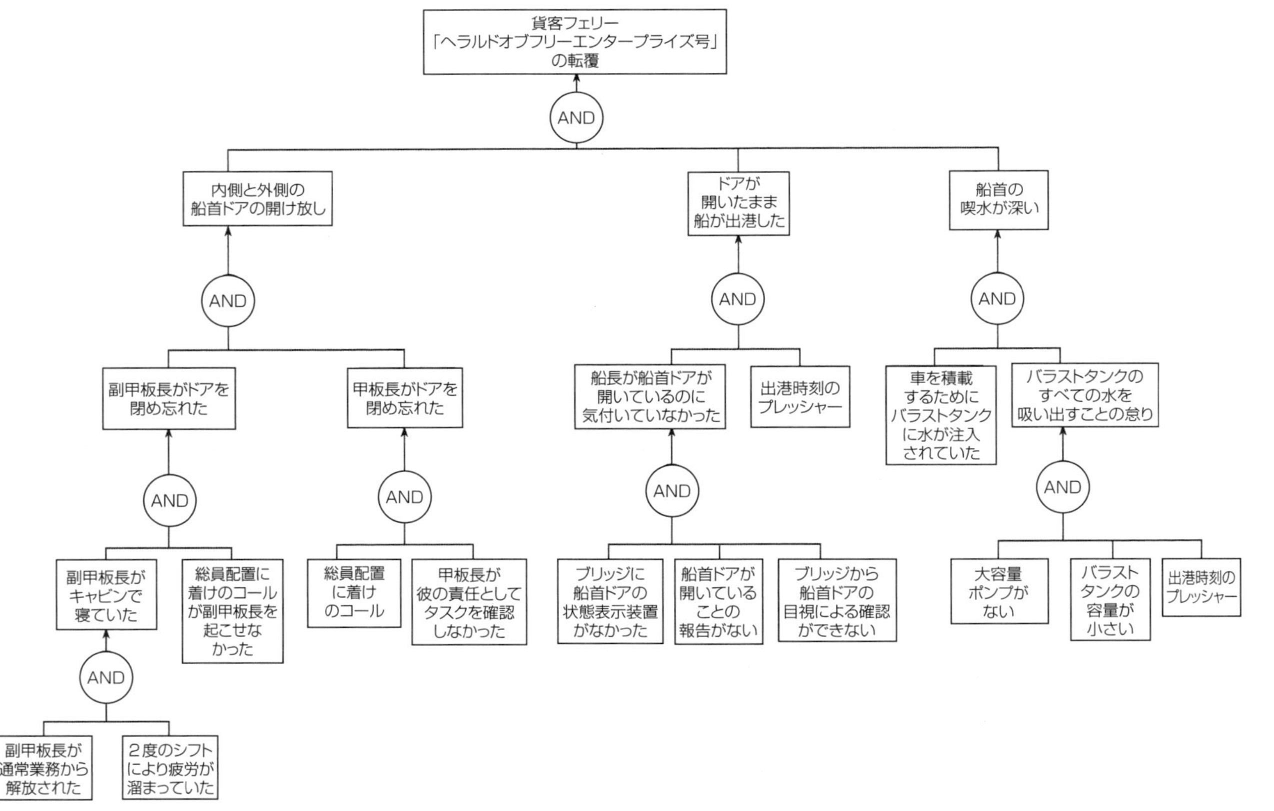

図2-4　貨客フェリー「ヘラルドオブフリーエンタープライズ号」事故のフォールトツリーの抜粋

2.3.4　HFACS

背景と適用

HFACS（Human Factors Analysis and Classification System, Wiegmann and Shappell 2003）は，民間および軍事における航空事故分析のために開発された。その開発の経緯は，Reason のスイスチーズモデルでは潜在的失敗や不安全行為をうまく分類することができず，事故分析のフレームワークとしての用途が限られていたことであった。そこで Wiegmann and Shappell（2003）は，スイスチーズモデルが航空事故分析のモデルとして使えるように，モデルの各レベルの問題形態の詳細分類を検討し，Reason のモデルと航空事故報告の分析に基づき，HFACS を開発した。このモデルは以下の 4 つのレベルからなるもので，それぞれ異なるカテゴリーの問題と，そこにおける独自の問題形態分類から構成されている。4 つのレベルとは，不安全行為（unsafe act），不安全行為を起こす背後要因（precondition for unsafe act），不安全な管理・監督（unsafe supervision），組織的影響（organizational influence）である。HFACS の構造は図 2-5 に示される。この各カテゴリーは Reason のモデルに対応するものである。分析者は，不安全行為から組織的影響への順に，エラーと事故にかかわる原因要素を HFACS の分類基準を用いて分類できる。

不安全行為レベルにおけるエラーと違反の分類基準の一部を表 2-4 に示す。なお，HFACS の完全な分類基準は Wiegmann and Shappell（2003）を参照すること。

適用領域

航空領域で発展してきたが，その汎用性と有用性から，安全が重視される幅広い領域で用いられてきている。一般航空，民間航空，軍事航空（たとえば Lenné et al. 2008，Li and Harris 2006，Li et al. 2008，Olsen and Shorrock 2010，Shappell et al. 2007），ヘリコプターのメンテナンス（Rashid et al. 2010），石炭鉱山（Patterson and Shappell 2010），鉄道輸送（Baysari et al. 2008，Reinach and Viale 2006），海事（Celik and Cebi 2009），建設（Walker 2007），医療（El Bardissi et al. 2007），自動車輸送（Iden and Shappell 2006）などの例がある。

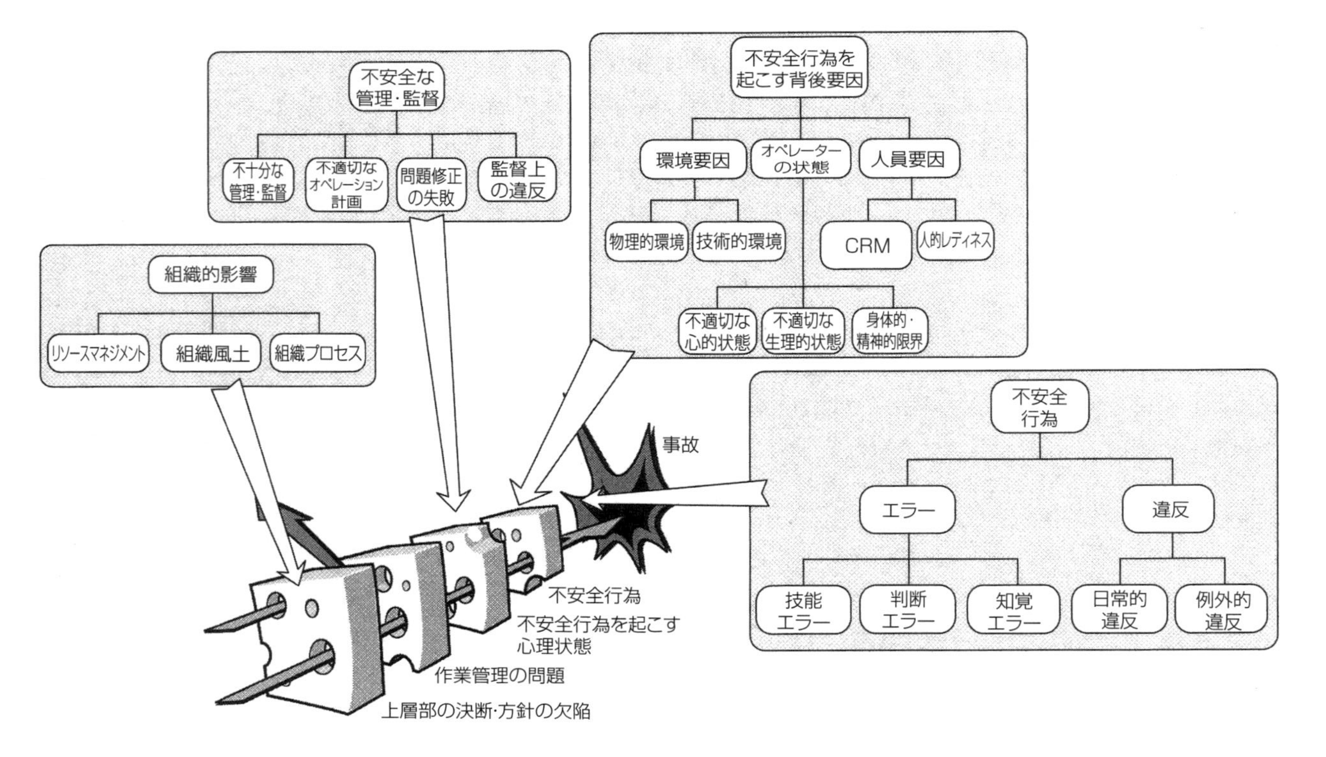

図2-5　ReasonのスイスチーズモデルにAWAHFACSの分類要素

表2-4　不安全行為レベルにおける外部エラー形態の分類
(Wiegmann and Shappell 2003を基に作成)

エラー	違反行為
スキルベースエラー • 不十分な見張り • 不注意な飛行操作 • 技能や飛行技術の欠如 • 航空機の過剰操作 • チェックリストの無視 • 操作手順の無視 • 自動装置への過度な信頼 • 注意の割り当ての失敗 • 過剰なタスク • 悪い習慣 • 視認と回避の失敗 • 注意散漫 **判断エラー** • 不適切な操縦/手順 • システムや手順に関する不適切な知識 • 技能を超えた決断 • 非常時における間違った対応 **知覚エラー** • 幻覚 • 方向感覚の喪失やめまい • 距離，高度，速さ，着陸許可の知覚ミス	**日常的行為** • 飛行のための不適切なブリーフィング • ATCレーダー・アドバイザリーの無視 • 許可されていない方法での飛行 • 訓練ルールに違反 • 天候不良下でのVFRの不使用 • 組織マニュアルの不履行 • 命令，規律，業務基準書に違反 • 警告灯点灯後の機材点検の不履行 **例外行為** • 許可されていない曲芸的飛行 • 適切でない離陸技術 • 天候報告の把握不良 • 機体の限界を超えた飛行 • 飛行能力評価の未了 • 不必要なハザードの受け入れ • 不適切な飛行条件での飛行 • 許可されていない低空での峡谷飛行

事故分析・事故調査への適用

もともと事故分析のためにつくられたので，当然のことながら HFACS は非常に多くの事故分析において用いられてきた。とりわけ，HFACS は一般航空，民間航空，軍事航空における事故分析に用いられてきている（たとえば Lenné et al. 2008，Li and Harris 2006，Li et al. 2008，Wiegmann and Shappell 2003）。さらに，このアプローチは安全が重大な意味を持つさまざまな領域（上述の適用領域の項を参照）の事故分析において利用されてきた。

手順と留意点

＜ステップ 1＞　データを収集する

HFACS は分析対象の事故に関する正確なデータに依存する。そのため最初のステップは事故にかかわる詳細なデータを集めることである。HFACS はもっぱら（たとえば特定の組織から 1 年をかけてデータを取らなければわからないような）原因が折り重なって生じている事故の分析に使われるため，事故や事故のデータを，データベースや統合データセットから集める作業も含まれる。事故データベースには，事故の原因についての関係者への聞き取りも含まれる。また，事故に関するビデオや調査レポート，関連する記録などの情報も有用なものとして活用できる。

＜ステップ 2＞　分析者やパネルを組織する

HFACS 分析は，複数の分析者や SME パネルにより行われることが多い。分析を行う前に，適切な分析者チームを組織することが重要である。HFACS の分析者としては，HFACS の使用経験，問題領域における経験，最近の事故原因モデルについての知識を有する調査員や実務家が適任である。また分析者に対して，4 つの問題モードについて一貫した理解を確立するために，いくつかの訓練を行うことが一般に望まれる。熟達した分析員が分析の妥当性を評価できる場合は，事故領域の複数の SME と HFACS の経験者との組み合わせが効果的である。

＜ステップ 3＞　関係する不安全行為を特定することにより分析を開始する

事故分析を行う最初のステップは，不安全行為を特定することである。HFACS は外部エラーと失敗モードの分類を用いるため，事故を招いた現場作業員（たとえばパイロットや炭鉱夫）の起こしたあらゆるエラーや違反行為を明らかにすることに利用可能なデータを使うことになる。エラーのカテゴリーとしては，次の 3 つの基礎的なエラータイプが定義されている。すなわち，技能エラー（skill-based error），判断エラー（decision error），知覚エラー（perceptual error）である。違反行為のカテゴリーは日常的違反と例外的違反に区分されている。エラーや違反行為のタイプは，これらのカテゴリーのどれか 1 つに分類されることが望ましい（たとえば，処理能力を超えたことによる視覚探索の失敗は，錯覚による知覚エラーと分類できる）。もし，データが十分に詳細に得られていないのであれば，エラーと違反行為の 5 つの分類のうちのどれか 1 つを基本とする（たとえば単に「技能エラー」とする）。

＜ステップ 4 ＞　不安全行為を起こす背後要因レベルでの問題を特定する

次に，事故に関する不安全行為をもたらしたすべての前提条件を分類する。不安全行為を起こす背後要因とは，不安全行為の発生に寄与した潜在する状況のことを指す。このレベルは次の 3 つのカテゴリーから成る。すなわち，オペレーターの状態（condition of operator），環境要因（environmental factor），人員要因（personnel factor）である。オペレーターの状態カテゴリーとは，仕事に対する不適切な心的状態（たとえば注意散漫，心的疲労，状況認識の欠如），不適切な生理的状態（たとえば不健康な状態，疾患，身体的疲労），そして身体的・精神的限界（不十分な反応時間，視覚の限界，身体能力の欠如）などである。環境要因カテゴリーは，物理的環境要因（たとえば天候や照明）や技術的環境要因（たとえば，装備品や操作機器のデザイン，自動化）などである。そして人員要因カテゴリーは，CRM（Crew Resource Management）要因（たとえばチームワークやリーダーシップの欠如）や人的レディネス要因（たとえば不十分な訓練や，貧弱な食習慣）などである。このレベルでの問題を特定する際には，不安全行為レベルでの問題との間で，原因–結果の論理で結び付けることが重要である。

＜ステップ 5 ＞　不安全な管理・監督レベルでの問題を特定する

HFACS の 3 番目のレベルである不安全な管理・監督は，指揮・管理の欠如あるいは不適切が存在した場合に検討する。Wiegmann and Shappell（2003）によると，すべての監督者の役割は作業員に成功機会を与えることであり，それは助言，訓練，リーダーシップ，監視，動機付けによりなされるものである。不安全な管理・監督カテゴリーは 4 つの管理システムの問題により構成される。すなわち，不十分な管理・監督（inadequate supervision），不適切なオペレーション計画（planned inappropriate operation），既知の問題修正の失敗（failure to correct a known problem），監督上の違反（supervisory violation）である。不十分な管理・監督とは，効果的な指揮・管理が行われない状況を指し，例として「適切な訓練を施さなかった」「専門的な指示や監督が不足していた」「十分な休憩時間を提供していなかった」などが挙げられる。不適切なオペレーション計画とは，オペレーションの進行やクルーのスケジュールが，個々人に受容できないリスクや，安全上望ましくない休憩，パフォーマンスへの影響を与える状況を指す（Wiegmann and Shappell 2003）。例としては，「クルーの不適切な組み合わせ」「クルーに適切な休憩機会を与えないこと」などがある。既知の問題修正の失敗とは，監督者が，不十分な装備，不十分な訓練，不十分な人員などの不十分要素に気付いていながら，それを正そうとしなかったことを指す。例としては，「不適切な行動を正さない，危険な行動を見いだそうとしない」「不安全傾向を報告しない」などがある。最後に監督上の違反とは，ルールや規程が監督者により故意に破られた状況を指す（Wiegmann and Shappell 2003）。例としては「無資格乗務員によるフライトを許可する」「手順違反」がある。

＜ステップ6＞　組織的影響レベルでの問題を特定する

HFACS フレームワークの最後のレベルは組織的影響レベルである。ここでの分析は事故の原因となった組織レベルでの高次のマネジメントの問題を探すことである。組織的影響レベルでは3つのカテゴリーが用いられる。すなわちリソースマネジメント（たとえば，要員配置・配員，過度なコスト削減，貧弱な設計），組織風土（たとえば，組織構造，運営方針，組織文化），組織プロセス（たとえば，時間圧，指示命令，リスク管理）である。

＜ステップ7＞　問題をレベル間でつなげる

HFACS の有用な一面に，4つのレベルの問題をつなげる能力がある。このステップでは，特定されたすべての問題について，レベル内およびレベル間でどのような原因要素（causal factor）があり，その原因要素は他のどの問題の原因要素として働くかを確定していく。

＜ステップ8＞　分析を見直し，修正する

HFACSでは分析を完成させる前に，複数の反復検討を繰り返さなくてはならない。このステップでは分析を見直し，修正する。しかも，このステップは一度ではなく，何度も行う。見直す際には，とくに以下の点を確認する。

- すべての問題が特定されているか
- 適切なHFACSの問題モードに分類されているか
- レベル間およびレベル内での問題のリンク（原因–結果）は適切か

このための有効なアプローチは，それぞれの問題を独立して扱い，まずはそれが適切なレベルに分類されているかを考え，次にそれが他の問題と適切につなげられているかを確認することである。見直しの際は分析の妥当性を確認するためにSMEの力を借りることも重要である。たとえばSMEパネルに，このレベルの結果を見直してもらうことが一般的である。他のHFACS分析に対する検証も価値ある実践となる。

＜ステップ9＞　評価者間の信頼度統計を計算し，意見の不一致を解消する

複数の分析者がいる場合（それが望ましいのだが），評価者間の信頼度統計を計算することが望ましい。これには通常，CohenのKappa係数や信号検出理論，感度指数計算などの標準的な信頼度試験が用いられる。そして，このレベルでさらなる議論を行い，分析者間の不一致は解消され，意見が一致しなければならない。

＜ステップ10＞　頻度カウントにより結果を分析する

複数の事故事例が分析される際は，分析の概要を引き出すために，まず初めに単純な頻度カウントを行う。これは4つのレベルごとに，分析された事故に関連する問題の出現頻度を計算することである。たとえば，不安全行為レベルでは技能エラーが最も頻繁に特定されているといった具合である（Baysari et al. 2008，Patterson and Shappell 2010，Wiegman and Shappell 2003）。

＜ステップ11＞　HFACSの異なるレベル間の問題の関係性を分析する

HFACSアプローチの有用な一面に，異なるレベル間の問題を統計的に分析

できることがある（つまり，HFACS のあるレベルでのある要因が，他のレベルでの要因の存在を予見する確率）。これにより適切な対抗策の展開が保証され（つまり組織システム全体にわたる問題が，最前線のオペレーターのちょっとしたエラーの相対として扱われるのである），領域全体にわたる関連づけを比較することが可能になる。レベルを超えた問題の関係性の検定方法の 1 つとして，分割されたデータについての Fisher の正確確率検定がある。これにより，関係性の強さを評価するためのオッズ比（OR）が計算される。オッズは下位のレベルの要因において，その要因が発生する確率と発生しない確率の比として計算される。オッズは，上位レベルの問題が起こるときと起こらないときの，2 つの条件下で計算される。オッズ比はそれら 2 つのオッズの比として計算される。

利点

1. HFACS は，現場レベル（sharp end）はもとより，組織システム全体に対しても，問題の特定方法を提供する。これによりシステマティックな（個人的な判断とは対照的な）対応策の展開が促される。
2. 簡単に学ぶことができ，結果も簡単に解釈できる。
3. 広く知られ用いられている Reason の組織事故についてのスイスチーズモデルに基づいている。
4. 分析者に 4 つの異なるレベルの問題分類を与える。
5. 異なるレベルでの問題の関係性を統計的に分析することができる。
6. 一般に，評価者間の信頼性が受容できるレベルで得られる。
7. 複合した事故の分析方法として有用である。
8. 航空事故を念頭に発展してきたが，問題モードの多くは一般的であり，あらゆる領域に適用できる。
9. ポピュラーなアプローチであり，HFACS は安全が重要となる多くの領域に適用されており，多くのジャーナルの査読論文にも掲載されている。

弱点

1. AcciMap と異なり，考慮されるレベルは組織を超えないので，組織外の問題は検討範囲外とされる（たとえば，法令の問題や，政府・規制監査機関の問題）。
2. その複雑性のため，分析に時間がかかる。
3. 高い信頼性にもかかわらず，所定のエラーと問題モード分類を用いると，分析者に対して，エラーや問題の特定において制約を与える。たとえば，航空領域以外で用いようとすると，いくつかのエラーや問題モードは適用することができない。
4. 分析者の後知恵問題に悩むことがある。たとえば Dekker（2002）は，後知恵は原因を過度に単純化し，事実に反する推論を招くことを示唆している。
5. 分析の質は，参照されたデータに完全に依存する。しばしば，データが特定の不安全行為や高次の組織的影響レベルの問題の分類に役立たないことがある。
6. 分析結果それ自体は対応策や解決策を生み出さず，それらはほとんど分析者の判断に依存する。

関連手法

HFACS は Reason の組織事故に関するスイスチーズモデルに基づいている。ヘリコプターのメンテナンス不具合を分析するために提案された HFACS-ME（Rashid et al. 2010）など，多くの領域に特化あるいは拡張されたバージョンのフレームワークも提案されている。

おおよその訓練期間・適用期間

心理学および Reason のスイスチーズモデルのような最近の事故原因モデルについて，ある程度の先行知識を持つ分析者の場合，HFACS の訓練はほとんど必要ない。HFACS を応用するのに必要な時間は，分析されている事案次第だが，一般に，分析が包括的であるという性質により，相応の時間を要する。

信頼性と妥当性

多くの HFACS 研究において，異なる評価者が同一事故を分析したときの一致度合いとして，評価者間での信頼性統計が報告されている。一致度は，「受容可能に一致」から「高く一致」の間に概ね分布している（たとえば Lenné et al. 2008，Li and Harris 2006，Li et al. 2008）。

必要な道具

HFACS は紙と鉛筆があれば利用できるが，分析者は分析を補助する HFACS の分類基準を必要とする（Wiegmann and Shappell 2003 を参照）。分析結果を出力するための一般的な描画ソフトと SPSS のような統計ソフトが，信頼度統計を計算して異なるレベル間の問題の関係性を分析するために用いられる。

適用例

分析手法の比較研究の一環として，著者らは近年，ライム湾でカヌーの入門体験中に 4 人の生徒が溺死した惨事について HFACS を用いて分析を行った（第 3 章を参照）。この事故は，イギリスのドーセットのライム湾でカヌーの体験に参加していた 8 人の生徒，彼らの教師，経験の浅いインストラクターと上級インストラクターによるものである。まず教師のカヌーが浸水し，海岸近くで転覆してしまった。上級インストラクターが，水が入り転覆を繰り返している教師のカヌーを立て直そうとしている間に，経験の浅いインストラクターと 8 人の生徒は 2 人から離れ，沖へ流されてしまう。沖へ流されている間に，強い風と波浪，適切な装備品の欠如，経験不足により，カヌーは次々と浸水し，結局すべて転覆してしまう。その結果，8 人の生徒と経験の浅いインストラクターは，使い物にならなくなったカヌーとともにさらに流されてしまい，対応と救助の遅れにより 4 人の生徒が溺死してしまったのである。事故についての公式調査は，インストラクターと野外活動センター，センターを運営している会社，さらには当時の政府の法令に関する多くの問題を明らかにしている。

HFACS の十分な使用経験のある分析者が公式調査報告を主な情報源として事故分析を行い，AcciMap も分析に用いられた。HFACS の分析結果を図 2-6 に示す。

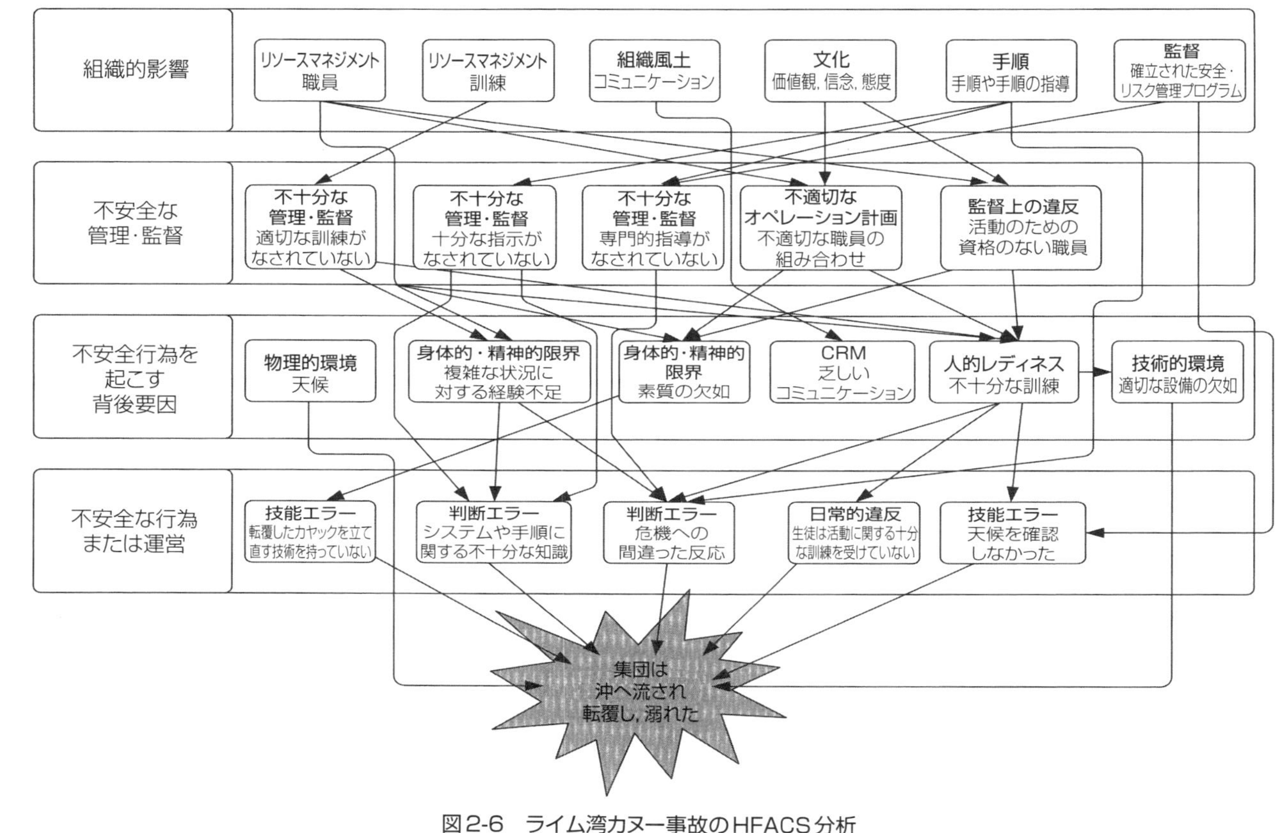

図 2-6　ライム湾カヌー事故の HFACS 分析

分析により HFACS の 4 つのレベルすべてにおいて問題が特定された。しかし，いくつかの問題については標準的な HFACS の分類基準によっては分類することができなかった。たとえば，政府の問題（法令や規制団体の欠如）は表現できなかった。分析の結果，HFACS は事故について有用な描写をしているにもかかわらず，主に 2 つの欠点により，AcciMap と比較した際に有用性が制限されていることが明らかになった。1 つ目は，（HFACS はもともと航空事故の分析のために発展してきたものであるため）特定のエラーや問題形態について，所定の分類を用いると，いくつかのエラーや問題については分類不可能となることである。分析者は，ある寄与要因が特定できるかできないかという点について，所定の分類により制約されてしまうのである。これは分析者により特定された問題がしばしば HFACS のエラーや問題モードに当てはまらないことになるため，悩ましい問題となる。当然の結果として，分析者は特定された問題を HFACS のエラーや問題モードに無理に当てはめることとなる。2 つ目は，HFACS は問題の起きた組織の範囲内での問題について検討するため（つまり組織的影響を最も高いレベルとするため），組織外の問題については検討できず，見落とすことである。ライム湾での事故の場合，たとえば地方自治体や政府の問題は，事故についての公式調査では関係があるとされたが，これらは用意された分類の範囲外であるため，HFACS 分析では表現できなかった。

推薦文献

Wiegmann, D.A. and Shappell, S.A. (2003) *A Human Error Approach to Aviation Accident Analysis. The Human Factors Analysis and Classification System.* Burlington, VT: Ashgate Publishing Ltd.

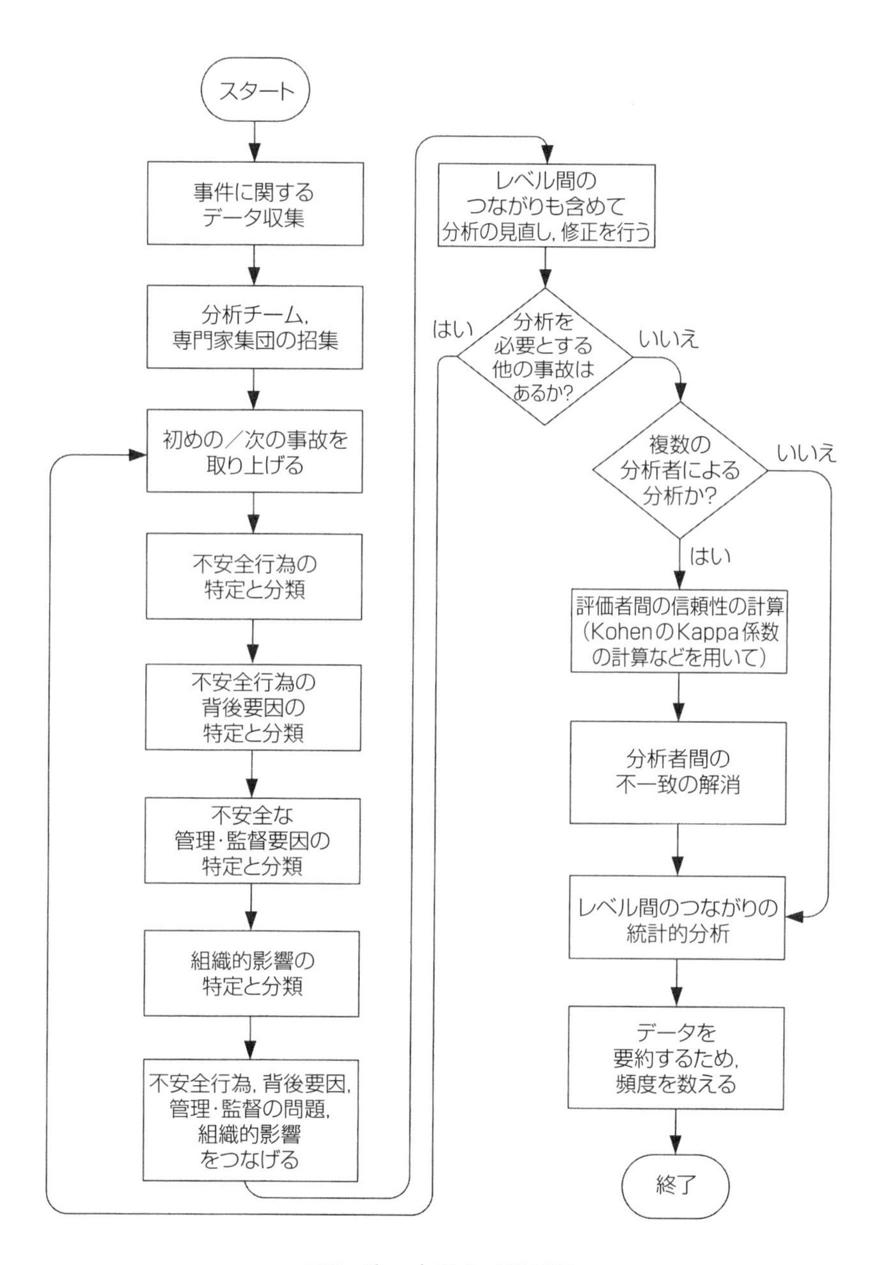

フローチャート2-4　HFACS

2.3.5　STAMP

背景と適用

STAMP 事故因果関係モデルは Leveson（2004）により考案され，多様な領域において事故分析手法として用いられてきた（たとえば Leveson 2004, Leveson et al. 2003）。STAMP は制御（control）や制約（constraint）の階層的レベルに焦点を当て，安全に関係する制約の制御が破綻したときに事故が生じると考えている。STAMP のモデルによると，システムの構成要素にはそれぞれに安全制約が課せられており，事故とは，要素の不具合，外部からの妨害，システム構成要素同士の不適切な相互関係性が制御されておらず，それにより安全制約が破綻するときに生じる制御問題であるとしている（Leveson 2009）。Leveson（2009）は管理（managerial），組織（organisational），物理（physical），操作（operational），生産基準（manufacturing-based）など，さまざまな形態の制御を示している。そして STAMP による分析は，対象としているシステムの制御構造と制御構造の各レベルでの問題点に焦点を当てている。

適用領域

STAMP モデルは普遍的なものであり，すべての複雑な社会技術システムに適用可能である。

事故分析・事故調査への適用

STAMP は公衆衛生（たとえばウォーカートン大腸菌事件，Leveson et al. 2003），軍事（Leveson et al. 2002），航空（たとえば Nelson 2008），航空交通管理（Arnold 2009）など，幅広い分野での事故分析のために適用されてきた。このアプローチは航空事故を分析する際に，HFACS と組み合わせて用いられたこともあった（たとえば Harris and Li 2011）。

手順と留意点

＜ステップ 1 ＞　データを収集する

すべての事故分析と同様，STAMP も対象とする事故についての正確なデータに依存する。したがって最初のレベルは分析対象とする事故についての詳細なデータと，とくに重要なこととして事故が起きた領域と組織についてのデータを集めることである。通常，STAMP は 1 つの事故を独立して扱い（たとえば Arnold 2009，Leveson et al. 2003），事故とその領域の制御構造に焦点を当てる。そして，データ収集は事故報告，調査報告の再調査，対象とするシステムのタスク分析，事故に関係したスタッフへの聞き込み，対象領域に関する文書のレビュー（たとえばルールや規程，標準的な操作手順），そして対象とする領域やシステムにかかわる SME への聞き取りなど，さまざまな活動を含むことになる。

＜ステップ 2 ＞　階層的安全制御構造ダイアグラムを構成する

分析対象としている事故や，その領域に関する十分なデータが集められたら，次のステップとして，分析対象とするシステムを表現する階層的安全制御構造を明らかとする。これは階層的安全制御構造ダイアグラム（hierarchical safety control structure diagram）を構築することである。Leveson（2004）は，システム理論のシステム観を，各レベルがその下のレベルの活動に制約を課す階層的構造として説明している。それゆえ分析されるシステムは，その階層的安全制御構造に関して記述される必要がある。一般的な制御構造ダイアグラムを図 2-7 に示す。ダイアグラムの左側はシステム開発の制御構造を示しているのに対し，右側はシステム運用の制御構造を示している。レベル間の矢印はコミュニケーションを表現しており，下のレベルに制約を課すこと，さらにその下のレベルにも制約を課すこと，そして上のレベルに対しては制約の効果についてのフィードバックを表している（Leveson 2004）。各領域やシステムはそれぞれ特有の制御構造を持つだろうが，それは図 2-7（Leveson 2004）で表現される構造に似ているだろう。

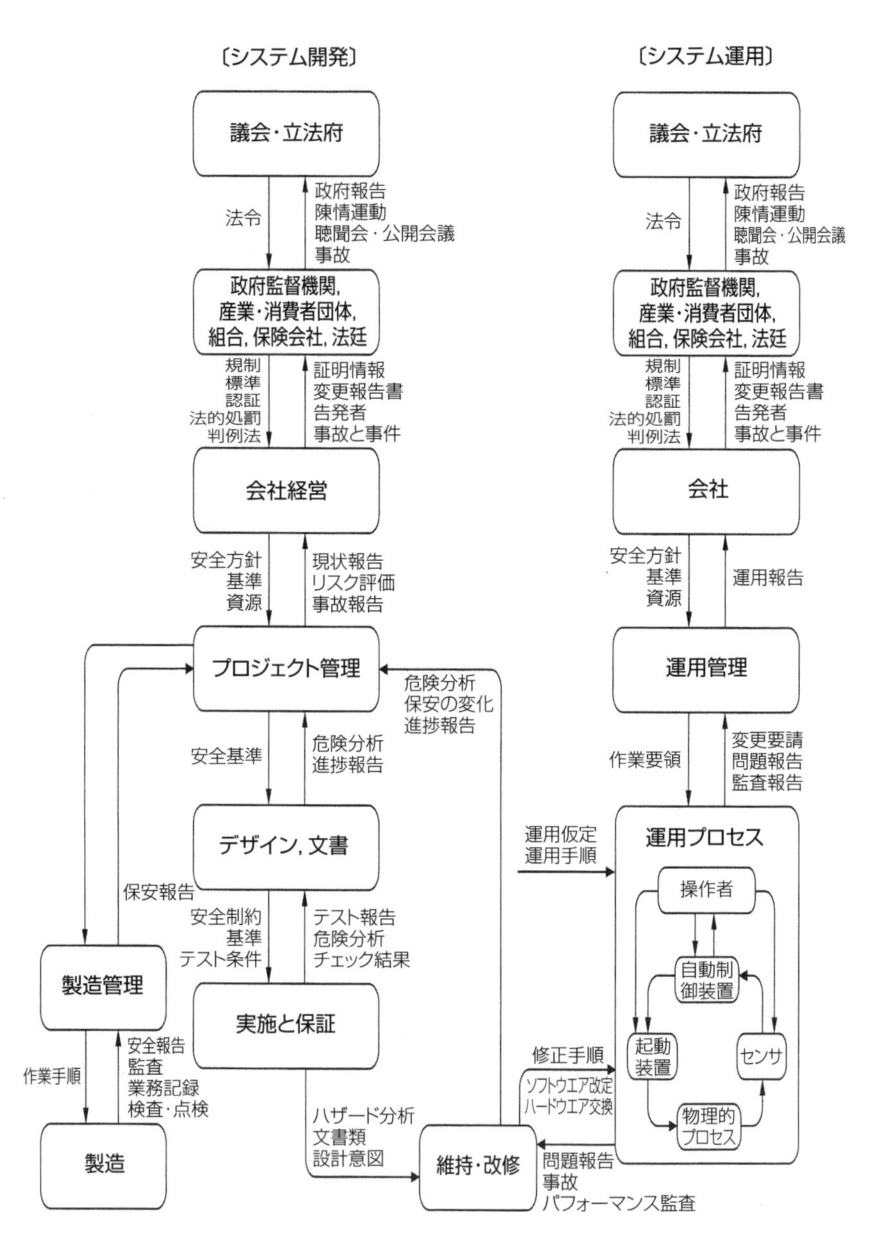

図2-7　一般的な制御構造モデル（Leveson 2004を基に作成）

＜ステップ 3 ＞　制御構造の各レベルにおいて問題を特定する

STAMP モデルによると，事故は安全に関する制約の不適切な制御の結果として生じる（Leveson 2004）。このステップではステップ 2 でつくられた制御構造モデルの各レベルにおける制御ループの問題を特定する。Leveson（2004）は制御不良の分類を提案しており（表 2-5 を参照），その主要なものとして，次の 3 つのカテゴリーの制御不良をあげている。すなわち，行動の不十分な制御，制御行動の不適切な実施，不適切あるいは欠如したフィードバックである。制御不良を特定するために，分析者は分類基準を各制御ループに当てはめる。一般に，ステップ 2 で作成した制御構造ダイアグラムにおいて特定された制御不良を表現することが有用である。

表2-5　STAMPの制御不良カテゴリー（Harris and Li 2011を基に作成）

制約の不適切な実施
• 特定されていないハザード • 不適切，非効果的，または執行されない制御活動 • 制約をかける手順の不良 • 一貫性のない／未完了の／正しくない手順モデル • 制御者と意思決定者の不十分な連携
制御行動の不適切な実施
• コミュニケーション不良 • 装置の不適切な操作 • タイムラグ
フィードバックの失敗
• システム設計意図の不明示 • コミュニケーション不良 • タイムラグ • センサの不十分な作動

＜ステップ 4 ＞　事故のシステム動的モデルを構築する

STAMP 分析は問題が特定された時点で一度終了させることもできるが，Leveson et al.（2003）は特定された制御不良の原因を調べるためのシステム動的アプローチも提案している。Leveson et al.（2003）は，分析者はこれにより制御不良を招いた制御構造の変化が起きた過程を理解することができるとしている。Leveson et al.（2003）が構成した，ウォーカートン水質汚染事件についてのシステム動的モデルの抜粋を図 2-8 に示す。ダイアグラムでは，有向矢線は因果関係を表し，正負の関係は次に起こりうる変化の方向を記述している。たとえば，作業者の能力を増強することで，水質管理システムの有効性の向上がもたらされることが期待される。

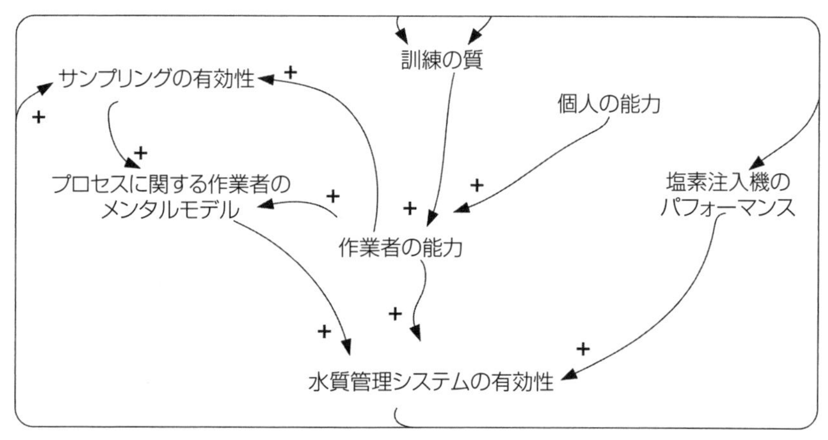

→：因果関係
＋：目標変数は，元の変数の変化と同じ方向に変化する
（たとえば，元の変数を増やすと目標変数の増加につながる）
－：目標変数は，元の変数の変化と反対方向に変化する
（たとえば，元の変数を増やすと目標変数の減少につながる）

図 2-8　ウォーカートン水質汚染事件のシステム動的モデルの抜粋
（Leveson et al. 2003 を基に作成）

＜ステップ 5 ＞　分析を見直し，完成させる

STAMP の分析を完了するためには複数回の繰り返しが必要になる。それゆえ，この最後のステップは STAMP の結果を見直すことである。このステップは分析全体が完了する前に幾度となくなされることとなるかもしれない。見直しでは，とくに以下の点をチェックしなければならない。

- すべての制御不良が特定されているかを確かめる。
- 制御不良が正しく分類されているかを確かめる。

見直しに際して，分析の妥当性を確かめるために SME の力を借りることは重要である。SME パネルがこのレベルで STAMP の結果を評価することも多い。他の STAMP 分析に対して妥当性を評価することも良い。

利点

1. 分析結果は大変包括的なものとなり，複雑な社会技術システムのすべてのレベルでの問題を網羅する。STAMP は制御構造のすべてをモデル化し，事故に関連する設計者，オペレーター，マネージャー，規制当局者を考慮するものとなる（Leveson 2004）。
2. STAMP は一般性があり，どのような複雑な社会技術システムにおいても，事故分析に用いることができる。
3. アプローチは確かな根拠のある理論に基づいており，最近のヒューマンファクターズのシステムアプローチとも一貫している（たとえば Hollnagel 2004）。
4. 個人に向けられる非難の声を排除し，（個人ベースとは逆に）システム的解決策の展開を促す。
5. さまざまな領域での事故分析に用いられてきている。
6. 制御不良を特定し，分類するための，分類基準を提供している。
7. Leveson（2004）によれば，このアプローチは解決策や事故防止戦略を明らかにすることに資する。

弱点

1. 多くの場合，分析に長い時間がかかり，かつ多くのリソースを投入することを必要とする。その領域における制御構造を記述するため，データ収集は事故そのものに留まらず，SME への接触が必要になる。
2. 分析者に対して，分析のための適当なガイダンスが出版されていないため，この手法に対する信頼性は低くなりがちである。
3. 土台となる理論と，手法の使用のいずれにおいても，他の手法に比べて，理解が難しい。
4. 分析の質は，用いられるデータの質に完全に依存する。

5. 複雑な事故シナリオの場合，分析結果が大きくなり，扱いづらくなる恐れがある。
6. 分析結果自体は，改善策や対応策を生み出すものではない。それは完全に分析者の判断によることとなる。
7. 必要とされるデータがもともと利用できる形になっていないことが多く，その領域における制御構造を決定するために必要となる労力は大きくなりがちである。そのため，小規模事故の分析に用いられると，有用性が薄れてしまう。

関連手法

STAMP は Leveson（2004）により提案されたモデルによる事故の因果構造に基づいている。STAMP の使用においては，インタビュー，質問紙調査，行動観察，文献調査などの多くのデータ収集活動が必要である。

おおよその訓練期間・適用期間

STAMP は，おそらく他の事故分析手法よりも複雑で，ほとんどのものよりも多くの訓練を必要とするだろう。適用期間も，分析対象とする事故にも依存するが，データ収集とデータ分析の両方により，分析者の一部には多くの労力が求められるため，長くなりがちである。また事故に加えて領域そのものも記述されるため，適用するのに他の手法よりも時間が長くなりがちである。

信頼性と妥当性

信頼性と妥当性に関するデータを示す文献はない。STAMP 分析を行うために使えるガイダンスも限られているため，分析者が異なると，事象やシステムを異なる形に描写したり，制御構造の各レベルでの制御不良を見逃すなど，手法の信頼性が低くなる場合もありうる。これは事故が複雑で，原因がよくわからない場合には問題である。

必要な道具

STAMP は紙と鉛筆があればできる。通常，STAMP の結果は表と図の形式でもたらされるため，紙と鉛筆，フリップボードかホワイトボード，そして Microsoft Visio や Adobe Illustrator のような描画ソフトウエアが用いられる。

適用例

2008 年 4 月 15 日，6 人の生徒と彼らの教師がニュージーランドのトンガリロ国立公園のマンガテポポ峡谷で，ウォーキング中に鉄砲水に飲みこまれて溺死する事故が起きた。調査プログラムの一環として，オーストラリアでの屋外活動領域における事故と傷害の監視システムを開発することを目標に，この事故を分析するために多くの分析手法が用いられた。これらの分析の目的は，この領域で起きた事故を記述する際の，種々の事故分析フレームワークの有用性を調査することと，屋外活動における事故の原因について，適切なフレームワークとしてのシステム的な見方（たとえば Rasmussen 1997，Reason 1990）の有用性の証拠を得ることであった。この事故についての STAMP 分析の抜粋を，以下に示す。

事故は 2008 年 4 月 15 日に，10 人の生徒，彼らの教師，OPC（Sir Edmund Hillary Outdoor Pursuit Centre）から派遣されてきたインストラクターが，トンガリロのマンガテポポ峡谷でのウォーキングを終えかけたときに発生した。その地域における大雨により，峡谷の川の流れと水位を上昇させる鉄砲水が生じた。その結果，生徒たちのグループは峡谷歩きが困難となり，水面から出ていた岩棚に取り残されることになった。川の水位は上昇し続けたため，グループが岩棚から川へと放り出されることを恐れ，インストラクターはグループを岩棚から川に入って峡谷から脱出させることを試みた。その方法とは，泳ぎが上手い人に泳ぎが下手な人をくくりつけ，次にインストラクターが「スローバッグ」という長いロープにくくりつけられたバッグを水のなかにいる人に投げ，彼らを川岸に引き上げるという救助テクニックを用いて流れから抜け出させるものであった。脱出させる試みは失敗し，9 人の生徒と教師が下流の放水路へと流され，インストラクターと 1 人の生徒のみが何とか意図どおり川から脱出することができたものの，結果的に 6 人の生徒と彼らの教師が溺死する事態に至った。事故の後，インストラクターや野外活動センターの多様な問題を特定するために，検視官と活動センターは独立した調査を開始した（たとえば Brookes et al. 2009）。

今回の屋外活動での制御システムの基礎的な制御構造は図 2-9 に示されている。図 2-10 は，とくにフィールドマネージャーとインストラクターの間，インストラクターと生徒の間の制御構造不良に焦点を当て，事故においていくつかの制御不良が存在したことを示している。

推薦文献

Leveson, N.G. (2004) A new accident model for engineering safer systems. *Safety Science*, 42:4, 237–70.

Leveson, N.G., Daouk, M., Dulac, N. and Marais, K. (2003) A systems theoretic approach to safety engineering. Paper presented at Workshop on Investigation and Reporting of Incidents and Accidents (IRIA), 16 September 2003, Virginia, USA.

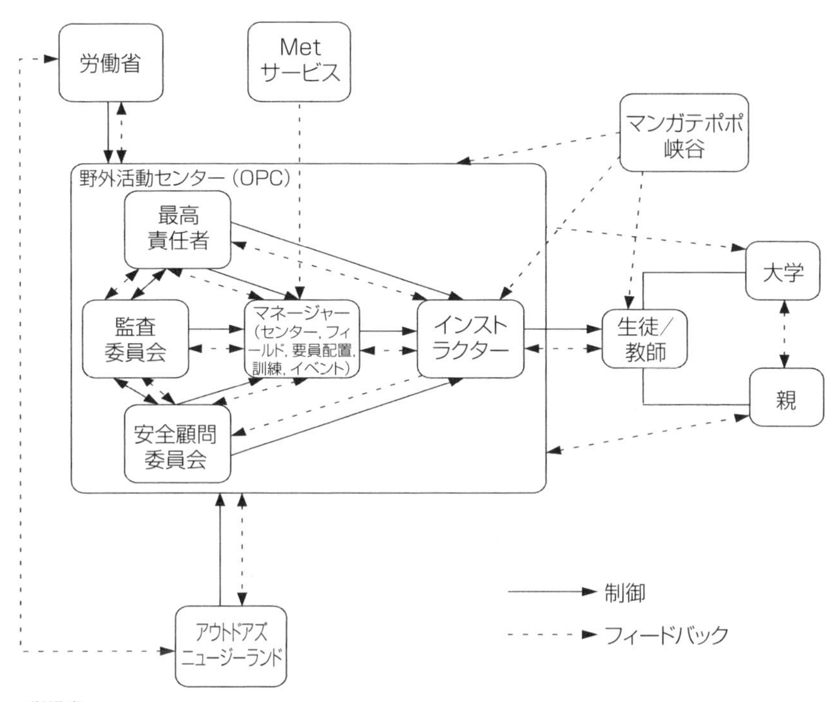

労働省
- 労働現場，またはその近くの，仕事中のすべての人々に対する危害防止を促進する

アウトドアズ・ニュージーランド
- 国内アウトドア安全監査プログラム OutdoorsMark を実行している
- OutdoorsMark の安全監査を運営する

Metサービス
- Meteorological Service Act（1990）によって必要に応じてサービスを提供（たとえば，気象情報を集め，天気予報を出す）

OPC 監査委員会
- 組織の安全戦略とパフォーマンスチェック

安全顧問委員会
- 監査委員会とオペレーションセンターが安全性を継続的に発展・改善できるように支援する

最高責任者
- 安全文化を構築し，組織全体の安全への努力と報告がなされているか確認する

センターマネージャー
- 天気予報情報の共有や活動の中止を含め，フィールドのグループの緊急安全に 24 時間責任がある
- 活動センターが運営するすべての安全システムに責任がある

訓練マネージャー
- 運営上の安全基準に従った行動のできる，訓練インストラクタースタッフ

インストラクター
- 実際に，センターの安全管理システムを適用でき，継続的監視や，フィールドでの新しい危険に対処することができる

図 2-9　マンガテポポ事故の基礎的な制御構造ダイアグラム

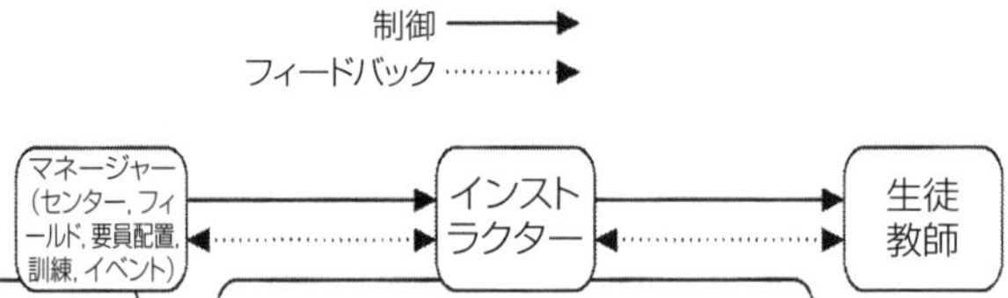

制御 ──→
フィードバック ┈┈→

マネージャー（センター，フィールド，要員配置，訓練，イベント） ⇄ インストラクター ⇄ 生徒教師

フィールドマネージャー

安全要求・制約
- スタッフミーティングで天候情報を周知させる
- 活動センターのすべての安全システムに責任がある
- フィールドでの健康面と安全面を監視する
- スタッフ能力と総合的に勘案して環境面，活動とプログラム関連の危険を監視し，それに応じて忠告をする
- 上流の峡谷旅行のためにインストラクターから署名することを要求される
- 峡谷旅行の進行許可を提供する

決定がなされた前後関係
- 月休暇後の職場復帰だった
- 監査役の態度に注意を取られていた

不十分な制御行動
- フィールドマネージャーからの引き継ぎがなかった
- 天気予報の情報を拾うことに失敗した
- 天気図や修正された天気予報を見なかったため，悪天候について知らなかった，もしくは伝えなかった
- 峡谷旅行の進行を止めなかった
- 峡谷旅行のインストラクターの仕事をやめさせなかった

不十分あるいは欠落したフィードバック
- 計画された峡谷旅行の性質を誤解していた，あるいは明らかとしなかった
- 峡谷に入る際に無線連絡をするようインストラクターに教えていなかった

メンタルモデルの問題点
- 切迫した気象状況に関する認識不足
- 計画された峡谷旅行に関する認識不足
- 環境への深い知識・理解の不足
- インストラクターの訓練・指導に関する認識の不足

インストラクター

安全要求・制約
- 実際にセンターの安全管理システムを適用して継続的に監視をし，フィールドでの新しい危険に対処する
- 活動開始前に，フィールドマネージャーと共に，峡谷旅行を確かめる
- グループの安全にすべての時間において責任がある

決定がなされた前後関係
- 無経験：劣悪な状況の峡谷を見たことがなかった
- 水場での活動に弱かった
- 水位と川の流れが絶え間なく上昇していた
- 泳ぎの得意な人がグループにいなかった
- 生徒たちは凍え，緊張していた

制約の不十分な実施
- インストラクターは1人で働いていた
- 活動をやめなかった
- 指導教官がいなかった
- 旅行前に，生徒の水泳能力を評価していなかった

不十分な制御行動
- 水泳能力を評価しなかった
- 峡谷旅行の性質を明らかにしなかった
- 修正された天気予報を確認しなかった
- 峡谷に入る際，無線連絡をしなかった
- 旅行計画に固執し，すべてのプランを実施した
- 危険を評価し損なった
- 岩棚にいる間にセンターへ報告しなかった
- 岩棚を離れ，氾濫した川へ入る判断をした
- 不十分な脱出計画
- 生徒たちと教師の救助失敗

不十分あるいは欠落したフィードバック
- グループの水泳能力を知らなかった
- 状況の重大さを生徒たちに伝えなかった
- 放水路で流されたときの行動に関する指導がなかった
- 岩棚で避難が始められることを伝えることができなかった

メンタルモデルの問題点
- 能力への過信
- 峡谷で前に起きた事象に関する知識不足
- 危険と天候状況の認識不足
- 峡谷においての脱出地点の認識不足
- グループの水泳能力を知らなかった
- 欠点のある避難計画と，計画に伴う危険の理解不足

図2-10　フィールドマネージャーとインストラクターの間，インストラクターと生徒の間の制御構造における欠陥の例

2.3.6　社会ネットワーク分析

背景と適用

社会ネットワーク分析（SNA : Social Network Analysis，Driskell and Mullen 2004）は，記述，可視化，統計的モデリングを通じてネットワーク構造を理解するために用いられる（Van Duijn and Vermunt 2006）。この手法は一般に，複雑な社会技術システムのエージェント（人間と人間以外の両方を指す）間の関係を分析するために用いられる。たとえば，近年 SNA が適用された例としては，緊急事態サービス（たとえば Houghton et al. 2006），軍事（たとえば Stanton, Salmon et al. 2010），テロ（たとえば Skillicorn 2004），線路保全業務（たとえば Walker et al. 2006）におけるコミュニケーションの分析がある。しかしながら重要なことは，この手法の適用範囲はコミュニケーションの分析に限られていないということである。たとえば Houghton et al.（2006）は，SNA は組織構造，金融取引，病気の感染など，さまざまな現象の調査に用いることができると述べている。

SNA では一般に，分析対象とするグループやネットワークを構成するエージェントの関係性（たとえばコミュニケーション）に関する観察インタビューや質問紙調査（Van Duijn and Vermunt 2006）を通して，データ収集を行う。その後，このデータは，エージェント間の関係性とネットワークの構造を容易に確認することのできる，エージェントのつながりを示す社会ネットワークダイアグラムを構成するために使われる（Houghton et al. 2006）。その後，鍵となるコミュニケーション「ハブ」やコミュニケーションボトルネックのような興味のある側面を定量化するために，ネットワークを数学的に分析する統計的モデリングが用いられる。

適用領域

SNA は包括的な手法であり，どのような領域にも適用できる。

事故分析・事故調査への適用

SNA は友軍砲火事件（friendly fire incident）の分析のために EAST フレームワークの一部として使用されている（たとえば Rafferty et al. 準備中）。

手順と留意点

＜ステップ 1 ＞　分析の目的を定義する

まず，分析の目的を明確に定義するべきである。たとえば，特定のエージェント間のコミュニケーションの評価や，特定の事故シナリオにおけるコミュニケーション不良やボトルネックの特定などといったことが目的になる。目的を明確に定義することにより，適切なシナリオが作成でき，妥当なデータが収集されたことを確証することができる。さらに，分析の目的を明確にすることで，作成された社会ネットワークを分析するためにはどのようなネットワーク統計を用いるべきかも明確にすることができるだろう。

＜ステップ 2 ＞　分析対象とするタスクとシナリオを定義する

次のステップは，分析対象とするタスクとシナリオを明確に定義することである。タスクは関係するエージェント（人および人以外），タスクの目標，タスクが実行される環境を含めて，明確に定義されるべきである。このときには，時間があれば，階層タスク分析（HTA：Hierarchical Task Analysis）が有用である。事故発生前，発生中，発生後などといった異なるタスクレベルにおける社会ネットワークを構築することは有用であるから，タスクを明確に定義することは重要である。

＜ステップ 3 ＞　データを収集する

次のステップは社会ネットワークを構築するために用いるデータを収集することである。これは一般に，分析するタスクの観察や記録，タスクがなされている際に生じる重要なつながりを記録することとなる。しかしながら，事故シナリオに焦点を当てる際は，データはほとんどの場合，事故調査報告書，タスクに関する質問紙調査やインタビューにより収集することになるだろう。この場合，すべてのエージェント間のすべてのコミュニケーションを特定するために利用できるデータを用いるべきである。一般には，コミュニケーションの方向（つまりエージェント A からエージェント B へ），頻度，型，内容が記録される。人と人以外のエージェントとの間に交わされるコミュニケーションが，近年の社会技術システムにおいては重要性を持つことを認識すべきである。たとえば，制御室のオペレーターやパイロットに危険を知らせるアラーム，ある特定の状況に対して詳細手順を参照することは，どちらも事故分析においてはコミュニケーションと分類される。

＜ステップ 4 ＞　収集したデータをレビューし，妥当性を評価する

データに間違いや抜けがないかを確認するためにデータをレビューすることは，とくにデータが事故報告から得られた場合には重要である。すべてのコミュニケーションや関係が最初の段階からすべて記録されていることは少ないので，このステップはデータが正確かを確認するために重要である。信頼度統計を計算するためにデータを分析する分析者を用意することも，信頼度評価のためにはよいかもしれない。データをレビューするための適切な SME を確保することも有用だろう。

＜ステップ 5 ＞　エージェントの関係表を作成する

データが確認され，妥当だと評価されたら，データ分析の段階となる。初めのステップでは分析するシナリオにおけるすべてのエージェント間のコミュニケーションのつながりの頻度と方向を記述する，エージェント関係表を作成す

表2-6　社会ネットワークのエージェント関係分析の例

エージェント	A	B	C	D	E	F
PANAM機長（A）	–	20	10	–	–	–
PANAM副操縦士（B）	18	–	2	–	–	–
PANAM航空技師（C）	8	1	–	–	–	–
PANAM無線装置（D）	–	–	–	–	–	9
KLM無線装置（E）	–	–	–	–	–	5
管制塔（F）	–	–	–	7	6	–

る。つまり簡単なマトリックス表を作成し，各エージェント間のコミュニケーションの頻度を入力する。例として，1977 年のテネリフェの悲劇におけるコックピットと管制塔のエージェント間のコミュニケーションを記述した関係表を表 2-6 に示す。

＜ステップ 6＞　社会ネットワークダイアグラムを構築する

社会ネットワークダイアグラムを構築する。社会ネットワークダイアグラムは，分析するシナリオにおいて，ネットワーク内の各エージェント（人および人以外）の間に生じた関係を記述する。社会ネットワークでは，エージェント間の関係性はエージェントをつなぐ有向矢線で表現される。関係の頻度は定量的に矢線の太さで表現する。例として，図 2-11 の社会ネットワークダイアグラムに，表 2-6 のテネリフェの悲劇におけるコミュニケーションを示す。

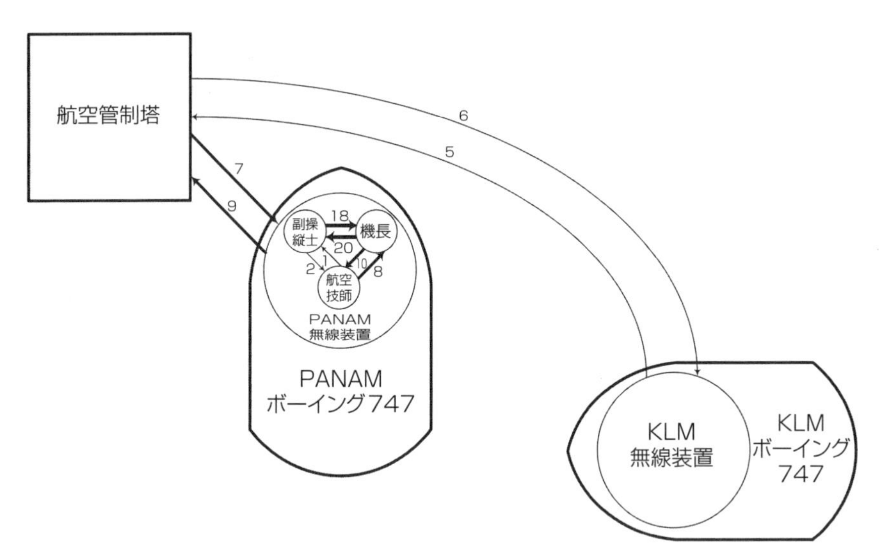

図 2-11　テネリフェの悲劇における社会ネットワークダイアグラムの例

＜ステップ7＞　ネットワークを数学的に分析する

作成された社会ネットワークダイアグラムが適切であれば，ネットワークは社会ネットワーク分析基準により分析できる。これを行うために，分析目的に応じて使用されるさまざまな基準が用意されている。過去に，我々は社会的地位，中心性，密度が有用であることを見いだした。たとえば社会的地位は，分析対象としているネットワークにおけるノード総数との関係で，ノードがどれほど「多忙か」という計測値を与えてくれる（Houghton et al. 2006）。それゆえ，社会的地位は，ネットワークにおける他のエージェントとのつながりに基づいた，エージェント間の相対的な突出関係を示してくれる。事故シナリオでは，高い社会的地位値（sociometric status value）は，コミュニケーションにおいて過負荷がかかりボトルネックとなっているエージェントとして見つけることができる。中心性もまたネットワークにおけるノードの位置の基準となるが，この位置とは，そのノードの，ネットワーク内の他のノードからの距離という意味である。中心ノードとはネットワーク内の他のすべてのノードから近い距離にあるもののことであり，そのノードから任意に選択された他のノードに伝えられるメッセージは，平均的に言って最も少ない中継数で到達するだろう（Houghton et al. 2006）。事故シナリオでは，中心性の低いエージェントは概してコミュニケーションにおいては辺縁的なものであり，重要な情報やコミュニケーションには晒されないだろう。最後に，ネットワークの凝集度は，エージェント間の関係において，そのネットワークがどれほど密集しているかを示すものである。社会ネットワーク分析においてはAgnaやWESTT（Houghton et al. 2008）のようなさまざまな分析ソフトウエアが利用可能である。

＜ステップ8＞　ネットワークを事故シナリオにおけるコミュニケーションの判断に用いる

この最後のステップは，SNAの結果（たとえばSNAダイアグラム，ネットワーク分析）を用いて，分析対象とする事故におけるコミュニケーションの役割を判断することである。このステップでSMEの手を借りることも有用である。判断のために探すべき要素としては，コミュニケーションの不備（つまり，行うべきであったがなされなかったコミュニケーションのリンク），過負荷のかかっているエージェントやボトルネック，不適切なコミュニケーション（つまり，行うべきでなかったコミュニケーションのリンク），そしてコミュニケーション技術の欠陥である。この形式の分析は，とくにコミュニケーションの中身に焦点を当てたアプローチを併用しているときに，非常に有効である。

利点

1. 多くの場合，事故シナリオにコミュニケーション不良はつきものである。そのため，SNA は事故分析をする際にとくに役立つ。
2. 社会ネットワークダイアグラムは解釈が容易であり，複雑な社会技術システムにおけるエージェント間のコミュニケーションのつながりを表現する非常に強力な手段を提供してくれる。
3. 人と人以外のエージェントの双方に焦点を当てている。
4. ネットワークはそれらの構造に応じて分類できる。これはとくに，異なるシナリオや領域にまたがっているネットワークを分析する際に有効である。
5. SNA は包括的な手法で，幅広い領域の多くの種類の目的で使用されてきている。
6. 簡単に学習でき，使用できる。
7. 多くのフリーあるいは市販のソフトウエアが社会ネットワーク分析に使用できる（たとえば Agna NodeXL，Pajek，NetDraw（UCINET））。

弱点

1. データ収集に時間がかかる。
2. SNA を事故分析に使用する際，エージェント間におけるコミュニケーションの正確なデータを得るのが難しいことがしばしばある。
3. 大きく複雑なネットワークの場合，データ分析に非常に長い時間がかかる。
4. 多くの関係性が生じる複雑に組み合わされたタスクにおいては，SNA の結果は複雑で扱いづらいものになる。
5. 結果の解釈にはネットワーク統計に関するいくらかの知識が必要に

なる。
6. ソフトウエアの助けなしでネットワークを数学的に分析することは難しく，時間と労力がかかる。
7. コミュニケーションにしか焦点を当てていない。

関連手法

SNA は通常，観察研究を主なデータ収集の方法として用いる。しかしながら，事故分析においてはインタビュー，質問紙調査，文献調査（つまり事故調査報告）が多く用いられる。

おおよその訓練期間・適用期間

SNA では，訓練はさほど要しない。ただし，結果の正確な解釈にはネットワーク統計の知識がいくらか必要になる。適用に要する時間については，分析するタスクやネットワーク次第である。データ分析にソフトウエアが利用できるのであれば，エージェント間にわずかな関係しかない小さいネットワークでの短いタスクの分析であれば，適用に要する時間は短い。大きく複雑なネットワークにおける時間の長いタスクを分析する場合，適用期間は，データの収集と入力，分析に長くかかるだろう。適用期間は，社会ネットワークダイアグラムの構築とデータ分析の自動化ソフトウエアの助けを借りれば，かなり削減される。

信頼性と妥当性

信頼性と妥当性はかなり高いが，分析はほとんどの場合，観察可能な，あるいは記録されたコミュニケーションに基づくため，事故分析に用いられた場合，信頼性と妥当性は入力されたデータ次第ということになる。正確なコミュニケーションや会話内容（たとえば航空機のブラックボックスから得られたもの）がわからない場合，分析者はコミュニケーションのデータを，事故についての記述や，調査した報告書から推定しなければならないだろう。

必要な道具

SNAは紙と鉛筆だけあればできる。しかしながら，Agna，NodeXL，Pajek，UCINETツールといったソフトウエアをネットワーク分析に用いるのが良い。

適用例

著者らは近年，SNAをEAST（Event Analysis of Systemic Teamwork framework，Stanton et al. 2005）の一部として，世界貿易センタービル（WTC）に対するテロリスト攻撃での対応分析に使用した。ニューヨーク市警察（NYPD），消防局（FDNY），港湾管理警察（PAPD），そして緊急医療サービス（EMS）によりなされたこのときの対応は，勇敢で，数え切れない人々を救ったことに疑いはない。分析を行うにおいて，我々は関係者の勇敢な行動を非難するつもりはまったくなく，むしろ，このような複雑かつ大規模で多くのエージェントが対応にかかわっている豊富なデータ資源を分析することにより，重要な洞察が得られると感じたのである。

2001年9月11日のテロリストの攻撃は，規模の点でも性質の点でも予想を超えるものであり，米国の歴史のなかで最大の危機の1つとされる（Burke 2004）。9月11日の午前8時46分頃に，それよりやや早い時間にハイジャックされたAmerican Airlines 11便がニューヨークのWTCの北棟に激突した。17分後の9時3分頃，同じくハイジャックされたUnited Airlines 175便がWTCの南棟に直接突っ込んでいった。アメリカ国立標準技術研究所（National Institute of Standards and Technology）によると，9月11日8時46分の時点で1万6400〜1万8800人の市民がWTCのなかにいたとされる（9/11 Commission 2004）。米国の歴史上，最大規模の救助活動（McKinsey and Company 2002b）が，最初の激突の後，直ちに開始された。それは主に初期捜索と，市民をWTCの北棟から南棟へと移動させる救助活動であった。

WTC攻撃への4つの主要な非常組織（NYPD，FDNY，PAPD，EMS）の対応に関するEAST分析は，9/11コミッションレポート（US National Commission on Terrorist Attacks upon the United States 2004），McKinseyのNYPDおよびFDNY/EMS対応報告（McKinsey and Company 2002a, 2002b），その他の学術文献に示されていた対応についてのさまざまな記述に基づき行われた。分析

の一部として，SNAは対応活動中のコミュニケーションエラーのモデル化に用いられ，命題ネットワーク（propositional network）手法が，エージェント内およびエージェント間でなされた状況認識という点でうまくいかなかったコミュニケーションの内容をモデル化するために用いられた。

手続きとして，前述の文書のレビューがなされた。事故の規模や行われた活動規模の大きさのため，分析は全体のシナリオではなく，部分部分の出来事（vignette）に焦点を当てた。この手法は指揮命令システムを研究するものとして，ベストプラクティスに関するNATO規程により提唱されている。すなわち，このようなシステムの複雑性を扱う適切な方法として，出来事（ケース）という形にすることを分析者に対して提案している。2つのケース（屋上での救助可能性，北棟からの避難）の分析を以下に示す。

屋上での救助可能性のケース

初めの激突から約6分後，NYPDのヘリコプターが現場に到着し，北棟屋上での救助活動を行う可能性を評価した。社会ネットワークと命題ネットワークが，屋上での救助可能性に対するヘリコプターの評価や，これについてのNYPDの幹部らに対するコミュニケーションも含めて，屋上での救助活動に対して生成された。図2-12にそれらのネットワークを示す。図では，エージェントを結ぶ矢印がエージェント間のコミュニケーションを示し，命題ネットワークはコミュニケーションの結果生じた状況認識の変化の内容（つまり，情報要素とそれらの関係性）を示す。

図2-12のネットワーク図が示すように，初期の屋上の評価の結果は，エージェント間で意思疎通が図られたものではなかった。評価結果はNYPDの幹部に伝達され，幹部はNYPDの警察官に屋上での救助は試みないようにと命じていたのである。この情報はFDNY（協定によると，屋上の救助の可能性を評価する全航空小隊の代表となるべきであった機関）には伝えられず，また，911番（消防当局）のオペレーターやFDNYの運航管理者にも伝えられなかった。その結果，北棟に取り残され，階段を下りるか上るかについてのアドバイスを求めて911番に電話した市民は，911番のオペレーターとFDNYの運航管理者が「屋上救助不可能」という指令を知らされていなかったために，屋上

での救助は行われないというアドバイスを受けなかったのである。

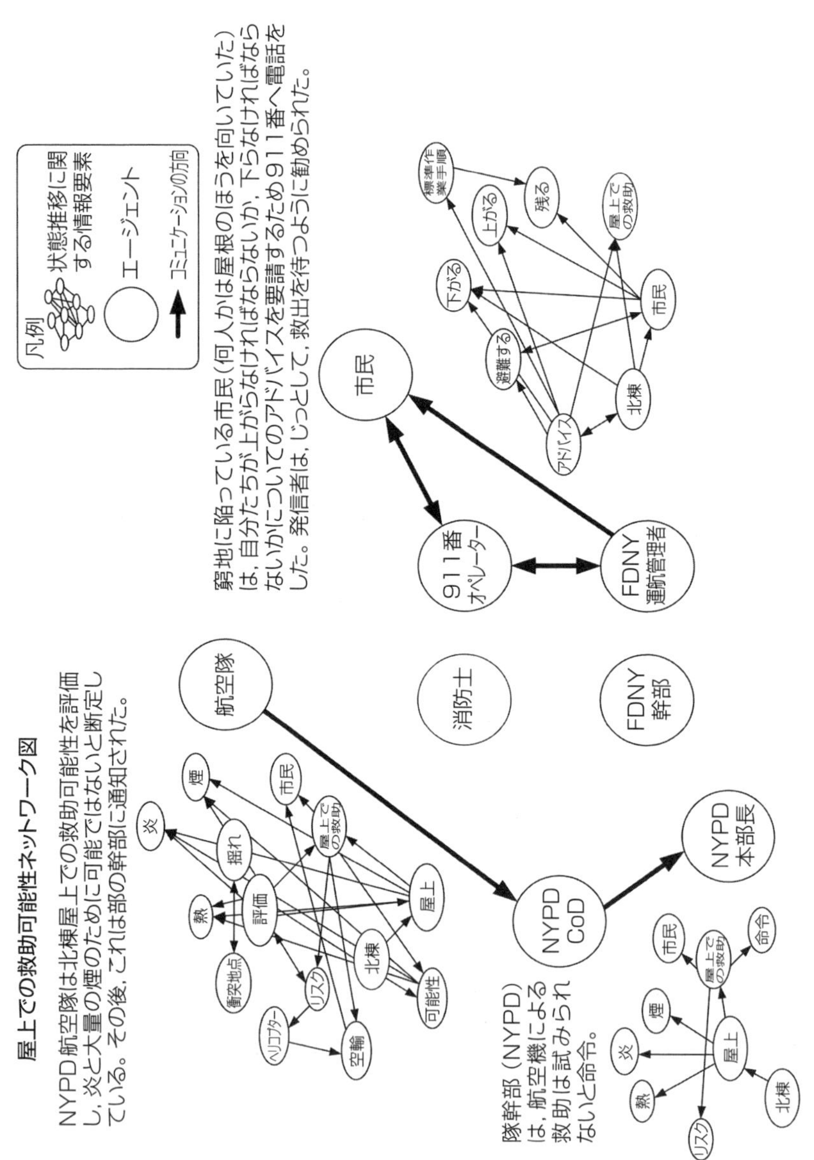

図2-12　屋上救助を提案する場面のシナリオ

北棟での避難場面のケース

午前 9 時 59 分頃，南棟が崩壊した。北棟にいた市民と救助隊員は，初めはそれに気づいていなかった。脱出に関係する次のケースは，救急隊員によるもので，南棟の崩壊に対応した北棟からの脱出に関するものである。社会・知識ネットワークが関係する各エージェントに対して作成された。NYPD と FDNY の北棟からの脱出に対する社会・知識ネットワークを図 2-13，図 2-14 に示す。

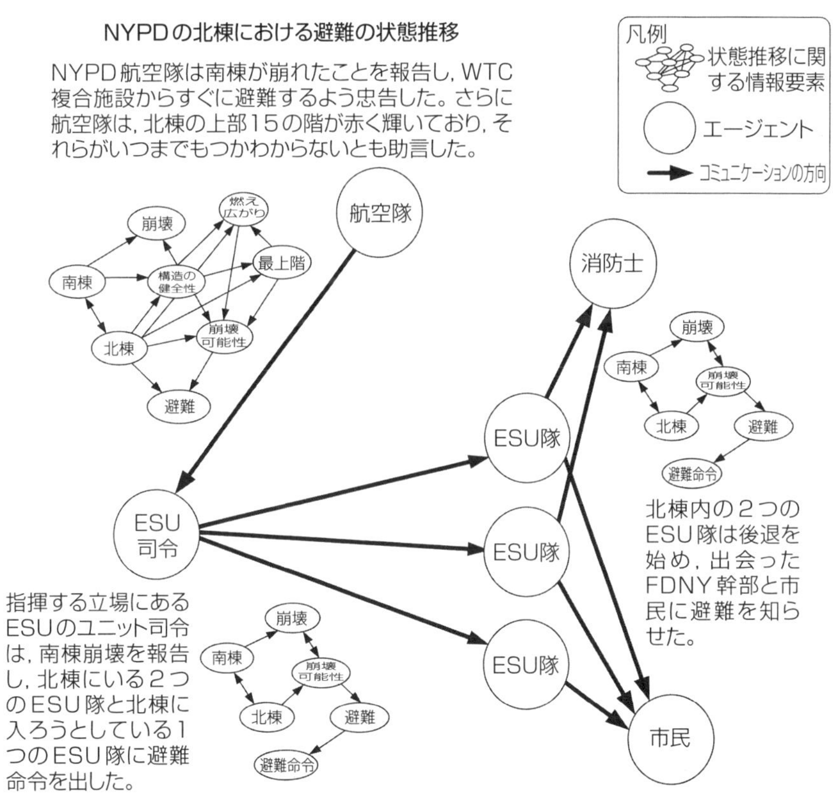

図 2-13　NYPD の北棟での避難命令場面
（図は社会ネットワークと組織間の状況認識の変化を示している）

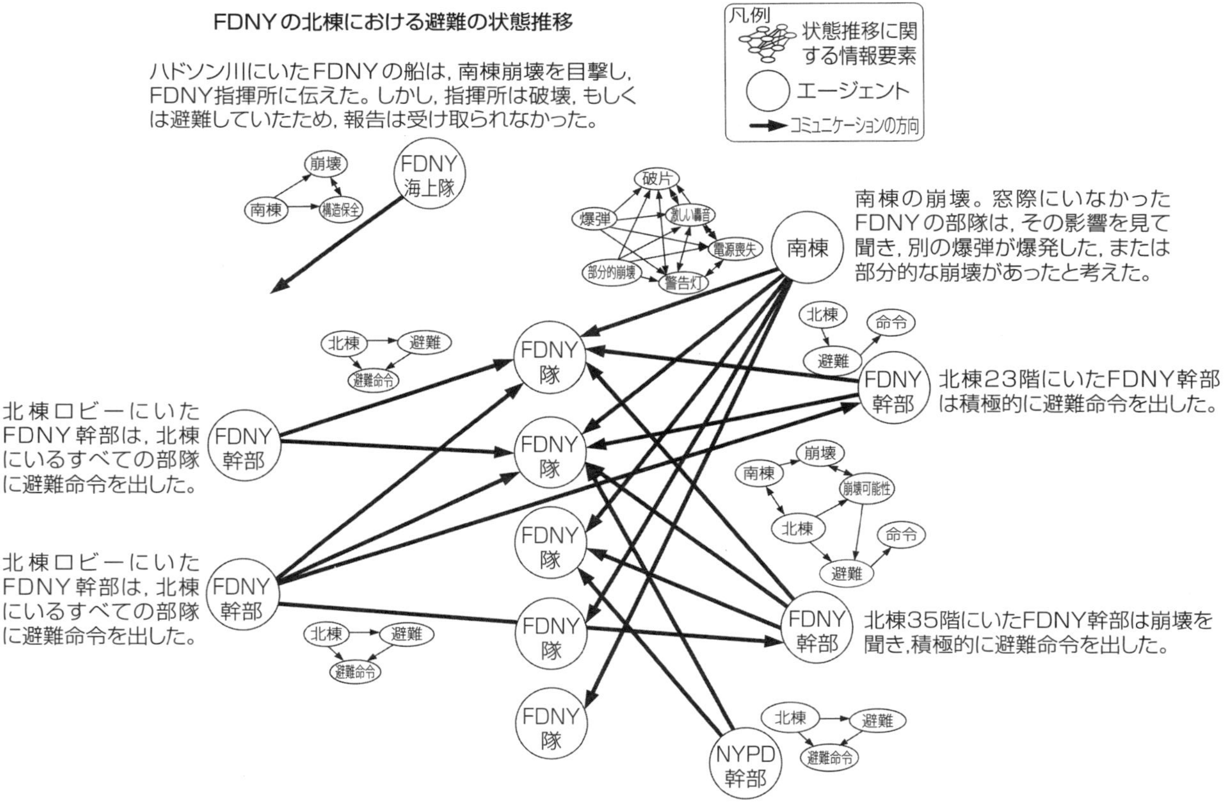

FDNYの北棟における避難の状態推移

凡例
状態推移に関する情報要素
エージェント
コミュニケーションの方向

ハドソン川にいたFDNYの船は，南棟崩壊を目撃し，FDNY指揮所に伝えた。しかし，指揮所は破壊，もしくは避難していたため，報告は受け取られなかった。

FDNY海上隊
南棟
崩壊
構造保全

破片
爆弾
激しい轟音
電源喪失
部分的崩壊
警告灯

南棟
南棟の崩壊。窓際にいなかったFDNYの部隊は，その影響を見て聞き，別の爆弾が爆発した，または部分的な崩壊があったと考えた。

北棟
命令
避難
FDNY幹部
北棟23階にいたFDNY幹部は積極的に避難命令を出した。

FDNY隊
FDNY隊
FDNY隊
FDNY隊
FDNY隊

北棟
避難
避難命令

FDNY幹部
北棟ロビーにいたFDNY幹部は，北棟にいるすべての部隊に避難命令を出した。

FDNY幹部
北棟ロビーにいたFDNY幹部は，北棟にいるすべての部隊に避難命令を出した。

北棟
避難
避難命令

南棟
崩壊
崩壊可能性
北棟
命令
避難

FDNY幹部
北棟35階にいたFDNY幹部は崩壊を聞き，積極的に避難命令を出した。

北棟
避難
避難命令
NYPD幹部

図2-14　北棟でのFDNYの避難命令場面（図は社会ネットワークと組織間の状況認識の変化を示している）

2 つの図が示すように，北棟での脱出に対する NYPD と FDNY の社会・知識ネットワークは大きく異なっていた。NYPD は彼らの航空隊から，南棟が崩壊し，北棟の上部 15 階は真っ赤に燃え盛っており，パイロットは北棟は長くはもたないと判断したと伝えられていた。これに応じて，ESU（緊急サービスユニット）の指揮所は，北棟にいたすべての ESU ユニットに対して南棟の崩壊を伝え，脱出命令を発出した。ESU ユニットはその後，この情報を脱出時に遭遇したすべての消防士と市民に伝えた。

対照的に FDNY の社会・命題ネットワーク（図 2-14）は，北棟にいた FDNY の隊員は南棟の崩壊には気づかず，轟音を聞き，粉じん，煙，緊急灯の作動を見ても，爆発物の爆発や，部分的な崩壊が起きただけと考えたということを示している（9/11 Commission 2004）。ハドソン川にいた FDNY の船は南棟が崩壊したことを認識し，この情報を FDNY の指揮所に伝えようとしたが，このときにはこの指揮所は破壊され，崩壊のなかを脱出しており，この情報は伝えられなかった。それにもかかわらず，北棟にいた 2 人の FDNY の幹部は脱出命令を発出していたが，これらの命令は遺憾なことに，南棟が崩壊したという事実を含んでおらず（9/11 Commission 2004），また何人かの消防士はこの命令を無線の問題で受け取れなかった。最終的に，35 階にいた FDNY の幹部は南棟が崩壊したことを聞き，死にもの狂いで脱出を開始した。

おそらく，この緊急事態が予想だにできないものであったことや，複雑さ，その規模から考えれば，WTC にいた異なるエージェント間での情報のやりとりがしばしば効果的でなかったこと，9/11 コミッションレポートが「事故時の命令体系はエージェント同士の認識を統合したり，対応の総合を促進するように機能しなかった」と結論づけたことは驚くことでもないだろう。結果的には，今回の対応におけるエージェント間の協調レベルは最適ではなかったということである（9/11 Commission 2004）。ここで示された分析は，対応にあたったエージェント間のコミュニケーションは次善のものであり，エージェント間の状況認識の共有の貧弱化をもたらした例を特定するものであった。ここにはエージェント間でコミュニケーションが必要だったがなされなかった例，必要だったコミュニケーションはなされたものの，何らかの理由で完結されなかった例，間違ったコミュニケーションがされた例や，組織間でのコミュニケ

表2-7　コミュニケーションの問題点

問題点の種類	例
伝えられなかったコミュニケーション	•関係する異なる機関は，どの階で一般市民の捜索がなされたかについて報告をしなかった。 •FDNY幹部は，午前8時57分に両方の棟に避難するよう命令した。これは，棟にいる市民にじっとして救出を待つよう助言をした911番オペレーターとFDNY運航管理者に伝達されなかった。 •北棟の屋上での救出の可能性がNYPD航空隊によって否定されたことを，911番オペレーターとFDNY運航管理者は知らなかった。 •NYPDのヘリコプターは，他のどの機関にも南棟崩壊，または北棟の差し迫った崩壊を伝えなかった。
伝えたが，完璧でなかったコミュニケーション	•ハドソン川のFDNYボートは無線チャンネル上で南棟の倒壊を伝えたが，FDNYの人員はこの通信を受信しなかった。 •北棟の105階で閉じ込められていた市民グループは，自分たちの居場所を知らせるため，911番に連絡をした。この情報は，FDNY運航管理者に届けられた。FDNY運航管理者はその情報をフィールドコミュニケーションオペレーターに伝達，彼らは現地本部へ渡した。現地本部は，北棟ロビーの幹部へ届けようとしたが，できなかった。 •FDNYの現地本部はホワイトボード上に磁石を貼って反応している一団を追おうとしたが，その数に圧倒された。 •83階で閉じ込められていた市民らのあるグループは，火が彼らの上にあるのか，下にあるのかを明確にするため，繰り返し911番に連絡をした。彼らはオペレーター間で移され，保留状態にされたが，決して答えを得ることはなかった（証拠は彼らが亡くなったことにより示唆される）。
間違ったコミュニケーション	•南棟が崩壊したとき，北棟にいた消防士とESU部隊は恐ろしい轟音を聞き，彼らの足もとが崩れ，その破片を見て，爆弾が爆発した，もしくは部分的な倒壊が起こったと考えた。
不適切なコミュニケーション	•FDNY幹部は，FDNYの運航管理者に南北の棟は完全崩壊の危険にはさらされていないと知らせてしまった。 •南棟の拡声装置は，建物は安全で，労働者は自分たちのオフィスに残らなければならないと放送した。その後，避難しようとしていた労働者は立ち止まり，仕事に戻った。
コミュニケーションの食い違い	•多くの市民は避難するよう言われたが，じっとして救助を待つようにとも言われた。たとえば，64階にいた港湾委員会職員は，（彼らと電話で接触した第三者を通して）港湾管理委員会警察（ニューアーク空港受付）から避難するよう言われた。しかしながら，同時に，港湾管理委員会警察（ジャージーシティ受付）との直接接触では，じっとして警察が到着するのを待つように言われていた。グループに避難しなければならないと助言した第三者は，港湾管理委員会（ニューアーク空港受付）に，もう一度連絡をした。労働者らは実際に残留することなく，結局は避難したにもかかわらず，北棟崩壊によってほとんどが死亡した。

ーションが不正確，不適切で，それによって不適切または間違った情報が組織間で交わされたこと，最終的にはそれによってあるエージェントが系統の異なる組織からの矛盾した情報を受けて混乱したコミュニケーションとなったといったことが含まれている。コミュニケーションの問題点の例を表 2-7 に示す。

2.3.7　命題ネットワーク

背景と適用

命題ネットワークの方法論は，もともとは複雑な社会技術システムにおける分散状況認識（DSA：Distributed Situation Awareness，Salmon et al. 2009）をモデル化するために開発されたものである。知識は概念とそれらの関係性により構成されるとの概念（Shadbolt and Burton 1995）に基づき，命題ネットワークは，分散状況認識を形成する情報と，情報のさまざまな断片との間の関係性を含め，システムの認識を表現するために，関連した情報要素のネットワークを使用する。重要なこととして，命題ネットワークでは，人間と人間以外のエージェント（たとえば，表示，テクノロジー，手順）の両方を考慮する。これは，システムの認識は，システムを構成する人間と人間以外のエージェント（すなわち表示，マニュアル，ツール）の全体に配分されることを意味する。そして一般にネットワークの構造と内容はネットワーク分析基準を用いて分析される。事故分析を目的とした場合，命題ネットワークは，事故のもとになった状況認識の失敗を特定することに役立つ。

適用領域

命題ネットワークはもともと軍事（たとえば Stanton et al. 2006，Salmon et al. 2009）や民間（たとえば Salmon et al. 2008）の指揮命令シナリオにおける分散状況認識のモデル化に用いられていた。しかしながら，その方法は普遍的であり，どのような領域にも適用可能である。この方法は，海上戦（Stanton et al. 2006），陸上戦（Salmon et al. 2009），鉄道保全業務（Walker et al. 2006），道路輸送（Walker et al. 2009），軍用航空空中早期警戒システム（Stewart et al.

2008）などといった幅広い領域に以前から適用されている。

事故分析・事故調査への適用

近年，命題ネットワークは，民間や軍の航空事故（たとえば Griffin et al. 2010，Rafferty et al. 準備中）における事故分析に用いられている。たとえば Griffin et al.（2010）は，Kegworth British Midland 航空 92 便ボーイング 737-400 が，不適切なエンジン停止により，イギリスの Kegworth の近くの高速道路の築堤に激突するという航空事故をモデル化するために，命題ネットワークを用いている。

手順と留意点

＜ステップ 1＞　分析の目的を定義する

初めに，分析の目的を明確に定義すべきである。これが用いられるシナリオと，作成される命題ネットワークに影響を与えるからである。事故分析において用いられる場合は，あるシナリオが通常，特定され，分析では一般に，システムの状況認識とその構成要素（人間と人間以外のエージェント），事故前と事故の進展中の情報のコミュニケーションに焦点が当てられる。

＜ステップ 2＞　分析対象の事故シナリオに関するデータを集める

命題ネットワークはさまざまなデータソースから構築することができる。すなわち，観察研究，口述記録データ，CDM データ，HTA データや，標準作業指示書（SOI : Standard Operating Instruction），手順書，ユーザーマニュアル，訓練用マニュアルといった業務関連規程から導かれるデータなどである。命題ネットワークを事故分析に使用する場合は，分析対象の事故に関する詳細なデータを集めるべきである。そのためには，公開されている事故報告書や調査報告書についてレビューすることや，事故に関係した人にインタビューする，または SME から事故に関する解説を得るのもよいだろう。

＜ステップ 3＞　タスクのフェーズを定義する

一般に，タスクまたはシナリオのフェーズを明確に確定することは有益である。これは，明確なタスクや時系列フェーズに基づき行われる。これにより，各フェーズに対して命題ネットワークが開発されることとなり，タスクあるいはシナリオ全体を通じて，動的で変化する分散状況認識の特質を描出することに有益となる。

＜ステップ 4 ＞　概念と概念間の関係を定義する

命題ネットワークを構築するためには，まず概念を，概念間の関係性とともに定義する必要がある。分散状況認識の評価目的では，「情報要素」という表現が概念を指し示す表現として用いられる。分析対象のタスクに関係付けられた情報要素を確定するためには，入力データに対してシンプルな内容分析を行い，キーワードを抜き出す。それらのキーワードは情報要素を表現しており，問題となっているアクティビティにおいて，因果関係に基づき関連づけられる（たとえば，コックピットはディスプレイを「備えており」，パイロットは飛行速度を「知っている」）。関連性は方向性のある矢線で表される。これはリンクしている命題を示すものとなる。概念間の関係性のシンプルな例を図 2-15 に示す。

このプロセスのアウトプットは，関連付けられた情報要素のネットワークである。つまり，そのネットワークはタスク遂行中のさまざまなエージェントによって用いられたすべての情報と，それら情報要素間の関係性を表す。これに

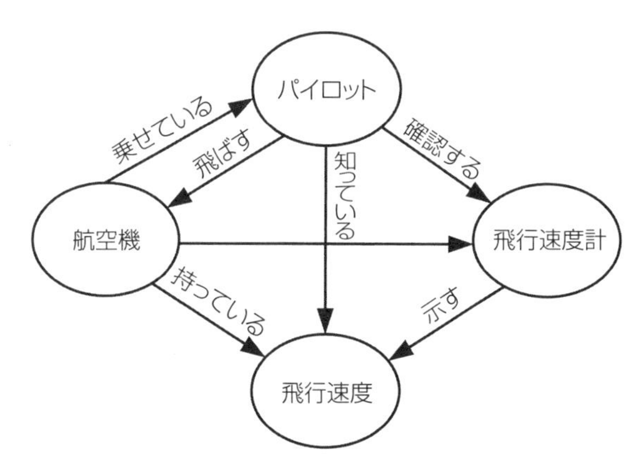

図 2-15　概念間の関係性の例

より，ネットワークはシステムの認識，すなわちタスク遂行を成功させるためにシステムが「知っておくべき」ことを表すものとなる。

＜ステップ5＞　情報要素の使用・寄与を定義する

異なるエージェントのネットワークに含まれる情報要素の使用を定義し表現することは，一般に有益である。これにより，タスク遂行中の異なるエージェントの使用・寄与という点で，ネットワークのなかの異なるノードの微妙な違いが表現される。このステップにおいて，分析者は，関係する異なるエージェントが，どの情報要素を使用したか，あるいはタスク遂行中に寄与したかについて確認する。これは入力データをさらに分析することや，事故に関連するSMEと議論することなど，さまざまな分析を行うことでなされる。

＜ステップ6＞　ネットワークの不具合・破綻を確認する

事故分析に命題ネットワークを使用するときは，状況認識の失敗に焦点が当てられることが多い。この段階では，分析者は以下の状況認識の失敗を確認するために入力データを使うとよい。

1. 状況認識の喪失
2. 不完全または不正確な状況認識（すなわち，欠落したまたは誤った情報要素）
3. 状況認識に関連した情報が伝えられないこと
4. 情報の誤った理解（すなわち情報要素の誤解）
5. 情報を適切に統合することの失敗
6. エージェント・チーム・組織機関をまたいで共通理解されていない状況認識部分

＜ステップ7＞　ネットワークを見直し，改良する

多くの場合，命題ネットワークの構築は，多数の見直しと作り直しを必要とする反復的プロセスとなる。ネットワークのドラフトを作成したら，少なくとも3回は見直しをすることが勧められる。このプロセスでは，その領域のSMEまたはタスクを行った者が関与するとよい。この見直しでは通常，情報

要素とそれらの関係性，さらに使用する情報要素の分類をチェックすることが必要である。一般にネットワークの作り直しでは，新しい情報要素と関連性の追加，既存の情報要素と関連性の修正，そして SME の意見に基づいて情報要素の使用を修正することがなされる。

＜ステップ 8 ＞　ネットワークを数学的に分析する

分析の狙いと要求に従い，ネットワーク統計を使ってネットワークを数学的に分析することも適切なことである。たとえば，システムの分散状況認識に対して重大な情報が，特定の表示あるいはエージェントを通じて伝達されなかった，または事故シナリオの進展中に特定のエージェントに誤解された，といったことである。過去には，命題ネットワークのなかで「鍵となる」情報要素を特定するために，ソシオメトリックステータス（sociometric status）と中心位置計算が用いられた。ソシオメトリックステータスとは，分析対象となっているネットワークのノード総数と比較して，あるノードがどれくらい「多忙であるか」という測定値を示す（Houghton et al. 2006）。この場合，ソシオメトリックステータスは，そのネットワークでの他の情報要素に対するそれらの関係性に基づいた情報要素の相対的な突出指標となる。中心位置はネットワーク中のノードの地位の測定基準でもある（Houghton et al. 2006）。しかしここでは，この地位とはネットワーク内のすべての個々のノードからの「距離」に関するものである。中心ノードは，ネットワーク内のすべてのノードの近傍にあるものであり，そのノードからネットワーク内の任意に選ばれた他のノードまで運ばれるメッセージは，平均的に言って，最小数の中継により到達する（Houghton et al. 2006）。鍵となる情報要素は，各シナリオフェーズにおいて特徴点（salience）を持つものと定義される。そして，その特徴点は，他の情報要素へのハブの働きをする情報要素と定義される。一般に平均値以上のソシオメトリックステータス値を持ち，かつ平均値以上の中心的位置値を持つ情報要素は，鍵となる情報要素であると特定される。他のネットワーク測定基準，たとえば密度と直径も，状況認識ネットワークを調べるのに用いられる（たとえば Walker et al. 2011）。

利点

1. 命題ネットワークは，システムの分散状況認識の背後にある情報要素とそれらの関係性によって描出される。
2. 状況認識の崩壊は，ネットワークにおいて表現され，確認することができる。それにより，状況認識の失敗がどのように事故をもたらしたのかが明らかになる。
3. システムの認識をモデル化することに加えて，命題ネットワークはシステム内で挙動する個人とサブチームの認識も描出する。
4. システムの認識の基礎をなしている情報の重要な部分を特定するために，ネットワークを数学的に分析することができる。これは，どの時点で，どの人員が情報の重要な部分を認識していなかったかについて確認することに役立つ。
5. 他の状況認識測定手法とは異なり，命題ネットワークは，状況認識の背後にある情報要素間のマッピングを考える。
6. 命題ネットワークの手順は，状況認識測定手法につきものの，いくつかの典型的な弱点を避けることができる。すなわち，介入，事前の入念な準備作業（たとえば状況認識要求分析，質問事項の設定），試行後の主観的な状況認識データの収集に関する問題などである。
7. 命題ネットワークは，習得と利用が容易である。
8. ソフトウエアサポートとして，Leximancer や WESTT ソフトウエアツールを利用できる（Houghton et al. 2008 および Walker et al. 2011 を参照）。

弱点

1. 複雑な事故シナリオに対して命題ネットワークを構築することは，非常に時間がかかり，面倒である。
2. 数学的にネットワークを分析することは，分析を長期化させ，手間がかかる。
3. 文書，レポートやプレゼンテーションにおいて，巨大なネットワークを表すことは困難である。

4. データ収集の初期段階においては，相応の一連の活動がなされる。そしてその分析には，しばしばかなりの時間がかかる。
5. ソフトウエアサポートなしで未熟な分析者が使用した場合，信頼性は疑わしい。
6. 回顧された事象に対して，正確な命題ネットワークの構築を行うのに十分となるデータを得ることは，しばしば難しい。

関連手法

命題ネットワークは，意味ネットワーク（semantic network，Eysenck and Keane 1990）や概念マップ（concept map，Crandall et al. 2006）のような他のネットワークベースの知識表現方法に類似している。データ収集段階では一般に，観察研究，CDM インタビュー，プロトコル分析，HTA などのさまざまなヒューマンファクターズ手法を利用する。ネットワークは，社会的ネットワーク分析手法に由来するいろいろな測定基準を使って分析することもできる。

おおよその訓練期間・適用期間

関与する分析者に分散状況認識理論の理解があるのならば，命題ネットワーク手法の訓練に時間は要さない。経験上，訓練は 1 日で十分であると考える。しかし，訓練後，分析者がこの手法の熟練者になるには，とくに異なる情報要素を結合することに関して，かなりの実践が必要とされる。適用期間は一般的に長いが，与えられたタスクが単純で短い場合は，短期間となる。適用期間は，Leximancer テキスト分析ソフトウエアのようなサポートを用いることにより，かなり短縮することが可能である。

信頼性と妥当性

内容分析の手順に信頼性の懸念が残ることはないだろう。しかし，概念の関係性は，しばしば分析者の主観的な判断に基づいて作成されるため，とくに未熟な分析者によってなされる場合，手法の信頼性は制限されることになる。手法の妥当性は評価が難しいが，経験上，とくに適切な SME がプロセスにかかわる場合，この手法の妥当性は高いと考えられる。信頼性は，内容分析と情報要素の関連を自動化する，たとえばLeximancerのようなソフトウエアアプローチを用いることにより強化することができる。

必要な道具

単純に言えば，命題ネットワークは，紙と鉛筆があれば実行することができる。しかし，Microsoft Visioのような描画ツールが命題ネットワーク作成には有用である。また，いろいろなソフトウエアサポートを利用することもできる。たとえばLeximancerソフトウエアツールは，内容分析と情報要素の関連付けのプロセスを自動化する。また，Houghton et al.（2008）はWESTTソフトウエアツールに言及している。このツールは，テキストデータの入力に基づいて命題ネットワークを自動作成する命題ネットワーク構築モジュールを含んでいる。最後にAgnaネットワーク分析ソフトウエアツールは，ネットワークを数学的に分析することに役立つものである。

適用例

命題ネットワークアプローチの事故分析への利用例として，ヘラルドオブフリーエンタープライズ号のフェリー事故について，簡単な分析を示す。旅客フェリーのヘラルドオブフリーエンタープライズ号は1987年3月6日にゼーブルージュ港外の浅瀬で転覆し，これにより150人の乗客と38人の乗員が死亡した。事故の直接の原因はデッキ下の浸水であり，船首ドアが開いたままフェリーが航行を開始したために起こったのであった。これは副甲板長が船首ドアを閉めなかったためであり，また船長が船首ドアが開いたまま航行を開始する判断をしたためであった（船長はドアが開いていることを知らなかったのであるが）。さまざまな寄与要因の存在が明らかとなった（詳しくはReason 1990を参照のこと）。たとえば，副甲板長の疲労レベル，不適切な配員計画（実際，副甲板長は他の余分な業務から解放されて自室でまどろんでしまっていた），船首ドアが開いているとわかっていたにもかかわらず甲板長がドアを閉めなかったこと（彼はドアを閉めるのは自分の仕事ではないと思っていた），ドーバー海峡における遅延と，事故が起きた日の海の状況が「荒れて」いたことから，早く出発しなければならないというプレッシャーがクルーにかかっていたことなどである。多数の航海上の問題と方針に関する問題があった。社内における報告文化ができていなかったことにより，事故以前に上席者は問題を何ら把握していなかったことや，ブリッジで船首ドアが確認できるように表示装置を備えてほしいとのたびたびの要望があったにもかかわらず，装備されなかったこと，フェリーの重心が高いといった不安全な設計などもあった（Reason 1990）。

この事例において命題ネットワークアプローチは，状況認識の失敗がどのように事故に関与したのかを明らかにするものとして用いることができる。図 2-16 a～e は，このシナリオのネットワークのうち 5 つを抜粋したものである。はじめに表されているのが実際のシナリオ，そして残りの 4 つは，ここに示されるシステムの認識の状態を与えることで事故が防止できるとするシナリオを表す。抜粋されたネットワークでは，情報要素に影をつけることで，システムのうちの誰がそれを認識したのかを示す（影のついていない要素は，関係する

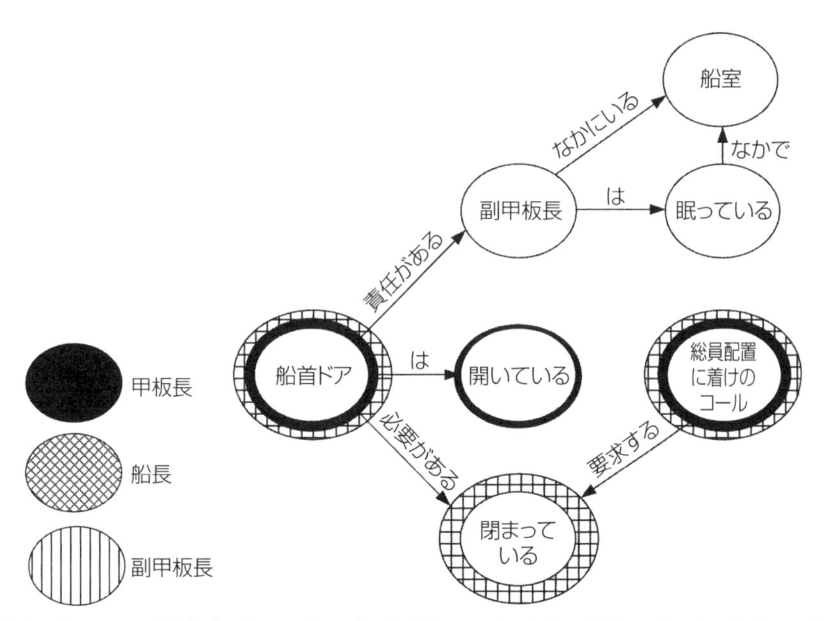

図 2-16 a　ヘラルドオブフリーエンタープライズ号のフェリー事故：実際のシナリオのネットワーク

人員の誰もが知らなかった情報を意味する)。実際のシナリオのネットワークの抜粋（図 2-16 a）は，船首ドアが閉められている（甲板長はドアが開いているのを見たが，副甲板長が閉めるだろうと思った）という出航準備の時点での船長と甲板長の認識を示している。4 つのシナリオは，システムの認識が異なっていれば事故を防ぐことができたことを示している。防止シナリオ 1 は，甲板長が船首ドアが開いているのを見て，それに応じて船首ドアを閉めるというものである。不幸にも，「自分の仕事ではない」という文化により，事故のときには甲板長はドアを閉めなかったのである。防止シナリオ 2 は，甲板長が副甲板長が眠っていることを知って，彼のためにドアを閉めるというものである。防止シナリオ 3 は，副甲板長が，総員配置に着けのコールを聞いて，船首ドアを閉めるというものである。しかし不幸にも，副甲板長は出航時には，他の仕事から解放されてまどろんでしまっていた。最後に，防止シナリオ 4 は，船長が船首ドアが開いていることに気づき（ブリッジ内の適切な表示を通して），船員に連絡を取り，ドアを閉めるように命令するというものである。残念なことに，このシナリオは主に，船長からの度重なる要請にもかかわらず，船首ドアの位置表示装置をブリッジに装備することについては，会社経営陣から受け入れられていなかったために実現されていなかったのである（Reason 1990）。命題ネットワークアプローチは，システムが抱えている状況認識のレベルという点で，どうすれば事故を防げたかをハイライトすることに役立つ。このケースでは，自分の仕事以外はしないという文化や，不適切な要員配置，そしてブリッジにおける適切な技術の欠如が，事故を避ける可能性を減じた要因のすべてとなる。

推薦文献

Griffin, T.G.C., Young, M.S., Stanton, N.A. (2010) Investigating accident causation through information network modelling. *Ergonomics*, 53:2, 198–210.

Salmon, P.M., Stanton, N.A., Walker, G.H. and Jenkins, D.P. (2009) *Distributed Situation Awareness: Advances in Theory, Modelling and Application to Teamwork*. Aldershot, UK: Ashgate Publishing.

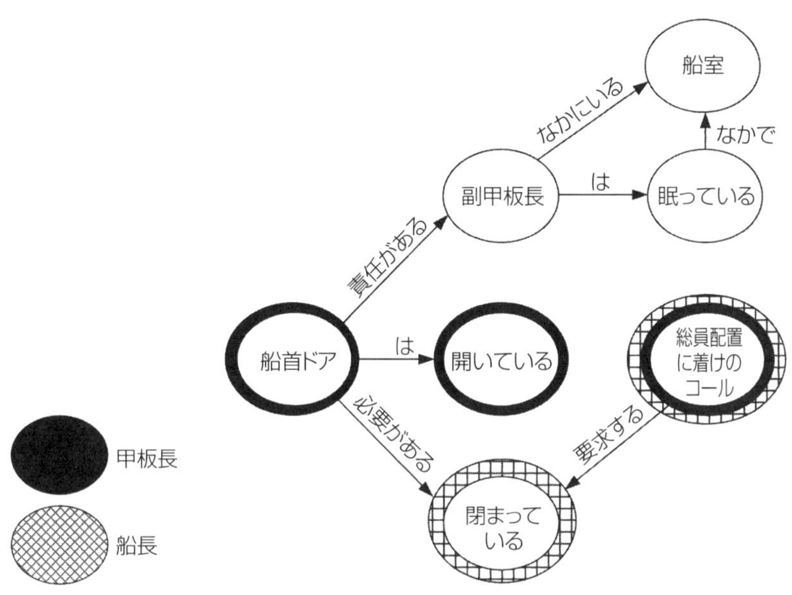

図2-16b　防止シナリオ1のネットワーク

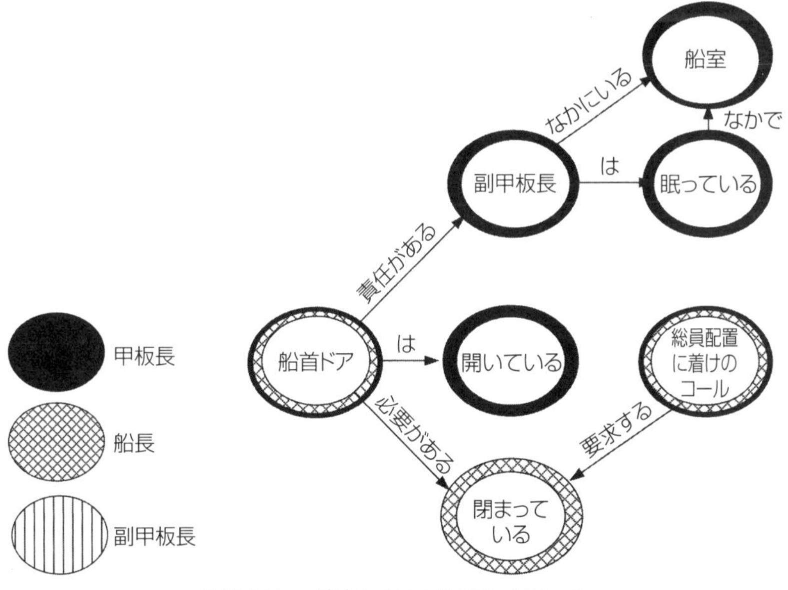

図2-16c　防止シナリオ2のネットワーク

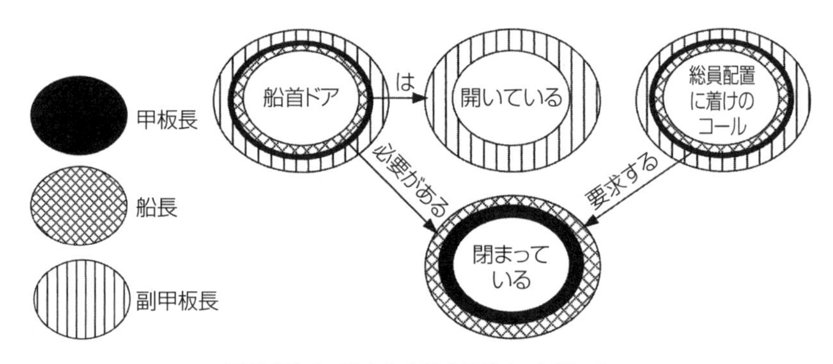

図2-16d　防止シナリオ３のネットワーク

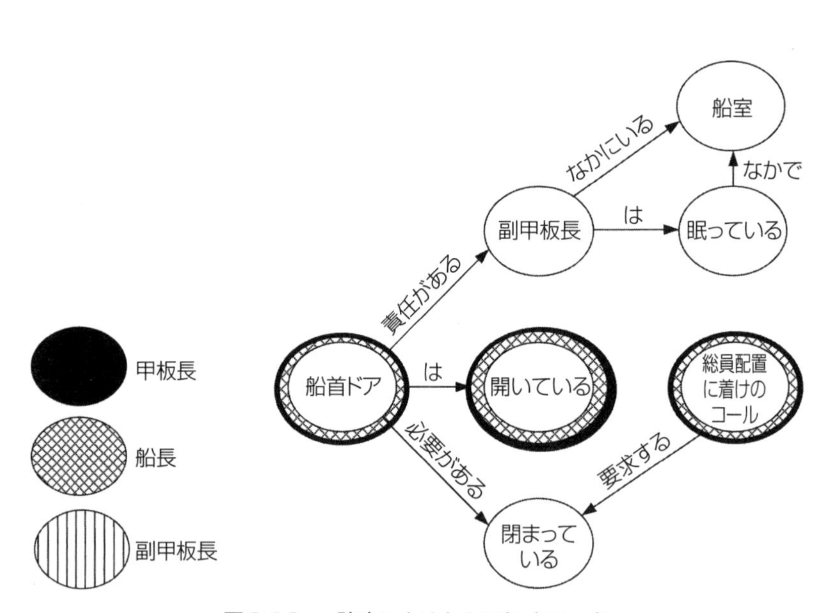

図2-16e　防止シナリオ４のネットワーク

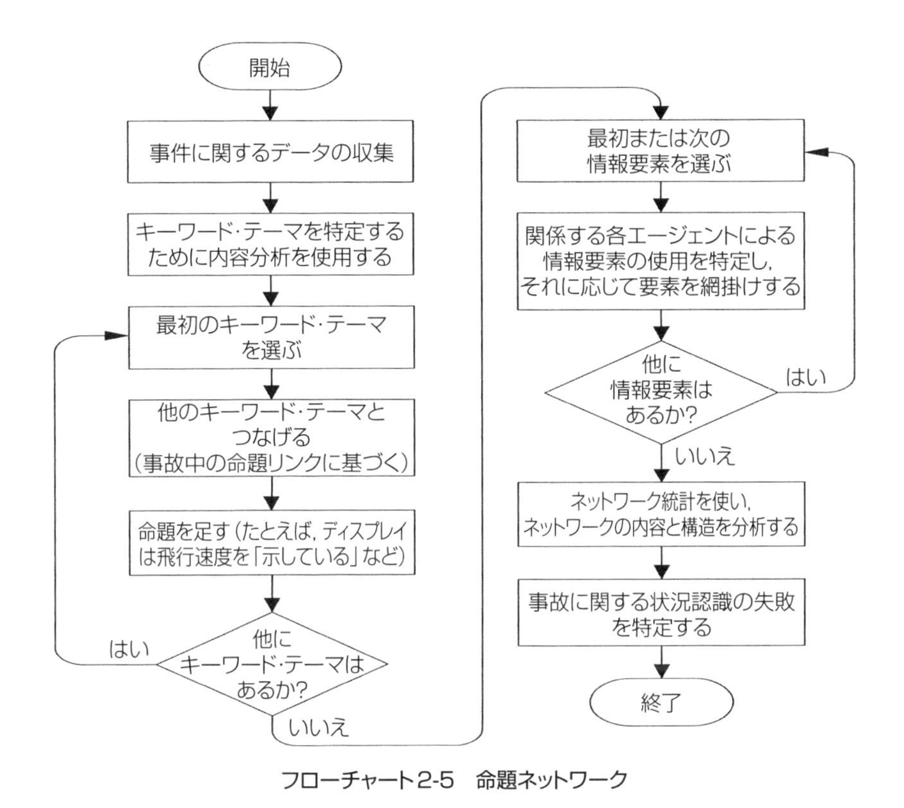

フローチャート 2-5　命題ネットワーク

2.3.8　クリティカルパス分析（CPA）

背景と適用

クリティカルパス分析（CPA : Critical Path Analysis，Baber 2004）は，一連のタスクを行う際のパフォーマンス時間（人間の行為時間）をモデル化するのに用いられる。したがって，CPA は以前から，事故シナリオにおけるオペレーターの適切な対応時間をモデル化するために使われてきた（たとえば Stanton and Baber 2008）。CPA はタスクシーケンスをモデル化し，各タスク遂行に必要となる標準的な時間のデータを用いて，そのタスクシーケンス全体の遂行に要求される総タスクパフォーマンス時間を算出するものである。

適用領域

CPA は当初，プロジェクト管理ツールとして開発されたものであるが，HCI（Human Computer Interaction）の領域において，ヒューマンファクターズの実務家によって使われてきた。

事故分析・事故調査への適用

最近，Stanton and Baber（2008）が Ladbroke Grove 鉄道事故において，信号手の対応時間をモデル化するために CPA を用いている（第 7 章を参照）。ここでは，「危険警報信号」に対する信号手の対応が適切であったかどうかを検証するために，事故における実際の対応時間との比較がなされた。

手順と留意点

＜ステップ 1 ＞　タスクを定める

まず分析するタスクを定めることが必要である。事故分析を目的として使用される場合，事故に関するデータをレビューして，分析対象のシナリオに関しての詳細な HTA を行うことが必要である。タスクの記述はできるだけ詳細に行い，適切なサブタスクに区分しなければならない。たとえば，「現金自動預払機（ATM）を利用する」というアクティビティにおいて，Baber（2004）は以下のタスクリストを使用している。①財布からカードを見つける。② ATM へカードを挿入する。③暗証番号を思い出す。④画面が変わるのを待つ。⑤入力を促すメッセージ文（プロンプト）を読む。⑥暗証番号の数字を 1 つ入力する。⑦確定のビープ音を聞く。⑧暗証番号をすべて入力するまで⑥と⑦を繰り返す。⑨画面が変わるのを待つ。

この段階においては，要素タスクにタスク遂行時間を割り当てられるよう，詳細にタスクを記述することが重要である。

＜ステップ 2 ＞　タスクの入出力様式を定める

タスクの各要素タスクのステップは，関係する入出力様式に応じて定義されなくてはならない。すなわち，どの感覚様式が入力のために用いられ（たとえば暗証番号の数字を入力する），どの感覚様式が出力のために用いられているか（たとえば確定のビープ音を聞く）ということである。以下の入出力様式が用いられる（Baber 2004）。すなわち，手の動き（左手，右手），視覚，聴覚，認知，発声である。ステップ 1 で記述された ATM の例では，入出力様式は表 2-8 のように示される。

表 2-8　ATM を例とした入出力様式（Baber 2004 を基に作成）

タスクステップ	手の動き(左)	手の動き(右)	発声	聴覚	視覚	認知	システム
カードを見つける	■	■					
カードを挿入する		■					
暗証番号を思い出す						■	
画面が変わる							■
プロンプトを読む					■		
番号を入力する		■					
ビープ音を聞く				■			
画面が変わる							■

＜ステップ 3 ＞　タスクシーケンスと依存関係チャートを作成する

このステップでは，タスクシーケンスと依存関係チャートを作成する。これは，タスクのありうる順序と一連の流れ，それらの関連付けを示すものである。ATM の例におけるタスクシーケンスと依存関係チャートを図 2-17 に示す。

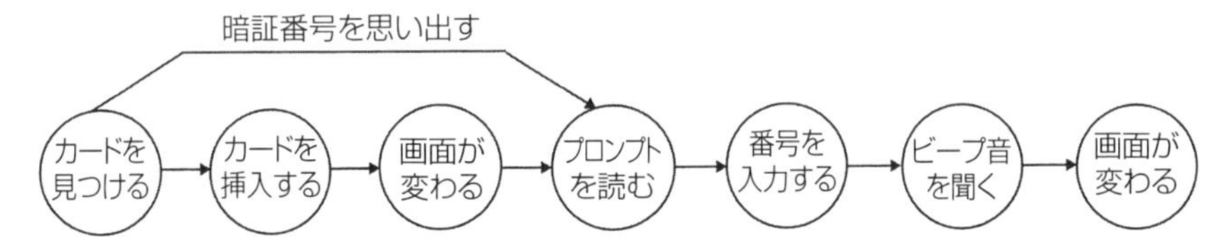

図 2-17　ATM を例としたタスクシーケンスと依存関係チャート（Baber 2004 を基に作成）

＜ステップ 4 ＞　タスク時間を各タスクステップに割り当てる

このステップでは，適切なタスク時間を関係する各タスクステップに割り当てる。標準的なタスク遂行時間は，HCI の文献（Stanton and Baber 2008）から得られる。たとえばKeystroke Level Model手法（Stanton et al. 2005あるいはStanton and Young 1999を参照のこと）では，HCI形式のタスクに対して幅広い標準単位タスク遂行時間（単位時間）を準備している。ATMの例におけるタスク遂行単位時間を表2-9に示す。

表2-9　クリティカルパス算出表

タスクステップ	単位時間	最早開始時刻	最遅開始時刻	最早終了時刻	最遅終了時刻	余裕時間
カードを見つける	500ms	0	0	500	500	0
カードを挿入する	350ms	500	500	850	850	0
暗証番号を思い出す	780ms	0	320	780	1100	320
画面が変わる	250ms	850	850	1100	1100	0
プロンプトを読む	350ms	1100	1100	1450	1450	0
番号を入力する	180ms	1450	1450	1630	1630	0
ビープ音を聞く	100ms	1630	1630	1730	1730	0

＜ステップ5＞　フォワードパスを計算する

はじめにフォワードパスが算出される。ATMの例では，Barber（2004）は，いちばん初めのタスクから開始し，最早開始時刻にはゼロを割り付けるべきであると示している。終了時刻はゼロ＋そのタスクステップの単位時間となる（たとえば，「カードを見つける」タスクが500msかかるとすると，最早終了時刻は500msとなる）。あるタスクの最早終了時刻は，次のタスクの最早開始時刻となる（表2-9参照）。

＜ステップ6＞　バックワードパスを計算する

次に，バックワードパスを計算する。これは，最後のノードの開始と，最遅終了時刻の割り当てに関することである。最遅開始時刻を算出するためには，分析者はタスクの最遅終了時刻からタスク遂行の単位時間を差し引くこととなる（表2-9参照）。

＜ステップ7＞　クリティカルパスと総タスク遂行時間を算出する

クリティカルパスは最早終了時刻と最遅終了時刻との間がゼロではないすべ

てのノードから構成される（Baber 2004）。ATM の例では，「暗証番号を思い出す」というタスクステップが 320 ms の余裕時間を持っているということは，それが全体的なパフォーマンスに影響を及ぼすことなく，クリティカルパス上の他のタスクの最大 320 ms 後に開始できることを意味する。事故分析の場合，タスク全体の遂行に要するパフォーマンス時間に興味が持たれるであろう。この場合，総タスクパフォーマンス時間は，最も長いノード間の時間値を用いながらクリティカルパスをたどることで見いだすことができる。

＜ステップ 8 ＞　CPA のタスク遂行時間と実際のタスク遂行時間を比較する

事故分析を目的として CPA を利用する場合，最後のステップにおいて CPA によって計算されるタスクパフォーマンス時間と，分析対象の事故の発生時に実際に生じたタスクパフォーマンス時間を比較することが必要である。

利点

1. 事故シナリオにおいて，タスクパフォーマンス時間を適切にモデル化できる。
2. 類似したタスクをモデル化することができる。
3. 使い方がシンプルで，必要な訓練時間が短い。
4. 標準単位タスク遂行時間は，文献（たとえば Stanton and Yung 1999）を利用できる。
5. 事故分析を目的として以前から使われている（たとえば Stanton and Baber 2008）。

弱点

1. 人間のオペレーターに対して非難を向けることになりかねない。
2. より大きな組織のシステムから，事故の起因源を特定・検討するものではない。
3. エラーのないパフォーマンスをモデル化することができるだけで，オペレーターのタスク遂行時間を増加させるであろう行動形成要因（PSF : performance shaping factors）は考慮しない。

4. 様式を定めるのが難しいことがある。
5. 複雑なタスクにおいては，適切な単位時間を特定するのが難しい。
6. 詳細なタスク分析が必要とされる。
7. 複雑なタスクに対しては，面倒で，時間を要しがちである。

関連手法

CPA は，そのインプットとして分析対象タスクの HTA（Stanton 2006）を一般に用いる。たとえば Keystroke Level Model（Card et al. 1983）などのタスクパフォーマンス時間のモデル化アプローチが存在する。

おおよその訓練期間・適用期間

CPA の訓練期間は短い。一般的には，適用に要する時間も短い。しかし，適用期間は利用できるデータと，分析対象のタスクの複雑さに依存する。たとえば，タスクが複雑で HTA の記述がなされていない場合は，はじめに HTA を構成する必要があるため，適用期間が長くかかるかもしれない。

信頼性と妥当性

文献で示される信頼性と妥当性の根拠は限定的である。しかし，Baber and Mellor（2001）は，この手法をユーザーが試みることで，予測されたタスクパフォーマンス時間の妥当性は高めることができると報告している。既存の HTA が利用できるならば，方法の信頼性は高くなりそうである。しかし HTA が利用できない複雑なタスクでは，信頼性が疑わしい場合がある。

必要な道具

CPA は紙と鉛筆を用いるだけで行うことができる。しかし通常は，Microsoft Visio や Word を用いて CPA の出力を描くと便利である。

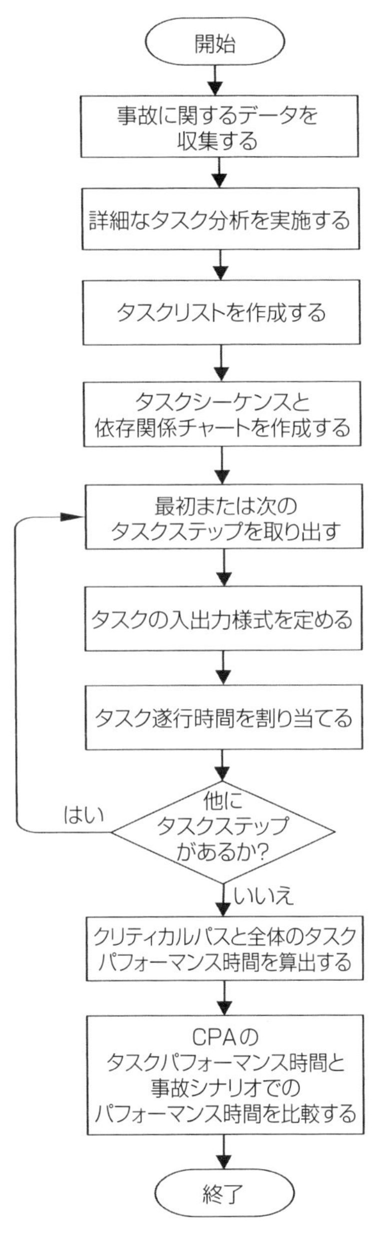

フローチャート2-6　クリティカルパス分析

推薦文献

Baber, C. (2004) Critical path analysis. In: N.A. Stanton, A. Hedge, K. Brookhuis, E. Salas and H. Hendrick (eds), *Handbook of Human Factors and Ergonomics Methods*. Boca Raton, FL: CRC Press.
Baber, C. and Mellor, B.A. (2001) Modelling multimodal human-computer interaction using critical path analysis. *International Journal of Human Computer Studies*, 54, 613–36.

2.3.9 TRACEr

背景と適用

認知エラーの回顧・予測分析法（TRACEr：Technique for the Retrospective and Predictive Analysis of Cognitive Errors，Shorrock and Kirwan 2002）は，航空交通管制官のエラーを予測または回顧的に分析するために開発された。この方法には，2つの要素がある。すなわちエラー予測要素と，事故の回顧的分析要素である（なお，ここでは回顧的分析要素のみについて議論する。予測要素の解説のために，読者には Shorrock and Kirwan（2002）を紹介しておこう）。TRACEr は，タスクエラー，情報，行動形成要因（PSF），外部エラーモード（EEM : External Error Mode），内部エラーモード（IEM : Internal Error Mode），心理的エラーメカニズム（PEM：Psychological Error Mechanism）の 6 つのエラー分類基準を使用する。なお，これらは文献のレビュー，航空交通管制における事故分析，航空交通管制官へのインタビューの分析により開発されたものである（Shorrock and Kirwan 2002）。これに加えて，エラー検出と回復戦略の分類は，事前に定義された一連の質問によって支援される。

適用領域

TRACEr はもともと，航空交通管制で使用するために開発された。しかし，分類基準の大部分は一般的なものであり，他の安全が重要視される領域でも適用が可能である。

事故分析・事故調査への適用

事故分析・調査に対して TRACEr を適用したものとしては，主に航空交通管制領域の事故分析を目的としたものがある（たとえば Shorrock and Kirwan 2002）。最近では，鉄道事故の分析にも適用されている（たとえば Baysari et al. 2009）。

手順と留意点（回顧的分析についてのみ示す）

＜ステップ 1 ＞　データを収集する

TRACEr は，分析対象とする事故に関する正確なデータに依存する。したがって，最初のステップでは，分析されるケースに関する詳細なデータ収集を行う。TRACEr は単一事故について使用できるものであるが，過去には複合的な事故を分析するのにもっぱら用いられてきた（たとえば Shorrock and Kirwan 2002，Baysari et al. 2009）。そこでは，複数の事故データベースまたはデータセットを結合することによりデータを収集することになる。事故データベースは，事故に関係する起因源について，若干の見解とともに，事故の説明文が示されているのが一般的である。これ以外には，事故のビデオ録画や調査報告，関係者の説明，解説なども，役立つデータとして利用できるだろう。

＜ステップ 2 ＞　エラー事象を同定する

「エラー事象」を同定する。以降，TRACEr 分析は，このエラー事象に基づき進められることになる。各エラー事象は，TRACEr の分類基準を使って分析される。まず，関係するエラー事象を同定する。これは，事故の周辺のデータをレビューすることと，各エラー事象を同定し，記録することである。エラー事象の同定は，分析者の主観的な判断によって行ってよい。しかし，SME や，少なくとも分析対象事故に関係するオペレーターがかかわることが有益である。

＜ステップ 3 ＞　関係するタスクエラーを同定する

次にエラー事象ごとに，関係するタスクエラーを同定する。タスクエラー要素は，関心事となっているエラーが起こったときに遂行されていたタスクを記述する（たとえばレーダー監視エラー）。TRACEr におけるエラーの例は表 2-

表2-10　TRACErのタスクエラーと行動形成要因分類基準からの抜粋
（Shorrock and Kirwan 2002を基に作成）

タスクエラーの例	
管制間隔エラー	管制官とパイロットの間のコミュニケーションエラー
レーダー監視エラー	航空機監視・認識エラー
調整エラー	管制室のコミュニケーションエラー
航空機移送エラー	引き継ぎエラー
運航票使用エラー	操作具のチェックエラー
訓練，監督，試験エラー	マン–マシンインタラクションエラー
行動形成要因の分類基準の例	
行動形成要因のカテゴリー	**行動形成要因の例**
交通と空域	交通の混雑
パイロットと管制官のコミュニケーション	ワークロード
手続き	精密度
訓練と経験	タスク熟知度
ワークスペースデザイン， マン–マシンインタラクション，設備要因	レーダーディスプレイ
周囲の環境	騒音
人的要因	覚醒・疲労
社会要因とチーム要因	引き継ぎ
組織的要因	作業の状態

表2-11　TRACErの外部エラーモードの分類基準
（Shorrock and Kirwan 2002を基に作成）

外部エラーモード		
取捨選択と特性	**タイミングと順序**	**コミュニケーション**
手抜き	長すぎるアクション	不明確な情報の伝達
多すぎるまたは少なすぎるアクション	短すぎるアクション	不明確な情報の記録
誤った指示下でのアクション	早すぎるアクション	情報の未探索・未獲得
正しい対象に対する誤ったアクション	遅すぎるアクション	情報の未伝達
誤った対象に対する正しいアクション	重複したアクション	情報の未記録
誤った対象に対する誤ったアクション	順序違い	不十分な情報の伝達
余計な行為		不十分な情報の記録
		誤った情報の伝達
		誤った情報の記録

10 で示されており,「レーダー監視エラー」「調整エラー」「運航票使用エラー」などがある（Shorrock and Kirwan 2002)。

＜ステップ 4 ＞　関係する内部エラーモードを同定する

次に，分析者はエラーと関連した内部エラーモード（IEM：Internal Error Mode）を同定しなければならない。IEM は認知機能の失敗を表すものであり（Shorrock and Kirwan 2002），たとえば，発見の遅れ，誤認，復唱確認（hear back）エラー，直前行為の失念，展望記憶（prospective memory）の失敗，記憶された情報の想起の失敗，予測展望の失敗などである。このステップにおいては，関連する情報に関してエラーの「主題」を記述するために，情報分類基準が用いられる。たとえば，ある情報は，誤解されたのかもしれないし，誤判断されたのかもしれないし，知覚的な失敗に遭遇したのかもしれない。TRACEr によって考慮される情報カテゴリーは，管制に使用する用品（たとえば運航票），管制官の活動（たとえば引き継ぎ），航空機情報変数（たとえば航空機のコールサイン），時刻と位置（たとえば空域タイプ），空港（たとえば滑走路）などがある（Shorrock and Kirwan 2002)。

＜ステップ 5 ＞　関係する心理的なエラーメカニズムを特定する

心理的エラーメカニズム（PEM : Psychological Error Mechanism）の要素は，エラーにつながった心理的な失敗を同定するのに用いられる。ここで分析者は，関係する PEM を特定するために，TRACEr PEM 分類基準を用いる。PEM 分類基準を表 2-12 に示す。

＜ステップ 6 ＞　関係する行動形成要因（PSF）を特定する

次のステップでは，事故に関係する行動形成要因を確認する。これらは，関心事となっているエラーの引き起こされ方において，人間オペレーターのパフォーマンスに影響を与えた要素を表すものであり，PSF の 9 つのカテゴリーが示されている。各 PSF カテゴリーと PSF の例は表 2-10 に示されている。

表2-12　内部エラーモードと心理的エラーメカニズム（Shorrock and Kirwan 2002を基に作成）

内部エラーモード	心理的エラーメカニズム
知覚	
未検出（視覚） 遅い検出（視覚） 誤った解釈 視覚的に誤った表示 誤った識別 未識別 遅い識別 未検出（聴覚） 返答エラー 誤った聴取 遅い聴覚認識	期待バイアス 空間的混乱 知覚的混乱 知覚的な識別の失敗 知覚的すり抜け 過度の刺激負荷 警戒の失敗 注意散漫・先入観
記憶	
モニタリングの忘却 展望記憶の失敗 直前の行為の忘却 一時的情報の忘却 一時的情報の誤再生 記憶した情報の忘却 記憶した情報の誤再生	類似干渉 記憶容量の過負荷 ネガティブな転送 誤った学習 不十分な学習 低頻度バイアス メモリーブロック（ど忘れ） 注意散漫・先入観
判断，計画，意思決定	
予測展望の失敗 貧弱な意思決定 遅い決定 未決定 貧弱な計画 無計画 計画不足	不正確な知識 知識の欠如 副作用や長期的な影響への考慮の失敗 調整の失敗 誤解 認知的機能 誤った前提 優先順位づけの失敗 リスクの否定・容認 リスク認知の失敗 決定の凍結
行為の実行	
選択のエラー ポジショニングエラー タイミングエラー 不明確な情報の伝達 不明確な情報の記録 誤った情報の伝達 誤った情報の記録 情報の未伝達 情報の未記録	手先の動きの変動 空間的混乱 習慣の介入 知覚的混乱 機能的混乱 吃音 誤った発音 不適当なイントネーション 行為を導いた考え 環境の介入 その他のスリップ 注意散漫・先入観

＜ステップ 7 ＞　エラー検出とエラー訂正を同定する

このステップでは，従事していた管制官により，エラーがどのように検出され，訂正され，どのような回復戦略がとられたのかということを同定する。ここで分析者は，エラーがどのように識別され，さらにどのようにエラーを訂正し，どのような回復戦略を採用したのかというエラー対応策について同定するために，一連のあらかじめ定義された刺激質問（prompt）を使用する。エラー検出の構成要素を明らかにするために，以下の刺激質問が使われる（Shorrock and Kirwan 2002）。

1. 管制官はどのようにしてエラーに気づきましたか？（たとえば行為フィードバック，主観的（内的）フィードバック，結果フィードバック）
2. フィードバックの媒体は何でしたか？（たとえば無線，レーダー表示）
3. エラーの検出の改善または改悪につながった，管制官に対する内部または外部要因は何かありましたか？
4. エラー検出時において，管制間隔状態はどのようでしたか？

次に，管制官が採用したエラー訂正戦略を確定するために，分析者は以下の刺激質問を使用する。

1. 管制官はエラーを訂正するために何をしましたか？（たとえば取り消し，直接指示，自動訂正）
2. 管制官はどのようにしてエラーを訂正しましたか？（たとえば旋回，上昇）
3. エラーの訂正の改善または改悪につながった，管制官に対する内部または外部要因は何かありましたか？
4. エラー訂正の時点での管制間隔状態はどのようでしたか？

ステップ 2～6 は，事故に関係する各エラー事象に対して繰り返されなければならない。

＜ステップ 8 ＞　評価者間の信頼性統計と相違を計算する

2 人以上の分析者が携わったときには，評価者間の信頼性統計を計算することが一般に行われる。ここでは，Cohen の Kappa 係数，信号検出理論，感度指標計算といった，標準的な信頼性テストが使用される。また，この段階では，分析者間の意見の相違についてコンセンサスが整うまで，より深い議論を通して解決が図られる。

＜ステップ 9＞　頻度算出を用いてアウトプットを分析する

複合的な事故を分析するときには，分析の概要を引き出すために，単純な頻度算出を最初に行う。ここでは，分析対象としている事故に関して，エラーの種類と関連要因（たとえば PEM，IEM，PSF）の頻度を計算する。

利点

1. エラーに関連するさまざまな要因（たとえば IEM，PEM，PSF）を考慮したうえで，事故シナリオに関係するエラーの広範囲の分析を提供する。
2. 包括性や有用性を高めるデータを有する（Shorrock and Kirwan 2002）。
3. 低資源集約型のバージョン（TRACEr-lite）が開発されている（Shorrock 2006 を参照）。
4. 予測的に使用することもできる。
5. 他の領域で適用されてきている（たとえば Baysari et al. 2009）。
6. オペレーター個人のエラーに重点的に焦点を当てる手法であるが，システム全体の行動形成要因も考慮する。
7. 事故報告や事故の分析，SME へのインタビュー，ヒューマンエラーの同定と分析に関する文献のレビューなど，さまざまな活動をベースに開発されたものである。

弱点

1. その包括性の副産物として，この手法は人によっては過度に複雑に思われる。
2. その徹底的な性質のために，分析は時間がかかる場合がある。
3. 関係者への接触なしでは，TRACEr 分析を支えるのに必要なデータを見いだすことは，しばしば困難さを伴う。

4. この手法に対して有用性の証拠が不足している。これは学術的な文献に示されている。
5. 既存のエラー分類アプローチ（たとえば SHERPA）のほうが，使用するのにより単純で，より早い場合がある。
6. ほとんど排他的にエラーにのみ焦点を当てるものであり，組織システム全体にわたる問題を詳細に扱うことができない。
7. TRACEr は航空交通管制のために特別に開発されたものなので，分類基準や刺激質問の一部は他の領域に応用できない。

関連手法

TRACEr は分類基準に基づいてエラーの予測と分析を行う手法である。そこで，多くの関連手法が存在する。たとえば，CREAM（Cognitive Reliability and Error Analysis Method，Hollnagel 1998）や SHERPA（Systematic Human Error Prediction and Reduction Approach，Embrey 1986）は，代表的な分類基準に基づくアプローチである。階層的タスク分析（Hierarchical Task Analysis，Stanton 2006）などのタスク分析法が，TRACEr においてのタスク記述に一般に用いられる。

おおよその訓練期間・適用期間

比較的単純なアプローチではあるが，ヒューマンエラーの事前知識なしでは，TRACEr のための訓練時間はかなり長くなると思われる。適用に要する時間は，この方法の包括的性質のために，かなり長いものとなる。

信頼性と妥当性

文献として示されている信頼性と妥当性のエビデンスは限定的である。Shorrock and Kirwan（2002）は，予備的ではあるが，信頼性に明るい見通しを与える結果を報告している。しかし，信頼性と妥当性について，それ以上のエビデンスは，まだ報告されていない状況にある。

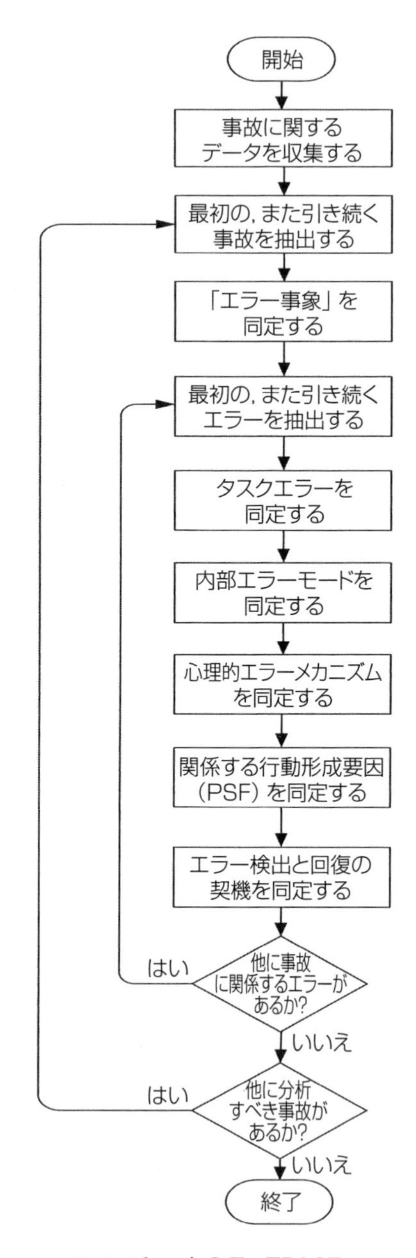

フローチャート2-7　TRACEr

必要な道具

TRACEr 分析は，関係する PEM，EEM，IEM，PSF の分類基準や，エラーの検出と訂正に関する刺激質問も含めて，紙と鉛筆で実施可能である。

推薦文献

Isaac, A., Shorrick, S.T. and Kirwan, B. (2002) Human error in European air traffic management: the HERA project. *Reliability Engineering and System Safety*, 75, 257–72.
Shorrock, S.T. and Kirwan, B. (2002) Development and application of a human error identification tool for air traffic control. *Applied Ergonomics*, 33, 319–36.
Shorrock, S.T. (2006) Technique for the retrospective and predictive analysis of human error (TRACEr and TRACEr-lite). In: W. Karwowski (ed.), *International Encyclopedia of Ergonomics and Human Factors*, 2nd Edition, London: Taylor and Francis.

2.3.10　EAST

背景と適用

系統的チームワーク事象分析（EAST : Event Analysis of Systemic Teamwork, Stanton et al. 2005）のフレームワークは，共同的なシステムにおける活動を分析するための，手法の統合的な組み合わせである。最近では，事故分析を目的として用いられている（たとえば Rafferty et al. 準備中）。このアプローチを支えるのは，「ネットワークのネットワーク」アプローチを通じて注意深く記述できる共同活動の概念であり，そこでは 3 つの異なる，しかし相互に関係する視点に焦点を当てている。すなわち共同活動の背後に存在するタスクネットワーク，社会ネットワーク，命題ネットワーク（propositional network）である。タスクネットワークは，ゴールの概要と，引き続くシステム内でなされるタスクを表している。社会ネットワークは，チーム組織とチームで働いているエージェントの間でなされているコミュニケーションを分解する。そして命題ネットワークは，問題とされているチームワーク活動を行うために関係者が使用し共有する情報と知識（分散状況認識）を記述する。共同的な取り組みを理解しようとするこの「ネットワークのネットワーク」というアプローチは，図 2-18 で表される。

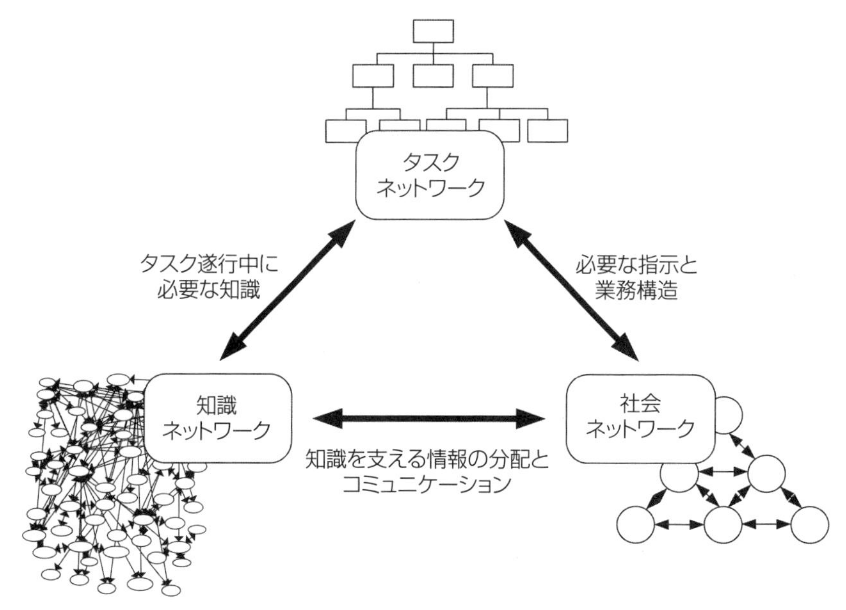

図2-18　共同的活動を分析するための「ネットワークのネットワーク」アプローチ
図は各ネットワーク（階層的タスク分析（タスクネットワーク），社会ネットワーク分析（社会ネットワーク），命題ネットワーク（知識ネットワーク））の表現例

3つのネットワークそれぞれを記述するために，EASTは異なるヒューマンファクターズの手法のフレームワークを使用する。一般にHTA（Annett et al. 1971）がタスクネットワークの構築に用いられる。SNA（Driskell and Mullen 2004）が関係する社会ネットワークの構築と分析に用いられる。さらに命題ネットワーク（Salmon et al. 2009）が知識ネットワークの構築と分析に用いられる。これに加えて，活動シーケンス図（OSD : Operation Sequence Diagram），協調要求分析（CDA：Coordination Demands Analysis，Burke 2004），CDM，コミュニケーション利用図（Communications Usage Diagram，Watts and Monk 2000）が，チーム認識と意思決定，共同活動やコーディネーション，コミュニケーションのためのテクノロジーなどのさまざまな共同活動の側面を評価するのに用いられる。

適用領域

EAST は，とくに共同活動の分析のために開発された一般的なアプローチである。この目的のもと，このアプローチは現在までに，陸上戦（Stanton, Salmon et al. 2010），空中早期警戒管制（Stewart et al. 2008），海上戦（Stanton et al. 2006），航空交通管制（Walker et al. 2010），鉄道保全業務（Walker et al. 2006），エネルギー輸送（Salmon et al. 2008），救急サービス（Houghton et al. 2006）など，多くの領域で使用されてきた。

事故分析・事故調査への適用

EAST は，事故分析を含むさまざまな目的に適用されている。たとえば Rafferty et al.（準備中）は，Provide Comfort 作戦でのブラックホークヘリコプター友軍砲撃事件を分析するために EAST を用いた。この事件は，米陸軍の 2 機のブラックホークヘリコプターが，2 機の米国の F-15 ジェット戦闘機により誤って撃ち落とされ，26 人が死亡したものである。EAST を構成する要素手法は，事故分析のためにも適用されている。たとえば，Griffin et al.（2010）は Kegworth British Midland 航空 92 便の墜落事故の分析に命題ネットワークのアプローチを用いている。

手順と留意点

＜ステップ 1＞　分析の狙いを定める

まず分析の狙いをはっきりと定めなければならない。これにより適切なシナリオが使用され，関連するデータの収集が確実となる。これに加えて，EAST のフレームワークのすべての構成要素を必要とするとは限らないため，適切な EAST の手法を適用することを確実にするために，はっきり分析の狙いを定めることが重要である。

＜ステップ 2＞　分析するタスクを定める

次に分析対象のタスクまたはシナリオを明確に定義する。これは分析の狙いに依存しており，幅広いタスクまたは特定のある 1 つのタスクとなるかもしれない。十分なデータと SME への接触が可能なのであれば，分析対象タスクの

HTA を作成することが標準として行われる。これから多くの示唆が得られ，後刻の分析に役立つ。つまり，さらに観察を行い分析を始めるに先立ち，分析者はタスクを理解することができるからである。

＜ステップ 3 ＞　事故に関するデータを収集する

EAST 分析をサポートするデータの主な収集活動としては，一般に，観察研究が用いられる。しかしこれは，事故分析を目的としたアプローチでは，そういつもできることでもない。他の役に立つデータ収集方法としては，SME や分析対象としている事故に関係する人物へのインタビュー，文書のレビュー調査（たとえば，事故や調査報告，標準作業手順（SOP : standard operating procedure)，そして問題としているタスクやシステムの観察がある。データを集めるとき，共同タスク遂行の以下の面が一般に関心事となる。すなわち，事故のタイムラインであり，そこにはなされていた活動の記述や関係するエージェント，関係するエージェントとテクノロジーとの間で交わされたコミュニケーション，なされたタスクとその目的，異なるエージェントとチームで用いられた情報，活動を行うのに用いられたツール，文書，指示，活動のアウトカム，発生したエラー，そして分析者が関係すると感じたあらゆる情報が含まれる。

＜ステップ 4 ＞　CDM インタビューを行う

タスク分析が完了し，タスクに関する十分なデータが集められたのであれば，関係する各「鍵となる」エージェント（たとえば，そのシナリオでの指揮者，重要タスクを行う人物）に対して，可能な場所で CDM インタビューを行う。このためには，シナリオを重要な事故段階に分けることが必要であり，その後，あらかじめ定義された CDM プローブを用いて，重要な事故段階に関係するエージェントにインタビューすることとなる（たとえば O’Hare et al. 2000。CDM の方法の説明については第 2 章を参照)。

＜ステップ 5 ＞　データを書き直す

十分なデータを集めたら，それらを EAST 分析段階と互換性を持つように書き直す。つまりイベントのトランスクリプトを作成する。書き直された記録

（トランスクリプト）は，活動の説明，関係者，交わされたコミュニケーション，そして用いられたテクノロジーなどを含め，タイムライン全体においてのシナリオとして記述しなければならない。有効性を確実にするために，シナリオ記録は関係する SME によってレビューされなければならない。

＜ステップ 6 ＞　HTA を繰り返し，タスクモデルを作成する

データを書き直すプロセスを経ることで，分析者は分析対象シナリオについて，より深く，より正確な理解を得ることができる。それにより HTA の初期シナリオの記述と観察された実際の活動との間の食い違いが解決されることになる。一般に共同活動は計画に完全に従って運ぶわけではないし，HTA の初期の記述では記述されなかったあるタスクがシナリオにおいてなされていたのかもしれない。分析者はシナリオのトランスクリプトを初期の HTA と比較し，必要に応じて変更を加えなければならない。そして HTA が完成したなら，分析対象としている活動の主要な目的と，関係するタスクを表現するタスクモデルを構築する。

＜ステップ 7 ＞　協調要求分析（coordination demands analysis : CDA）を実施する

CDA 手法では，チームワーク作業を HTA から抽出し，対応するチームワーク行動の CDA 分類に対してレーティングをすることとなる。チームワーク行動とは，コミュニケーション，状況認識，意思決定，ミッション分析，リーダーシップ，適応性，自己主張（assertiveness），調整である。各チームワーク作業は，1（低い）から 3（高い）までのスケールで，各 CDA 行動に対して評価される。それぞれのチームワークステップに対する協調の総合値は，CDA 行動全体での平均を計算することによって求められる。分析対象シナリオに対する平均総合協調値も計算すべきである。分析者が自身の主観的な判断を使って CDA を行ってもよいが，関連するあるいは適切な SME に頼ることができるのであれば，より有益である。

＜ステップ 8 ＞　コミュニケーション利用図（CUD）を構築する

コミュニケーション利用図（CUD : Communications Usage Diagram，Watts

and Monk 2000）は，異なる地理的位置全域に分散するエージェントからなるチームの間のコミュニケーションを記述するのに用いられる。CUD のアプトプットは，エージェント間のコミュニケーションの形態と理由，コミュニケーションに用いられるテクノロジー，使用されたテクノロジーに関する利点と弱点を記述する。CUD 分析は一般に，分析対象とするタスクまたはシナリオの観察データに基づくが，分析を通じての会話やインタビューのデータも利用可能である（Watts and Monk 2000）。事故分析のためには，CUD を，事故に役割を果たすこととなったコミュニケーションの失敗を確認するために使うとよい。

＜ステップ 9 ＞　社会ネットワーク分析を行う

社会ネットワーク分析（SNA : social network analysis）は，分析対象のシナリオに含まれるエージェントの関係を分析するのに用いられる。一般に，（CDM の分析において定義された事故フェーズを使って）分析対象タスクの各フェーズを表す一連の SNA を行うことは有益である。EAST 方法論における SNA フェーズに対して Agna SNA ソフトウエアパッケージを使用することが推奨される。事故分析のためには，事故に役割を果たすこととなったコミュニケーションの失敗を確認するために SNA を使うことは有益である。

＜ステップ 10 ＞　活動シーケンス図（OSD）をつくる

活動シーケンス図（OSD : operation sequence diagram）は，分析対象のシナリオにおいてなされた活動を表す。分析者はシナリオのトランスクリプトと，関係する HTA をインプットとして用いて OSD を作成する。最初の OSD を作成したなら，分析者は CDA の結果を各チームワーク作業のステップに追加していくこととなる。

＜ステップ 11 ＞　命題ネットワークをつくる

EAST 分析の最終的なステップは，シナリオの段階ごとに命題ネットワークをつくることである。作成後，命題ネットワーク内の情報要素にマーク付けすることによって，関係者に対する情報利用が定義される。

＜ステップ 12＞　分析のアウトプットを確認する

EAST の分析が終了したら，適切な SME と分析対象シナリオの記録を用いて，アウトプットの妥当性を確認するとよい。もし問題が確認された場合は，この時点で修正する。

利点

1. 生み出される分析はわかりやすいものであり，アクティビティはいろいろな観点から分析される。
2. フレームワークアプローチを用いることによって，分析の要求に基づいて方法を選択することができる。
3. 事故分析を目的として用いる場合，文脈要因，コミュニケーション，状況認識の失敗，タスクエラー，技術の寄与が，すべて考慮される。
4. EAST は事故分析目的（たとえば Rafferty et al. 準備中）を含む，広い範囲の目的のために，非常にさまざまな領域において適用されてきている。
5. アプローチは一般的なものであり，どのような領域においても事故分析のために利用することができる。
6. 状況認識，認知，意思決定，チームワーク，コミュニケーションなどのヒューマンファクターズのコンセプトが評価される。
7. 体系化された有効なヒューマンファクターズの手法を使用しており，しっかりとした理論的基礎を持つ。

弱点

1. 完全に行おうとすると，EAST のフレームワークは非常に時間のかかるアプローチである。
2. いろいろな手法を活用するので，このフレームワークは長期にわたる訓練を確実に要することとなる。
3. 正確な EAST の分析を行うためには，領域，タスク，SME に対する高水準のアクセスが必要とされる。
4. 事故分析のために用いるときは，詳細なデータで EAST 分析をサポートする必要がある。

5. 分析の一部は，完成させるのに非常に時間がかかり，面倒になることがある。
6. いくつかのアウトプットは，大きくて扱いにくく，レポートや書類，プレゼンテーションにおいて示すことが難しくなる。

関連手法

EAST のフレームワークは，観察研究，HTA（Annett et al. 1971），CDA（Burke 2004），SNA（Driskell and Mullen 2004），CDM（Klein et al. 1989），OSD（Stanton et al. 2005），CUD（Watts and Monk 2000），命題ネットワーク（Salmon et al. 2009）などの多くの異なるヒューマンファクターズ手法から構成されている。

おおよその訓練期間・適用期間

いくつかの異なる手法が含まれるため，EAST のフレームワークに伴う訓練は長期間となる。同様に適用期間も一般に長いが，これは分析対象のタスクと用いられる手法に依存する。我々の経験に基づくと，データが集められてから EAST の分析が完了するまで 1 か月あるいはそれ以上かかることもまれではない。

信頼性と妥当性

いくつかの異なる手法を含むため，EAST の信頼性と妥当性を評価するのは難しい。たとえば SNA や CUD などの手法の信頼性と妥当性は高いが，CDM や命題ネットワークアプローチといった他の手法は，信頼性と妥当性が低いレベルにあるかもしれない。

必要な道具

ビデオとオーディオ装置が分析対象の活動を記録するために用いられることが多い。WESTT ソフトウエアパッケージ（Houghton et al. 2008）は，多くの場合，EAST アウトプットの作成に役立つ。分析対象タスクの HTA の構成において分析者をサポートするために，多くのHTAソフトウエアパッケージが存在する。またAgnaはSNAと命題ネットワーク分析をサポートする。Microsoft Visioのような描画ソフトウエアパッケージは，OSDやCUDのような表現型の手法において多用されている。

適用例

EASTの分析例を，本書の最終章に示す。

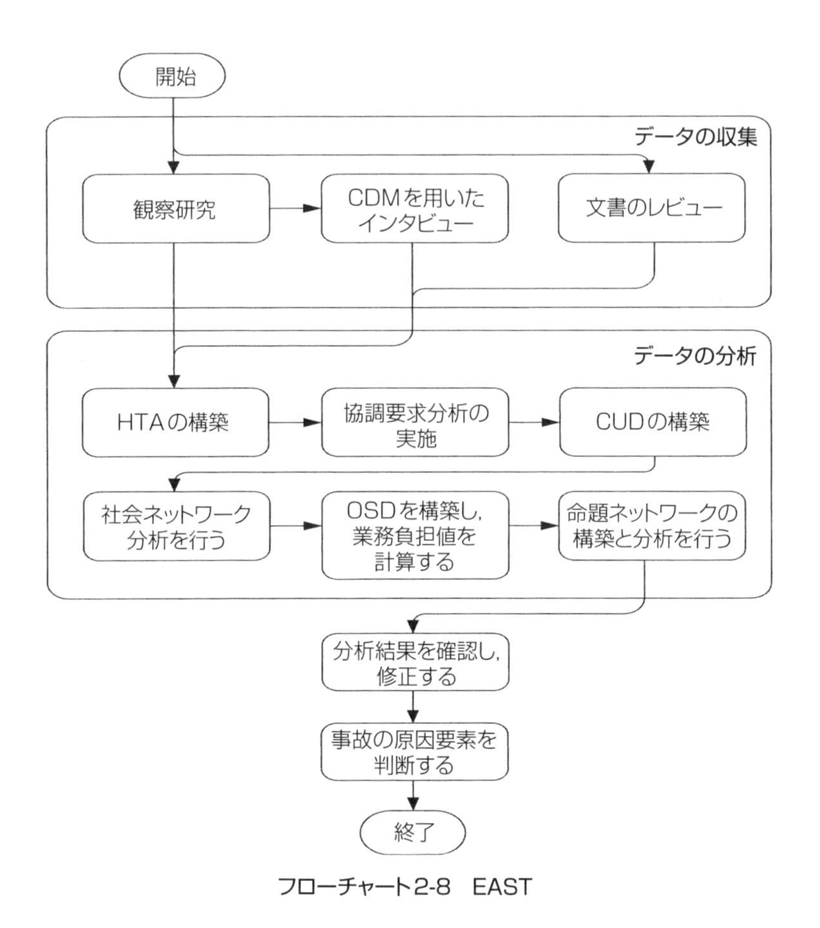

フローチャート2-8　EAST

推薦文献

Stanton, N.A., Salmon, P.M., Walker, G., Baber, C. and Jenkins, D.P. (2005) *Human Factors Methods: A Practical Guide for Engineering and Design*. Aldershot, UK: Ashgate Publishing.

Walker. G.H., Gibson, H., Stanton, N.A., Baber, C., Salmon, P.M. and Green, D. (2006) Event analysis of systemic teamwork (EAST): a novel integration of ergonomics methods to analyse C4i activity. *Ergonomics*, 49:12–13, 1345–69.

3
AcciMap：
ライム湾のカヌー活動とストックウェルの誤射

3.1 AcciMap ケーススタディ 1：ライム湾のカヌーの惨事

活動的な娯楽，とくにスポーツ，レクリエーションやレジャーへの参加においては，怪我という，重篤にもなり高い頻度で発生するリスクがつきものである（Finch et al. 2007，Flores et al. 2008）。オーストラリアでは，引率者付き野外活動で，怪我を引き起こす事故がとりわけ問題となっている（引率者付き野外活動とは，学校やボーイスカウトのキャンプ，ハイキング，岩登り，マリンスポーツ，二輪車スポーツなどの，何らかの学習到達目標が設定されている屋外教育レクリエーション活動のことを指す）。最近の研究によると，業界において，この種の事故に関する理解は十分とは言えず，その理解を促すのに必要となる監視システムも存在していないことが示されている（Salmon, Williamson et al. 2010）。オーストラリアにおける引率者付き野外活動の事故や傷害の監視システムを構築するという全体的な狙いのもとに，さまざまな分析手法がいろいろな野外活動に適用された。これらの分析の目的は，この領域において起きた事故を記述する分析フレームワークの実用性を調べることと，引率者付き野外活動領域での事故原因に対する適切なフレームワークという，システム的な視点でのエビデンスを得ることにあった。この節のケーススタディにおいて紹介するのは，ライム湾でのカヌーの惨事という，注目を集めた引率者付き野外活動事故の分析に，AcciMap 手法を適用した事例である。

3.1.1 事故の内容

1993 年 5 月 22 日，ライム湾でのカヌーの惨事は，英国ドーセットにあるライム湾での屋外教育活動で起こったもので，4 人の生徒が死亡した。その屋外活動は，8 人の生徒，彼らの学校の教師，ライム湾シーカヤック入門教室の若手インストラクターとベテランインストラクターで行われた。湾へと漕ぎ出した後，学校教師は岸の近くで何度も転覆を繰り返した。ベテランインストラクターがその先生を元に戻そうとしている間に，若手インストラクターと 8 人の生徒は，沖へと吹き流され，彼らから離れてしまった。強風・高波，不適切な装備，経験の浅さのために，すべてのカヌーは浸水し，ほどなく転覆した。その結果，すべてのカヌーは使い物にならなくなり，8 人の生徒と若手インストラクターは海に取り残され，さらにその後の対応と救助の遅れにより，4 人の生徒が溺死した。

3.1.2 データソースとデータ収集

AcciMap 分析には，公式な調査報告書（Jenkins and Jenkinson 1993）が主要なデータソースとして使われた。事故について記載された新聞記事，図書，雑誌記事などの情報も使われた。

3.1.3 分析手順と投入されたリソース

AcciMap 手法やその他の事故分析アプローチにおいて経験を積んだヒューマンファクターズの分析者 1 人が，公式調査報告書（Jenkins and Jenkinson 1993）を基に分析を行った。分析の信頼性と妥当性を保証するために，ヒューマンファクターズに精通した分析者 3 人が，それぞれ別個に分析結果と入力データをレビューし，そして意見の不一致については議論を行いコンセンサスを得ることで，不一致を解消した。そしてさらに，屋外教育やアドベンチャー活動の専門家チームが分析結果の見直しと改良を行った（これらすべてにおいて，4 人のヒューマンファクターズの研究者が助言した）。

3.1.4　結果

ライム湾事故についての AcciMap を図 3-1 に示す。

3.1.5　考察

この分析の目的は，引率者付き野外活動領域の事故分析として，AcciMap 手法を試すものである。とくに著者らは，引率者付き野外活動システム全体にわたる寄与要因を特定できる事故分析手法であることを証明することを狙いとした。分析のもう 1 つの目的として，Rasmussen のリスクマネジメントフレームワークを，引率者付き野外活動領域で試すことがあった（Salmon, Williamson et al. 2010 を参照のこと）。AcciMap のアプローチにより特定された 6 つの組織レベルそれぞれにおける問題が，この分析で同定された。それぞれのレベルで特定された要素の要点を，以下に示す。

装備と周辺環境

活動センターとインストラクターが，カヌー活動のための適切な装備品を供給していなかったという問題は，事故の重要な寄与要因として調査報告書に引用されている。たとえば，生徒たちは総じてカヌー，しかもシーカヤックの扱いに不慣れであったにもかかわらず，スプレーデッキ（カヌーの座面の防水を保つための装備）は生徒のカヌーに施されていなかった（インストラクターはスプレーデッキを使用していた）。これは，カヌーが水浸しになり転覆した重要要因であると考えられる。さらにいえば，生徒のカヌーには（シーカヤックで推奨されている）浮力補助具がなく，デッキラインが揃っていなかった。これが意味するのは，グループが離れ離れになった際に，それぞれの船を結んだり，引っ張ったりすることができないということである。さらに，インストラクターによって指示された生徒たちの服装はシーカヤックに適しておらず，また生徒のライフジャケットは膨らんでおらず，笛もついていなかった。

シーカヤックの初心者に与えられるべき他のさまざまな備品も提供されていなかった。無線，遭難信号灯，曳航索，サバイバルバッグなどである。さらに，

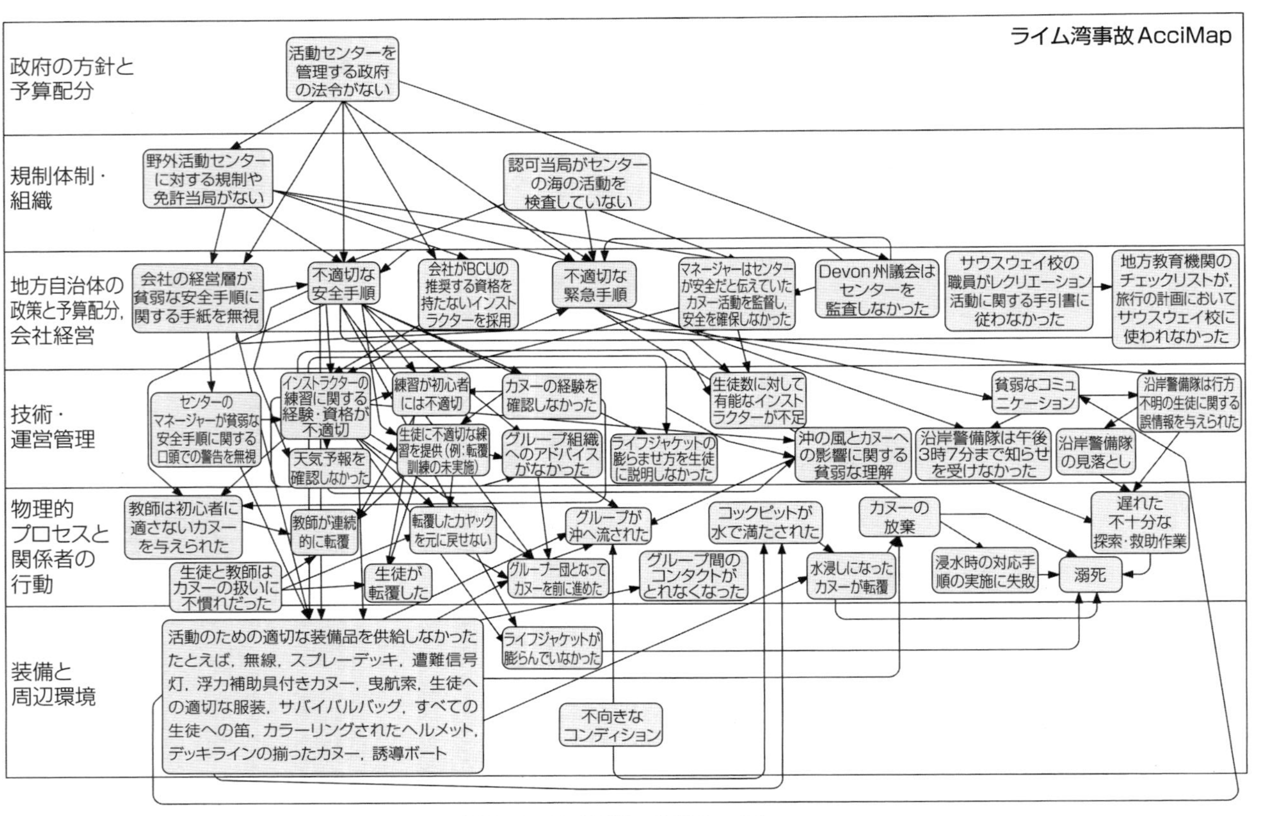

図 3-1　ライム湾の惨事 AcciMap

最初に転覆したシーカヤックの経験に乏しい学校教師には，Laser 350 という，通常のものより短くて軽い上級者用のカヌーが割り当てられていた（Jenkins and Jenkinson 1993）。環境条件も事故に影響を及ぼした。海岸の天候は悪くもなかったが，沖の風と高波は，生徒たちの船を沖へと流し，転覆させるのに十分であった。

物理的プロセスと関係者の行動

「物理的プロセスと関係者の行動」レベルにおいて特定された多くの要因は，インストラクターと生徒では，展開するそのときの状況において対応することが不可能なものであった。それらは，このようなカヌー活動に対する経験と能力が不足していること，適切な安全策と緊急時の手順がないことであった。一連の事故のきっかけとなった事象は，頻発した教師のカヌーの転覆であり，また転覆したカヌーを立て直すことができなかったベテランインストラクターと教師の能力不足である。ベテランインストラクターがひっくり返されたカヌーを起こそうとしている間，若いインストラクターは生徒と共に一団となって，カヌーを前へと進めてしまった。そのときには，グループに対して何も指示が与えられていなかったのである。沖に向かって吹く風によって，若いインストラクターと生徒は瞬く間に外海へ流されてしまった。遭難信号灯と無線を持っておらず，2 つのグループ（ベテランインストラクターと教師のグループと，吹き流された 8 人の生徒と若いインストラクターのグループ）は，お互いに連絡をとることができなくなってしまった。牽引ロープがなかったため，若いインストラクターと 8 人の生徒は，お互いのボート同士を連結させることができず，さらに高波という外海状態，防水を施されていなかったことも加わり，複数のカヌーが浸水した。結果として，すべてのカヌーは転覆し，全員が 1 隻の転覆したカヌーにしがみつくという事態に陥ることとなった。パドルを使って転覆したカヌーを陸に向かって漕ぐことを試みたが，うまくいかず，結局，インストラクターと生徒はカヌーから離れることになった。海中にいる間，水に浸った身体を保温し低体温を防ぐために定められた標準手順はとられなかった。

進展している状況への緊急時対応も大きなポイントである。グループが帰ってくるべき時間から 3 時間以上経過するまで，警報が鳴ることはなかったのだ。それに加え，陸上の管理者から沿岸警備隊に対して，「遭難が生じた」という通知は迅速になされなかった。むしろ，管理者は遭難したカヌーを求めて，海岸線を捜すことに時間を費やしていた。最後のポイントは，沿岸警備隊員が誤った情報を伝えられていたことである。インストラクターたちは資格要件を十分に満たしており，18 歳以上であり，カヌーのアクティビティに対して十分な用意があると知らされていたが，本ケースにおいてはすべてが間違っていた。今回の分析において焦点を当てられるところではないが，以上の理由により，もし沿岸警備隊員による救出が行われていたとしても，沿岸警備隊自身もいくつものエラーを起こしていたであろう。

技術・運営管理

技術・運営管理のレベルでは，事故とその日の惨事に先立つ意思決定と行動が，下位レベルの失敗に重大な影響を与えた。事故が起こる以前に，活動センターの 2 人の元社員から経営層に，センターが教えているシーカヤック活動の不安全な実施実態，不完全な安全手順，不十分な装備品に関して手紙が送られていたにもかかわらず，マネージャー（と会社の経営層）は，それに注意を払うことはなかった。さらに，センターのマネージャーは，同じ 2 人の元社員からの，センターではカヌーは安全に教えられていないという口頭での警告にも，まったく関心を払わなかった（Jenkins and Jenkinson 1993）。センターによって雇われたシーカヤックを教えるのに適格性を欠くインストラクターについては，その能力，質，専門性に問題があった。つまりマネージャーは，適切な質のインストラクターを採用できなかったということである。練習それ自体も，カヌーの初心者には不適切なものであった。さらに調査報告書によると，生徒や教師の経験レベルを確かめる試みはなされていなかった。その結果，海に出る前に生徒と教師に対して行われたセンターのプールでの練習は不十分なものであり，カヌーを立て直し，もう一度カヌーへ乗り込む手順を教えるための転覆訓練も行われていなかった。

事故の起きた日，活動を担当した 2 人のインストラクターのどちらも天気予報を確認しておらず，海の状況も確かめていなかった。生徒たちはまた，ライフジャケットを膨らませるよう指示を受けていなかった。インストラクターの資格と行われる活動内容が不適切であり，生徒数に対して要求される有能なインストラクターの人数も不適切であった。

地方自治体の政策と予算配分，会社経営

会社の経営レベルでは，会社の経営層は，2 人の元社員から送られていたセンターのカヌー活動の安全性を疑問視する手紙に注意を払うことはなかった。監督者も，シーカヤック活動の安全な実施手順を考案し，遵守させることもなく，緊急時の対応手順も不完全であった。不適切な質のインストラクターの採用もこのレベルで示されている。つまり会社の経営層が，安全なシーカヤック活動を提供するのにふさわしい能力を持つスタッフを採用することに無配慮だったのである。さらに，会社の一部の経営層は，問題のセンターにおいて提供されている活動を監督し，安全を確保しようとしなかったという問題もある。最後に調査報告書によると，学校側もこうした屋外活動を計画するための職員手引書にきちんと従っていなかったし，こうした活動計画のための地方教育機関のチェックリストも使っておらず，活動旅行を適切に計画していなかったという問題が指摘されている。

規制体制・組織

事故当時，野外活動センターに対する規制や免許当局は存在していなかった。このことは，不安全な現場や手順が，広い範囲にわたって，何の監査もなされず，罰則もなく，野放し状態であったことを意味する。事故を受けて，調査報告書は，緊急の問題として，野外活動センターの登録と規制に関する国としての独立システムを構築することを推奨し，適切な組織による登録がなされるまでは，いかなる学校や青少年団体もそのようなセンターを使用することは許可されるべきではないと指摘した。規制や法令がないと，企業が不安全で不適切な手順を継続することや，不適切な質のスタッフを雇うことにつながりかねないのである。報告書では，もし事故当時に規制当局が存在していれば，元社員から示された懸念事項は間違いなく当局に報告され，適切な対応がとられていただろうと結論付けている。

それに加えて報告書では，その問題のセンターは英国余暇活動協会（British Activity Holidays Association）によって認証されていたものの，シーカヤック活動については評価が行われておらず，陸上とプールでの活動のみが評価されていたことを指摘している。

政府の方針と予算配分

政府の方針と予算配分のレベルでは，野外活動センターを管理するための法令が存在しないことが，下位レベルの多くの問題の鍵となる要素であることが指摘された。これは，センターの元社員らが指摘し，文書にもしていたにもかかわらず，野外活動提供者を監視する規制や免許当局がなく，センターが不適切な実施を継続的に行うことを可能としてしまったことを意味している。

3.1.6　鍵となる指摘事項のまとめ

分析者は，ライム湾のシーカヤックの惨事をもたらすこととなった多数の重大な問題点を見いだした。これらの問題は，使用された装備品，その活動を指導したインストラクター，活動センターと会社の経営層，その当時の法規制と関連するものであった。したがって，見いだされた事項は寄与要因が引率者付き野外活動システムのすべてのレベルにわたって存在し，それはこの領域でのAcciMapの効用を支持するだけでなく，事故原因についてのシステム的視点と一致しているものであった。これらの原因要素は，インストラクター，引率者付き野外活動の提供者，地方自治体，政府といった，さまざまな異なる関係者や組織にわたって存在しているものであった。これも，事故の原因系に対するシステムアプローチと一致するものである。この分析はさらに，引率者付き野外活動事故を分析するのにAcciMapアプローチが有用であったことを示すものであった。十分な量のデータが利用可能であれば，この手法は組織システムのすべてのレベルにわたる問題を指摘することが可能であり，適用は容易であり，また，そのアウトプットは容易に解釈可能なものである。そのアウトプットはさらに，適切なシステムに焦点を当てた対応策および改善戦略の開発を支援する。これは，より広い全体的な原因系を無視し，現場の個々のオペレーターの立場から導かれる個人指向の事故分析とは対比的なものである（Dekker 2002，Reason 1997）。

謝辞

このケーススタディで論述された研究は，多くの引率者付き野外活動提供事業者からの貢献のほか，Department of Planning and Community Development（Sport and Recreation Victoria）による援助を得た。さらに，著者らはプロジェクト運営委員会のメンバーに感謝を捧げたい。分析のための最初のデータを提供してくださっただけでなく，妥当性評価と，その後，得られた分析の精度を高めるための専門家集団を組織してくださった。最後に，著者らはここに示された記述が次の学術論文から引いたものであることを記して謝意を表する。

Salmon, P.M., Williamson, A., Lenné, M.G., Mitsopoulos, E. and Rudin-Brown, C.M. (2010) Systems-based accident analysis in the led outdoor activity domain: application and evaluation of a risk management framework. *Ergonomics*, 53:8, 927–39.

3.2　AcciMap ケーススタディ 2：ストックウェル駅 Jean Charles de Menezes 氏射殺事件

2005 年 7 月 22 日，イギリス，ロンドン南部。ロンドン警視庁（MPS：Metropolitan Police Service）の銃器専門部門の 2 人の刑事が，自爆テロ容疑者を「阻止する」ため，ストックウェル地下鉄駅に入った。プラットホームに入ると同時に，彼らはテロリストと考えられていた容疑者（その人は監視役の刑事らによって彼の家からストックウェル駅まで尾行されていた）にまっすぐ向かった。銃器部門の刑事らは，その男に接近し，至近距離から 8 発の銃弾を浴びせた。その男は，後に，Jean Charles de Menezes（JCdM）氏，電気工としてロンドンで働いていた罪のないブラジル国籍の人物であることがわかった。

著者らは，ストックウェルの発砲事件を分析するため，AcciMap 手法を使用した。分析の狙いは，構成要素レベルのみならず，事件全体に関与した行政もしくは政治的システムの問題を特定することである。分析は，複雑な社会技術的システムにおける活動を記述する形成的モデルアプローチの使用に焦点を当てた研究活動全体の一部としてなされたものである（Jenkins et al. 2010 を参照のこと）。

3.2.1　事件の内容

2005 年 7 月，ロンドンの街は，先例のない自爆攻撃の現実に直面していた。7 月 7 日，ロンドンの交通ネットワークに広がる異なる場所（地下鉄のラッセルスクウェア，アルドゲート，エッジウェア通りの 3 箇所，そしてもう 1 つはタビストックプレイスのバス）で，4 人の自爆テロ犯が爆発物を爆発させ，52 人もの罪のない人々が殺害された。百人を超える人が負傷し，建物やインフラに深刻なダメージを与えた。ロンドン市民，いや世界中の市民に対するテロ行為の影響は，言葉に尽くせないほどのものである。ショック，悲しみと苦しみに加えて，さらなるテロ攻撃への恐怖が高まっていった。信頼できる諜報情報に基づいて，英国は厳戒体制に置かれた。これは，さらなる攻撃が差し迫っていることを示すものであった。

7 月 7 日の爆発事件から 2 週後，2005 年 7 月 21 日の午後に，4 台の故障した爆発装置がロンドン周辺のいろいろな場所で見つかり，さらなる攻撃の恐れが確かめられた。爆弾犯の 4 人は全員逃げたこと，そしてその後の爆発装置の検証調査により，それらと 7 月 7 日に使われたものとが関連づけられた。爆発していない装置の 1 台が入っていた鞄のなかから，さらなる証拠としてジムのメンバーシップカードが見つかった。メンバーシップカードは，Hussain Osman という人物を容疑者として結び付けた。彼の住所はスコシア通り 21 番地と特定され，しかもその住所はロンドン警視庁が関心をもっていた別の容疑者によって使われているものであった。爆発が不発であった場所での CCTV カメラから得られた画像との比較に基づいて，これら 2 人は極めて似ていると判断された（IPCC 2007，20）。

この事実が，「Room 1600」として知られるロンドン警視庁特捜班による組織化された積極的な活動を開始させるに至った。ゴールド階級指揮官（Gold

Commander)[*1] は，スコシア通りの Hussain Osman を逮捕するために，翌朝（7 月 22 日）に作戦を開始することを決定した。この指揮官により決定された作戦の狙いは，諜報を通して特定された邸宅を監視下に置き，その人物が安全だとわかるまで，その邸宅を出たあらゆる人間を尾行することであった。発表によると，もし立ち寄った人物がそのアパートの他の居住者と行動を共にするのならば，どのような諜報も最大限になされることになっていた（IPCC 2007）。

集められた諜報情報に基づき，関係警察官らは自爆犯に遭遇するかもしれないとの説明を受けた。7 月 7 日の攻撃が英国における自爆テロの最初の例であった一方で，その状況は予想されており，ロンドン警視庁はこの形態の脅威に対応する多くの方針を作成していた。IPCC の報告書（2007）によると，立案された戦略は「Kratos 作戦」として知られているものであった。ロンドン警視庁によると（MPS 2008），「Kratos 作戦」とは，歩行中であろうが車中であろうが，市民を自爆犯によりもたらされる脅威から保護するための，国家警察の対応に対して与えられた包括的作戦名である。情報や諜報が，ある人物が爆発物を所持していることを示しており，その人物の唯一の関心が，一人でも多くの市民を殺傷することであるのなら，潜在的に殺傷性を持つ武力を行使することは，警察だけに与えられる選択肢となるだろう。警察による武器の行使は，危険に対して相応であり，完全に必要なときのみに限られなくてはならない。IPCC（2007）によると，自爆犯は，自分が攻撃を仕掛けたときには死ぬつもりであり，多くの爆発物は衝撃に大変敏感であるから，特有の手段がとられなければならないという。Kratos のもとに採用された戦法は，テロリストに爆発の機会を与えるような交渉はせず，頭に致命的な一撃を与えることである（それにもかかわらず，ロンドン警視庁は，Kratos は「殺すために撃つ」方針ではなく，敵の能力を奪うためのものであることを強く強調していた）。Kratos の方針も明確で，居住地であろうが別の場所であろうが，早い段階で逮捕することがつねに望ましい選択肢であるとされた。IPCC（2007）によると，Kratos 作戦は，武器行使を正当化する十分な情報に基づき，狙撃の判断を下す指定上

[*1] 訳注：指揮者の階級。ゴールド階級は戦略，シルバー階級は戦術，ブロンズ階級は実行を決定する。

級警察官（DSO : Designated Senior Officer）により管理されている。ロンドン警視庁の指揮官クラスの少人数の警察官が，指定上級警察官の役割を果たしている。7月22日は，指揮官のCressida Dick女史が指定上級警察官の役割を果たすように指名されていた。

指定上級警察官として彼女は，ロンドン警視庁の銃器専門部（CO19），公安部（SO12，国家公安を扱う調査部門），対テロリスト部（SO13）など，さまざまなスペシャリスト集団を利用することが可能であった。7月22日，公安部は諜報収集し，最終的にOsmanを特定する目的でスコシア通りから出かける人々を監視する責任を与えられた。対テロリスト部は容疑者の逮捕の援助と，アパートから出てくるいかなる人物にも事情聴取を行う役割を果たすことになっていた。そして狙撃チームには武装した容疑者を攻撃する責任が与えられた。狙撃チームは，「Kratos作戦」が想定する事態に備えて，訓練を受けた。一部の公安部警察官（SO12）が7月22日には銃を持っていたが，それは彼ら自身，そして市民を保護するためであった。IPCC（2007）によると，公安部警察官に行われた訓練は，武装した容疑者を逮捕することを可能とするものではなかった。しかしながら，中央刑事裁判所においては，公安部の武装警察官は最後の手段として用いられるものであるとの証拠が提出された。

作戦は，指揮室（ロンドン警視庁警察本部Room 1600）と，さまざまな現場部署とに分割されていた。方針は，指定上級警察官（Room 1600に拠点を置く指揮官Cressida Dick氏）が作戦を制御するよう命令する。彼女は戦略アドバイザーや何人もの献身的な連絡担当官などからなるRoom 1600の20～30人のサポートスタッフによって支援されていた。指揮室に対する情報コミュニケーションは，「部隊」無線リンクと，「オープン」なメンバー間の電話回線を通じてなされていた。現場には，公安部（SO12）監視チーム，対テロリスト部（SO13）チーム，CO19狙撃チームの3つのチームが配されていた。指揮室と協調すると同時に，3つのチームは現場のシルバー階級指揮官（DCI C）によって指揮されていた。指揮室と現場の警察官との間には双方向コミュニケーションが存在していたものの，公安部の無線ネットワークを傍受することもでき，容疑者の特定に関係する多くのコミュニケーションフローが交錯していた。

ゴールド階級指揮官からの指示に従い，公安部の秘密捜査官らは，展開中の状況について連絡を受け，アパート区画の共同扉から出てくるすべての人物を確認するためにスコシア通りに展開配置された。2005 年 7 月 22 日 9 時 33 分，彼らは JCdM 氏に対する警戒を開始した。彼が共同扉から出たときである。彼らは JCdM 氏を，彼がバスに乗るために近くのバス停まで歩き，ブリクストン行きのバスに乗り込むまでの 33 分間，尾行した。JCdM 氏はブリクストンでバスを降り，ブリクストン地下鉄駅に向かって歩いた。駅が閉まっていることを知ると，彼はすぐに走って戻り，同じバスに乗ってストックウェル地下鉄駅方面へと向かった。駅に着くと，JCdM 氏は無料の新聞を取るために立ち止まった後，地下鉄構内に落ち着いた様子で入り，それからプリペイド式の「oyster-card」を使って改札を通過し，エスカレーターを歩いて降り，停車していた電車に乗り込んだ。次の瞬間，2 人の CO19 の警察官が追いつき，彼の頭を狙い，発砲，殺害した。

3.2.2　データソースとデータ収集

AcciMap 分析のデータソースとして主に使用したのは，詳細な IPCC の報告書である（IPCC 2007）。しかしながら，分析には他のデータソースも補助的に使用された。すなわち事件についてのニュースレポートや，事件に至るまでを取材した BBC のドキュメンタリー番組「Panorama」である。

3.2.3　分析手順と投入されたリソース

AcciMap 手法の経験が豊富な 1 人のヒューマンファクターズの研究者が，JCdM 氏誤射事件について AcciMap 分析を実施した。その結果は 3 人の他のヒューマンファクターズの研究者によってレビューされ，妥当性を評価された。細部も含めて意見の不一致がある場合には，4 人すべての研究者が合意するまで議論された。

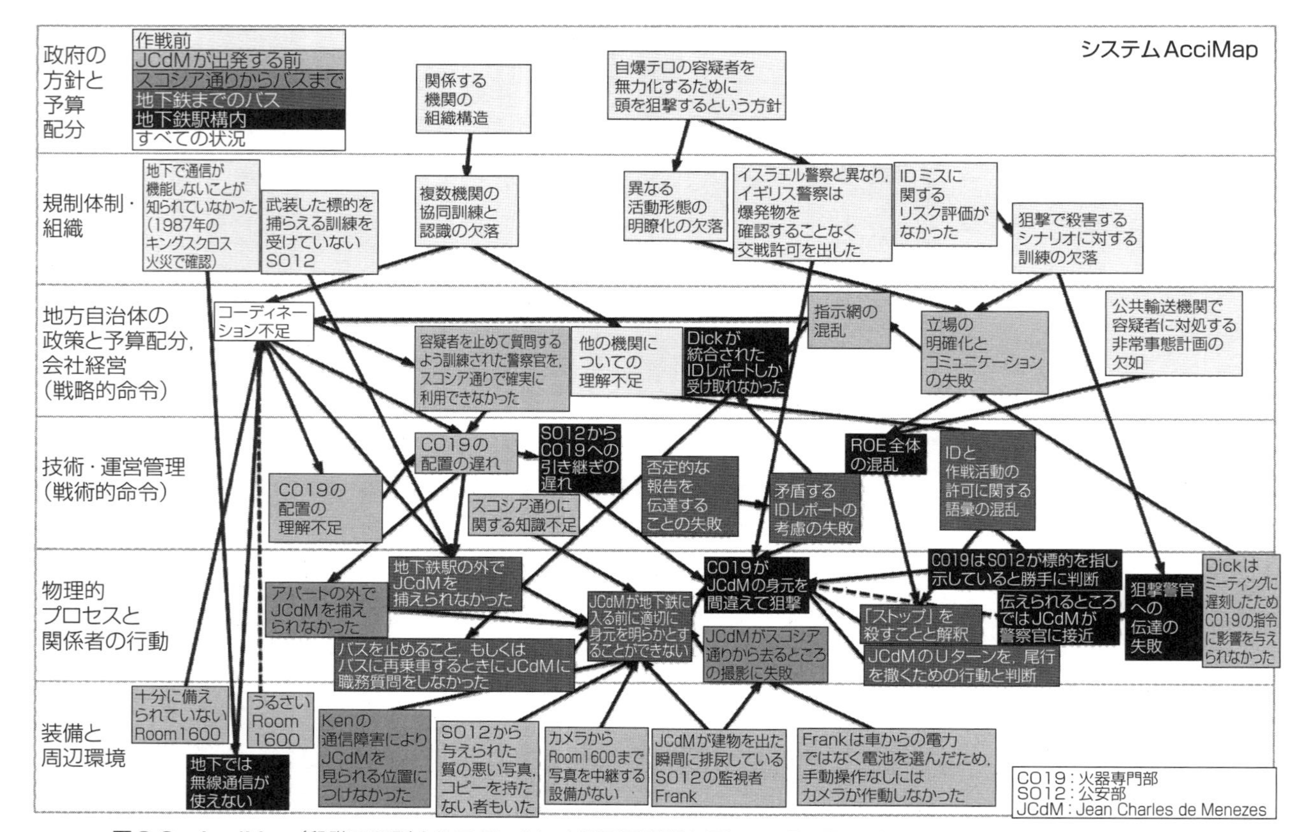

図3-2　AcciMap（段階で区別されており，リンクは原因関係を示している。弱い原因のリンクは破線で示されている）

3.2.4　結果

ストックウェルの誤射事件についての AcciMap を図 3-2 に示す。AcciMap で示されているイベントは，イベントチェーン全体において，生じた時点に基づき区別されている。使われた分類は以下のとおりである。

1. 作戦前：作戦開始前に生じたイベント。
2. JCdM 氏が出発する前：作戦開始後だが，JCdM 氏がスコシア通りのアパートを出る前のイベントである。
3. スコシア通りからバスまで：JCdM 氏がタルスヒルのバスに向かう道中のイベント。
4. 地下鉄までのバス：JCdM 氏のバスの全道中。すなわちタスルヒルからブリクストンまでと，ブリクストンからストックウェルまで。
5. 地下鉄駅構内：JCdM 氏が駅に入った瞬間から彼が撃たれた地点までのすべてのイベント。
6. すべての状況：すべてのイベントに影響すると思われる貧弱な協調を描出するための「すべての状況」カテゴリー。

AcciMap に表されたことで，JCdM 氏の誤射に寄与する失敗は 6 つのレベルに分類されることが見いだされた。見いだされたことについての考察は以下のとおりである。

3.2.5　考察

装備と周辺環境

装備と周辺環境レベルにおいて，さまざまな問題が明らかになった。装備が欠落していたこと，もしくは装備をすぐ使用できる状態にしておかなかったことが，JCdM 氏の行動全体にわたる映像を捉える能力に影響を及ぼした。スコシア通りのアパートから出ていく居住者すべての，遮るもののない鮮明な映像を得るための絶好の機会は，監視捜査官 Frank が乗っていた監視車両から得られるものであった。この機会は，無数の理由によって効果的に利用されなかった。第一に，Frank はカメラをケーブルで車両の電源につないでスイッチをつねにオンの状態にしていたのではなく，電池を節約するため，カメラの電源を必要なときだけオンにし，それ以外のときはオフにしていた。その結果，彼はアパートを出た 8 人中，6 人の映像しかビデオに収めることができなかった。JCdM 氏がアパートを出たとき，Frank はプラスチック容器に排尿中で，カメラの電源をオンにすることができなかった。それに加え，仮に Frank が JCdM 氏の映像を記録できていたとしても，技術的制限によってその映像を送信することはできなかった。「スマートフォン」や，モバイルインターネットが可能なラップトップなどがあれば，Frank は他の監視捜査官や指揮チームに映像を配信することができたと思われる。

IPCC の報告書（2007）によって明らかにされた，いくつかのコミュニケーションの途絶の一部は，関係したテクノロジーによるものだったかもしれない。公安部捜査官の一人（Ken）の無線は，JCdM 氏が最初にバスに乗り込む直前という重要なタイミングで故障した。彼はこのことを伝達することもできず，また，関係者らにどのようなコミュニケーションが交わされているのかを聞くこともできなかったため，JCdM 氏の顔を観察するための位置に入ることができなかった。無線の仕様やインフラにおける問題は，ずっと以前，1987 年のキングスクロス地下鉄火災のときに初めて明らかになったことだが，警察官たちが地下鉄構内ではコミュニケーションをとることができなかったことも意味していた。

何人かの警察官は IPCC の報告書で，中央指揮室（Room 1600）の環境を批判している。そこには，中央指揮室は「大変，騒々しい」状態であり，上級警察官に現状を伝えるためには叫ぶ必要があったと示されている。このことは，情報伝達に大きな影響を及ぼした恐れがある（図 3-2 の破線は，可能性や，議論の余地がある内容を示している）。

物理的プロセスと関係者の行動

JCdM 氏が地下鉄駅へ向かう間のさまざまなポイントにおいて，JCdM 氏に職務質問することに失敗したことは，後述する技術・運営管理の項で考察される，作戦における配置判断に直結している。物理的プロセスと関係者の行動レベルで明らかにされたほぼすべての問題は，装備品の不備，あるいは先行する決断，命令，方針のいずれかを示しており，これらは行われた行動に大きな影響を与えることとなった潜在的状況をもたらしたものである。この例外がMcDowall 指揮官のブリーフィングに 25 分遅刻した DSO の Dick 指揮官であり，これによって彼女は狙撃チームのブリーフィングで発言することができず，その結果，JCdM 氏がブリクストン駅が閉まっていることに気付いてバスへ戻る行動を，監視を撒くための行動であると警察官が誤解することになったのである。これらは（システム境界によって定義される）潜在的状況により直接的影響は受けていない現実的失敗と考えることができる。このレベルにおける重大な失敗は，指定上級警察官によって発せられた容疑者を指し示していた「Stop」の命令を警察官が意味を誤って解釈したことと，JCdM 氏を確認する位置につけなかったことである。

技術・運営管理

技術・運営管理レベルでは，戦術レベルにおいて行われた判断と手抜かりを明らかにしている。これらは，大きく 2 種類に分類することができる。すなわち，コミュニケーションとコーディネーションである。主なコーディネーションエラーは，JCdM 氏の 33 分間の行動の最後の瞬間まで，JCdM 氏を呼び止めることなく終わった狙撃チームである。彼らはスコシア通りに時間内に到着することができず，JCdM 氏がブリクストンとストックウェルでバスを降りた際も，JCdM 氏に職務質問を行うことができなかった。スコシア通りから出る容疑者を呼び止める位置に狙撃警察官を配置する必要性は，4 時 55 分に確立された。8 時 33 分に，監視チームのリーダーの 1 人は，スコシア通りと，現在の狙撃チーム配置場所との間の距離について懸念を表明した（IPCC 2007, 55）。ゴールド階級指揮官（彼は，この命令を発出したあと，作戦への関与が一切なかった）が最初に出した指示は，「秘密監視によりスコシア通りのアパートを管理下に置け。アパートから出るすべての人を職務質問して，問題がないと判断されるまで尾行し，そして抑止せよ」であった（IPCC 2007, 24）。しかし IPCC の報告書（2007, 122）によると，この方針には問題があった。方針に効力を与えられるだけの警察資源をスコシア通りに配置するための十分な努力がなされていなかったのである。この結果，JCdM 氏が出る前にアパートを出た 8 人のうちの誰一人をも抑止できなかった（方針はこれらの人々に職務質問をして情報を得ることであった）。

コミュニケーションとは，「情報が定められた方法で，適切な用語により，2 人以上のチームメンバーの間で，明確，正確に交換されるプロセスであり，情報の受領をはっきりさせる，もしくは受領を知らせる能力」と定義される（Cannon-Bowers et al. 1995, 345）。このケースでは，コミュニケーションエラーは狙撃班の配置位置を惑わせることにつながった。多くの目撃情報を統合するときのコミュニケーションエラーもあった。否定的な目撃情報の適切な検討が行われず，自分たちに都合の良い情報を過大視する傾向が存在した。その結果，「可能性」が「確信」へとなっていった。交戦規定（ROE : Rule of Engagement）*2 についても，混乱が見られていた。これは，多義に解釈できる言葉が使われることによって，さらに複雑になる。たとえば，「Stop him」という命令も，さまざまな解釈が可能である。複数機関作業についての先行研究（Salmon et al. 2009）において触れられているように，共通言語の使用は，複数機関やチームの指揮と管理において必須なのである。

地方自治体の政策と予算配分，会社経営

会社経営レベルでは，戦略レベルでの意思決定と手抜かりが指摘される。中央指揮室（Room 1600）の運営において，多くの問題が確認された。7 時 45 分に行われた狙撃チームのブリーフィングにおいて，彼らは，狙撃指示は指定上級警察官から直接もたらされると伝えられた。指定上級警察官に置かれたこの責任のもと，彼らは現場での作戦活動について，正確かつ最新のイメージを維持できることが絶対的に必要であった。そして，現地において彼らが正しく実行に移せる命令を下すことも必須であった。スコシア通りの住所から人が出てこないようにする作戦指示は，明らかに従えないものであった。指揮制御機能は，重要な情報提供者が，正しい時間に正しい場所にいることを確実にすることに失敗した。その結果，容疑者が公共輸送機関に入ることを防ぐことに失

---

*2 訳注：警察，軍隊などにおける武器使用基準。

敗した。JCdM 氏に職務質問するという試みは，彼がバス停まで 5 分歩く間にも，ブリクストンでバスから降りたときにも，地下鉄網に入ることができなかったときにも（バスと地下鉄は両方とも 7 月 7 日と 7 月 21 日における攻撃目標であった）行われなかった。

指揮室へのコミュニケーションの失敗により，指定上級警察官は，容疑者特定について，不完全な形で統合された情報を受け取ることになった。これらのコミュニケーションエラーは，ある部分は技術的な問題に起因しているが，それだけではなく，命令プロセスやデータ統合の失敗にも起因している。指揮室からもたらされるコミュニケーションの失敗は，明確・明瞭な命令に関するものであった。

規制体制・組織

この事例では，規制体制レベルは，ロンドン警視庁の方針と組織構造を表現することに用いられた。方針と組織構造の問題は，言葉の解釈について他組織の理解が異なるという問題のみならず，協調体制の崩壊をももたらしていた。自爆テロ犯に関する警備活動を行うために，狙撃チームの警察官によって前日にリスクアセスメントが行われていた。しかし，当時の方針に従い，このアセスメントでは，容疑者の特定に関して誤認または不確実性のリスクがあることは考慮されていなかった。また狙撃隊が適当な配置位置に着く前に容疑者が建物を出ていくことについても考慮されていなかった。

IPCC の報告書（2007）では明確にされていないが，AcciMap 分析からわかった重要な発見として，テロ攻撃の最中におけるロンドン警視庁の組織構造に関するものがある。公安部と狙撃チームの間の機能的不一致は，信頼できる明確な確認が可能ではないような速いテンポの作戦活動において問題となる。1 つの組織（公安部，SO12）に監視の責任を割り当て，もう 1 つの組織（狙撃チーム，CO19）には容疑者を「コントロールする」責任を割り当てることは，1 つのチームから他のチームへの複雑な状況理解のコミュニケーションを必要とする。彼が自爆テロ犯として疑わしいといえるのかを理解する点で，監視警察官は，明らかに最終判断を行う非常に良い立場にあった。今回のシステムは，指揮官チームや狙撃チームに意味を持って伝達するやりようの点で，この判断を統合するプロセスを支援することに失敗した。この分析での知見に基づき，将来，今回と同様の作戦が展開されるときには，同一人物や同一チームが，容疑者の監視とコントロールの両方の役割を果たすべきであるとの主張が得られる。

政府の方針と予算配分

爆発装置や武器を視認することなく容疑者の頭を狙撃するという方針が，この銃撃に影響を及ぼしたことは疑いをはさむ余地もない。イスラエルで必要とされているような保護条項により，警察官らは，容疑者が爆発装置を持っていることを確信するまでは，彼を「コントロール」しなくてはならなかったのであった。狙撃方針の目的は，自爆テロ犯が装置を爆発させるのを防ぐことによって，人の生命を守ることであるのは明らかである。しかしながら，無実の誤認された個人の保護と，コントロール可能で問題なく逮捕することができる自爆テロ犯とを，慎重に区別することが必要である。

3.2.6　鍵となる指摘事項のまとめ

IPCC（2007）によって報告された重要な発見や勧告は，AcciMap 上に表現された。それらの見いだされたことを図的なフォーマットで表現したことにより，事件を導いた状況と行動をつなげることができた。さらにいえば，AcciMap 分析は，IPCC の報告書（2007）に記述されたことに加えて，新たな洞察や気付きを明らかにした。AcciMap において規制体制・組織のレベルで示されたように，ロンドン警視庁の組織構造は，新しい脅威や状況に対応すべく，考え直す必要がありそうである。専任監視警察官（センサー），分散されたそれぞれの指揮官，狙撃専任者たちという現在の構造は，Kratos のもとに制御される作戦に対しては適切ではなかったといえる。硬直的ではなく，官僚的でもないシステムが，作戦遂行の文脈に対して動的に適合できるものであろう。たとえば公安部警察官が作戦に加わって，より早い危機的状況の段階で JCdM 氏に接触し，職務質問することができるようにすべきである。より柔軟なシステムのためのこうした勧告は，この事件に対しては目新しいものかもしれないが，AcciMap を使って分析される複雑な社会技術的なシステムの他の研究においては，こうしたことはしばしば見いだされてきた。Rasmussen（1997）によると，変化のペースは，管理構造，法律，規則の変化をしばしば追い越すことがある。人々は利用できる規則と手順によって対応しきれない状況に絶えず直面している。システムに従事している人間は，変化している状況にリアルタイムに適合するために，現在の労働慣行を適応させることを要求されている。これらの環境の変化は，しばしば予測できないことから，システムは適応するために適切な柔軟性をもって構築される必要がある。Woo and Vicente（2003）は，大規模な事件は一件一件，独特のものであるため，リスクマネジメントは概してうまくいくこともいかないこともあると指摘している。典型的に，耳目を集めるような惨事の分析では，その部門の他のシステムもしくは他の部門のみならず，同じシステムにおいても二度と生じることのないような，特異な要素が明らかにされる。しかし，AcciMap の高いレベルでなされる変革は，広い範囲へ適用しうるものなのである。

謝辞

上述した内容は，以下の学術論文によるものであり，ここに謝意を表する。

Jenkins, D.P., Salmon, P.M., Stanton, N.A. and Walker, G.H. (2010) A systemic approach to accident analysis: a case study of the Stockwell shooting. *Ergonomics*, 3:1, 1–17.

4

HFACS：オーストラリアの一般航空と鉱山

4.1　オーストラリアの一般航空事故についての HFACS 分析

4.1.1　イントロダクション

HFACS を適用する最初のケーススタディは，オーストラリアの一般航空（GA：General Aviation）[*1] 事故の分析に関するものである。この分析は，事故傾向の把握とその報告のために，航空保険会社が有しているオーストラリアの一般航空事故の分析データに関する包括研究プログラムの 1 つとして行われた。この研究における初期の段階で，収集され，分類され，ファイルされ，分析され，報告されていた一般航空事故のデータには，さまざまな点で矛盾があることが明らかになった。とくに，既存のデータベースをレビューすると，事故および安全が脅かされた事象において，原因要素を幅広く分析するには，情報が十分に含まれていないことが示された（Lenné et al. 2007）。

研究プログラムの次の段階として，HFACS アプローチにより，保険会社が所有する既存の一般航空データの分析がなされた。その目的は事故の傾向を確認し，HFACS のアプローチが一般航空の事故データの収集と分析目的に適したものであることを確認し，さらに一般航空保険算定人のために事故データ収

[*1] 訳注：軍用航空と定期航空を除いた航空のこと。測量，農薬散布，荷揚げなどの事業用機（ヘリコプターを含む），および自家用機などの航空を示す。

集のテンプレートと訓練パッケージを開発し，提供することであった。

4.1.2　事故の内容

2002年2月25日から2004年7月13日までの期間の，保険会社3社からの保険請求をサンプルとして取り上げた。これらの請求は保険会社のヴィクトリア支社に対するものであり，地域としてはヴィクトリア，ニューサウスウェールズ，クイーンズランドからのものであった。適用外の事例（たとえば，故意の損傷）を除くと，全部で188の一般航空事故がHFACS分析要素に適していると思われた。これは関係する保険会社によって調査されたこの時期のすべての保険請求のなかの68％に相当するものであった。事故の一般的な特徴を以下に示す。

航空機のタイプと飛行目的

航空機のタイプは89％の事故で記載されていた。それら航空機のタイプをまとめたものを表4-1に示す。

表4-1　分析された事故に関する航空機のタイプ

航空機のタイプ	事故数	割合(%)
固定翼単発機	99	52.7
固定翼複発機	50	26.6
回転翼機	17	9.0
超軽量動力機	1	0.5
不明	21	11.2
合計	188	

表4-2　飛行目的の概要

飛行目的	事故数	割合(%)
私的	69	36.7
農業	25	13.3
訓練飛行	25	13.3
1人	19	
2人	6	
チャーター	23	12.2
航空機使用事業	19	10.1
スケジュールフライト	15	8.0
ビジネスフライト	2	1.1
その他・不明	10	5.3
合計	188	

主な飛行目的は 95％ の事例において記録されていた。それらをまとめたものを表 4-2 に示す。

表 4-2 で示されているように，分析された事故のうち，37％ が私的な飛行である。次に続くのが農業目的と訓練飛行（各 13％），貸し切りのチャーターフライト（12％）であった。他の飛行は航空機使用事業，スケジュールフライト，ビジネスフライトであった。

パイロットの年齢，性別，経験

年齢については，分析された事故のうち，約 25％（$n = 48$）で記録されていた。関連するパイロットの年齢幅は 22〜79 歳であり，平均年齢は 42.3 歳であった。79.3％ のパイロットの性別がわかっており，男性と女性の比率は 97 : 3 であった。

パイロットの経験に関して記録されているデータの範囲は，総飛行時間，事故を起こした航空機と同型機についての飛行時間，事故の 90 日前からの総飛行時間，同じく 90 日前からの事故を起こした航空機と同型機についての飛行時間であった。

総飛行時間の範囲は 40〜20000 時間であり，平均は 3558 時間であった。事故を起こした航空機と同型機における総飛行時間の範囲は 2〜9855 時間であり，その平均は 859 時間であった。事故の 90 日前からの総飛行時間の範囲は 2〜1000 時間であり，平均は 78 時間であった。また，90 日前からの事故を起こした航空機と同型機における総飛行時間の範囲は 0〜238 時間であり，平均は 57 時間であった。

固定翼複発機のパイロットは，総飛行時間および事故前 90 日間において，最も高い平均総飛行時間を有していた。一方，回転翼機のパイロットは，事故を起こした機種と同型機での総飛行時間，90 日前からの期間の両方において，高い平均飛行時間であった。スケジュールフライトのパイロットとチャーターフライトのパイロットは，総飛行時間において高平均であったが，訓練飛行とビジネスフライトのパイロットにおいては，それぞれの機種において高い平均を有していた。訓練飛行を行っていたパイロットは 90 日前からの飛行について高い平均を有しており，スケジュールフライトのパイロットは 90 日前からの飛行についてとくにその機種について高い平均を有していた。

事故を起こしたパイロットについて，パイロットが持つライセンスは次のように分類された。すなわち，商用（34％），自家用（20％），航空輸送（15％），訓練生（2％），不明（29％）である。

オペレーションのフェーズ，結果，飛行への影響

事故はまず，次の3つの要素により分類された。すなわち，オペレーションのフェーズ，結果，飛行への影響である。たとえば，巡航飛行中に被雷し，それが飛行に何の影響もなかったのであれば，「巡航中–被雷–影響なし」とコード化された。

オペレーションのフェーズの観点から事故を分析した要約を表4-3に示す。データのなかで最も多く，全体の29％を占めるのは着陸フェーズでの事故で

表4-3　オペレーションのフェーズ

オペレーションのフェーズ	事故数	割合（%）
格納	3	1.6
待機	3	1.6
起動	6	3.2
地上走行	28	14.9
離陸	24	12.8
上昇	4	2.1
航空路・巡航	22	11.7
操縦	8	4.3
霧飛行	5	2.6
曲技飛行	3	1.6
降下	8	4.3
アプローチ	2	1.1
着陸	54	28.7
メンテナンス	8	4.3
牽引・駐機	8	4.3
その他・不明	2	1.1
合計	188	

表4-4　事故の結果

事故の結果	事故数	割合（%）
ワイヤーストライク	6	2.5
動物・バードストライク	11	4.6
落雷	8	3.4
ひょう害	5	2.1
ギアアップ着陸	12	5.0
硬着陸	31	13.0
滑走路超過	8	3.4
滑走路から外れる	9	3.8
滑走路を外れて着陸	8	3.4
プロップストライク	46	19.3
地面への強い接触（衝突ではない）	37	15.5
航空機との衝突（地上および上空）	6	2.5
地形との衝突	11	4.6
地上の物体との衝突	33	13.9
火災	7	2.9
合計	238	

表4-5　飛行への影響

飛行への影響	事故数	割合(%)
なし	24	12.8
離陸中断	8	4.2
目的地外着陸	4	2.1
予防着陸	14	7.4
エンジン停止	1	0.5
不時着	26	13.8
航空機の運航中止・飛行停止	45	23.9
該当なし	15	8.0
その他・不明	51	27.1
合計	188	

あった。続いて地上走行中が 15％，離陸中が 13％ であり，12％ が巡航飛行中であった。

分析された事故の結果についてのまとめを表 4-4 に示す。188 の事故から合計で 238 の結果が報告されている。最も多いのはプロップストライク*2（19％）で，地面への接触（衝突ではない）（16％），地上の物体との衝突（14％），硬着陸（heavy landing）（13％）と続いていた。

飛行への影響は 137 件の事故について示されていた。しかし検討可能だと考えられるものは 122 件の事故であった。分析された事故における飛行への影響について表 4-5 にまとめた。飛行への影響で最も多く報告されたのは，航空機の運航中止・飛行停止であった（24％）。たとえば滑走路を逸脱しての着陸や，地上走行中のプロップストライクである。それに続くのは不時着である（13.8％）。

4.1.3　データソースとデータ収集

前述のように，データは航空保険会社のヴィクトリア支社が有する保険請求であり，2002 年 2 月 25 日から 2004 年 7 月 13 日までのものであった。

*2 訳注：プロペラを地面にぶつけること。

保険データの抽出

それぞれの保険請求ファイルで鍵となるのは，保険金請求書と算定人レポートであり，それらは保険会社が指定した損害算定人によって提出されたものであった。保険金請求書は算定人により確認され，保険会社に提出されることで完了となる。保険会社はその上で請求について調査する必要があるかどうかを判定している。

データベースは算定人レポートから抽出され匿名化されたデータを蓄積することで構築された。データベースは次のような 2 つのレベルとして，蓄えられたデータから構成された。まず，抽出されたデータは，保険算定人による文書から抽出されたものであり，以下のような事項をカバーしている。これらのデータは研究チームによって入力された。収集されたデータの 2 つ目のレベルは，各保険請求の評価に関するものであり，それは HFACS を用いて専門家パネルにより行われた。その詳細は後述する。

利用できるデータ項目として請求ファイルから抽出されたのは次のものである。

- 保険請求番号
- 航空機のタイプ
- 航空機の登録番号
- 事故の簡単な説明
- 事故の発生場所
- 事故の日付
- 気象概況
- 概要
- 状況
- 受けた損傷
- 航空機の製造年
- 航空機の総飛行時間
- パイロットの性別
- パイロットの年齢

- パイロットが所有しているライセンス
- パイロットの総飛行時間
- パイロットの事故機と同型機の総飛行時間
- 90 日前からのパイロットの総飛行時間
- 90 日前からのパイロットの事故機と同型機の総飛行時間
- 離陸時の重量と重心位置
- 事故発生時の地形
- 事故発生時の天候
- 損害の原因
- 乗客またはパイロットの負傷
- その他のコメント
- 算定人の意見
- 追加情報

データは 1 名の調査者によって抽出され，Microsoft Access により構築されたデータベースに直接，入力された。文章データ（事故，気象概況，概要，状況）は新しいカテゴリー枠に適するようにコード化された。すなわち，飛行目的，オペレーションのフェーズ（事故が起こったときの），飛行への影響，事故の結果（3 つまでコード化する）である。

4.1.4　分析手順と投入されたリソース

各事例を HFACS 分析するために，経験豊富な操縦士たちに専門家パネルとして参加することを求めた。パネルに選ばれた操縦士たちは，パイロット教育と，航空を含む安全領域の十分な事故調査経験を持ち，事故原因に対するシステムアプローチについての最新の知識を有していたが，事故原因と HFACS 手法についての理解を深めるための訓練プログラムを受講してもらった。

各事例は，少なくとも 2 人のパネルによって分析された。経験豊かな保険算定人も，HFACS を使ってすべての事例を分析した。そして双方の分析（パネルメンバーと保険算定人のそれぞれの分析）は，比較のために信頼度分析がなされた。

4.1.5 結果

調査を進めると，暴風による損害などを含む 19 の事例が，保険会社によって調査されていなかったことが明らかになった。これらの事例は，HFACS を用いて分析されなかった。表 4-6 に，分析された 169 の事故において，意味あると特定された HFACS コードを示す。

表 4-6 一般航空事故において特定された HFACS コードの頻度と割合

HFACS レベル	下位分類	頻度	割合 (%)
組織的影響	組織プロセス	6	3.6
	組織風土	0	0.0
	リソースマネジメント	6	3.6
不安全な管理・監督	監督上の違反	6	3.6
	既知の問題の修正の失敗	5	3.0
	不適切なオペレーション計画	3	1.8
	不十分な管理・監督	11	6.5
不安全行為を起こす背後要因	オペレーターの状態	75	44.4
	不適切な心的状態	55	32.5
	不適切な生理的状態	3	1.8
	身体的・精神的限界	32	18.9
	人員要因	29	17.2
	CRM	9	3.3
	人的レディネス	21	12.4
	物理的環境	37	21.9
	技術的環境	3	1.8
不安全行為	違反	27	16.0
	知覚エラー	27	16.0
	技能エラー	103	60.9
	判断エラー	60	35.5

事例のうち約 4 分の 3 は，航空機のクルーによる 1 つ以上の不安全行為によって起こされていた（69％）。技能エラー（61％）と判断エラー（36％）は不安全行為のうち最も一般的なカテゴリーであった。知覚エラー（16％）と違反（16％）がそれに続くものであった。分析された事例の 4 分の 1 では，ヒューマンエラーは見られなかった。これらの事例には機械要因によるものが見られた。たとえば電源喪失による不時着であり，ヒューマンエラーは確認されなかった。また被雷もそうであり，クルーが気象通報を守っていても避けられないものであった。

不安全行為を起こす背後要因は，事故のほぼ 60％ で見いだされた。主なものはオペレーター要因（44％）と環境要因（24％）である。不安全な管理・監督と組織要因が，分析された事例の一部に存在することも明らかになった。

不安全な管理・監督と組織的影響のレベルにおいて，限定的ではあるがいくつかの問題が見いだされた。不安全な管理・監督の問題としては，監督上の違反（事故のうちの 3.6％），既知の問題の修正の失敗（3％），不適切なオペレーション計画（1.8％），不十分な管理・監督（6.5％）である。組織的影響のレベルでは，組織プロセス（3.6％）とリソースマネジメント（3.6％）における問題が見られた。

分析結果は飛行目的によって分類することもできる（表 4-7）。不安全行為，とくに技能エラーは，私的飛行，訓練飛行，農業活動飛行において多く見られた。技能エラーのカテゴリーでは，「技能や飛行技術の欠如」に関係したエラーが非常に多く，それらは，私的飛行（38％）やチャーター飛行（22％）に比べて，訓練飛行（67％）や農業活動飛行（59％）でより多く発生していた。技能エラーの例としては，離陸時の不適切操作（mishandled takeoff），航空機が滑走路から逸れた際にパイロットがパワーを減じなかったこと，不時着時における飛行速度制御の失敗，アプローチの際に滑走路手前への着陸を修正できなかったことが挙げられる。また，技能エラーのうち，「視認と回避（see and avoid）の失敗」は，私的飛行（22％）と農業活動（27％）において顕著であった。このエラータイプの例には「離発着場でタキシング中に，馬を避けようとして，タイヤマーカーに入り込んだ」「パイロットが，送電線を視認し避けることができなかった」が挙げられる。

表4-7　飛行目的によるHFACS分析

	私的		チャーター		航空機使用事業		訓練飛行		農業		スケジュールフライト		その他不明		合計	
	数	%	数	%	数	%	数	%	数	%	数	%	数	%	数	%
不安全行為	50	*78*	10	*45*	12	*60*	19	*90*	19	*86*	5	*36*	2	*33*	117	*69*
エラー	48	*75*	10	*45*	12	*60*	19	*90*	18	*82*	5	*36*	5	*83*	114	*67*
技能エラー	41	*64*	10	*45*	9	*45*	18	*86*	18	*82*	5	*36*	2	*33*	103	*61*
判断エラー	23	*36*	5	*23*	7	*35*	10	*48*	12	*55*	2	*14*	1	*17*	60	*36*
知覚エラー	9	*14*	1	*5*	3	*15*	9	*43*	2	*9*	2	*14*	1	*17*	141	*83*
違反	10	*16*	2	*9*	5	*25*	1	*5*	8	*36*	0	*0*	1	*17*	27	*16*
不安全行為を起こす背後要因	43	*67*	9	*41*	9	*45*	15	*71*	15	*68*	8	*57*	1	*17*	100	*59*
オペレーターの状態	34	*53*	5	*23*	6	*30*	13	*62*	11	*50*	5	*36*	1	*17*	75	*44*
人員要因	15	*23*	0	*0*	2	*10*	8	*38*	1	*5*	2	*14*	1	*17*	29	*17*
環境要因	16	*25*	5	*23*	4	*20*	3	*14*	5	*23*	6	*43*	1	*17*	40	*24*
不安全な管理・監督	4	*6*	2	*9*	1	*5*	6	*29*	4	*18*	4	*29*	0	*0*	21	*12*
不十分な管理・監督	2	*3*	0	*0*	1	*5*	5	*24*	2	*9*	1	*7*	0	*0*	11	*7*
不適切なオペレーション計画	1	*1*	0	*0*	0	*0*	1	*5*	0	*0*	1	*7*	0	*0*	3	*2*
既知の問題の修正の失敗	1	*1*	0	*0*	0	*0*	0	*0*	1	*5*	3	*21*	0	*0*	5	*3*
監督上の違反	1	*1*	2	*9*	0	*0*	0	*0*	2	*9*	1	*7*	0	*0*	6	*4*
組織的影響	2	*3*	2	*9*	2	*10*	2	*10*	2	*9*	2	*14*	0	*0*	12	*7*
リソースマネジメント	1	*1*	2	*9*	0	*0*	2	*10*	1	*5*	0	*0*	0	*0*	6	*4*
組織プロセス	1	*1*	0	*0*	2	*10*	0	*0*	1	*5*	2	*14*	0	*0*	6	*4*
追加要因（HFACSの4レベルではエラーがない）																
機械的要因	10	*15*	7	*32*	5	*25*	2	*10*	3	*14*	1	*7*	2	*33*	30	*18*
メンテナンス要因	6	*9*	0	*0*	4	*20*	2	*10*	3	*14*	1	*7*	1	*17*	19	*11*
合計	64		22		20		21		22		14		6		169	

判断エラーは，訓練飛行と農業活動において高頻度に見られた。とくに，不適当な操縦操作や手順を実行するという判断が，農業活動（たとえば，風の影響により電線に近づいてしまい電線を避けることが難しくなった，ローター速度の減衰によって正常でない飛行を強いてしまった）で顕著に見られた（36％）。また，訓練シナリオでは能力を上回ったタスクを行ってしまうという判断（たとえば，試みた離陸テクニックが訓練生の能力を超えていた，初めてのソロ飛行には無理のある訓練生であった）が見られた（33％）。誤判断につながる知覚エラーは，訓練飛行において，より一般的であった（43％）。違反は，農業や他の空中作業飛行においてより頻繁であった。

不安全行為を起こす背後要因は，全飛行において重要な要因であったが，とくに私的飛行，訓練飛行，農業飛行において顕著であった。たとえば，私的飛行（13％），訓練飛行（10％），農業飛行（14％）におけるオペレーター要因については，「状況認識の消失」が顕著であった。さらに，私的飛行において，フライト中の不十分なビジランスと不十分な経験は，それぞれ事故の 13％ と 11％ で確認された。訓練飛行においては，自信過剰（14％）と複雑な状況に対する経験不足（33％）の例も確認された。農業飛行においては，慢心（14％），注意散漫（9％），不十分な経験（9％）が見られた。Wiegmann and Shappell（2003）の調査結果と同様，機材のオーナーが搭乗していない訓練飛行とスケジュールフライトにおいて，不安全な管理・監督と組織要因が多く確認された。

この分析の狙いは，一般航空での事故の分析において，HFACS が適切なアプローチであることを確認することであった。したがって，もたらされる分析結果の信頼性を評価することが重要であった。この事例においては，信号検出パラダイムが使われた。これは，エラーの予測・分類アプローチの信頼性を評価するものとして過去に用いられており，エラーや事故の分析手法における信頼性と感度を評価するシンプルな手法を提供するものである（たとえば Harris et al. 2005，Stanton et al. 2009）。ここでは，分析者のアウトプットが比較され，感度指標が，ヒット（分析者と専門査定人の両者によって指摘されたエラー），誤警報（専門査定人は指摘しなかったが，分析者によって指摘されたエラー），見逃し（専門査定人は指摘したが，分析者は指摘しなかったエラー），正しい無視（エラー分類基準により双方が指摘しないエラー）に基づいて求められる。信号検出マトリックスは図 4-1 に示される。感度指標得点の計算式は式 4-1 で示される。

<table>
<tr><td colspan="2" rowspan="2"></td><td colspan="2">分析者の分類</td></tr>
<tr><td>指摘あり</td><td>指摘なし</td></tr>
<tr><td rowspan="2">専門査定人</td><td>指摘あり</td><td>ヒット
(Hit)</td><td>見逃し
(Miss)</td></tr>
<tr><td>指摘なし</td><td>誤警報
(False alarm)</td><td>正しい無視
(Correct rejection)</td></tr>
</table>

図4-1　信号検出マトリックス

$$\text{感度指標得点} = \left(\frac{\left(\dfrac{\text{ヒット}}{\text{ヒット} + \text{見逃し}}\right) + 1 - \left(\dfrac{\text{誤警報}}{\text{誤警報} + \text{正しい無視}}\right)}{2} \right)$$

式4-1　感度指標得点の計算式

この事例では，2 人の分析者により各事例が分析され，その各結果は経験豊かな査定者の分析結果と比較され，おおよその一致スコアと感度指標スコアが算出された。結果を表 4-8 に示す。不安全行為レベルと，不安全行為を起こす背後要因のレベルで，評価者間のおおよその一致スコアはどちらも 80％ 以上であった。また両方のレベルで，0.72～0.79 の感度指標スコアが見いだされた。このことは異なる分析者による HFACS 分析に対する高水準の信頼性を示すものである。

表4-8　査定者間におけるエラー分類についての一致割合

	不安全行為		不安全行為を起こす背後要因	
評価者の組み合わせ	一致度（%）	感度指標得点	一致度（%）	感度指標得点
ペア1	83.9	0.79	88.3	0.73
ペア2	86.1	0.76	88.8	0.72

4.1.6　考察

今回示された分析では，一般航空事故の性質，ならびに事故分析の目的で保険データを使うことの困難さについても検討がなされた。分析された事例において，技能エラーで最も一般的に見られたものは不安全行為であった。それは，分析された事故の 60％以上に存在していた。判断エラーが次に続き，すべての事故の 35％以上に存在していた。不安全行為を起こす背後要因レベルにおいては，オペレーターの状態（44.4％），物理的環境（21.9％），身体的・精神的限界（18.9％），人員要因（17.2％）といったさまざまなものが確認された。残念なことに，不十分な管理・監督と組織的影響レベルに関する要因はほとんど特定されなかった。この点については，いろいろな理由がある。たとえば，一般航空事故には，しばしば機材所有者がオペレーターとして関係するため，管理・監督や組織的な問題はほとんど存在しえない（Wiegmann and Shappell 2003）。また，保険調査に焦点が当てられたデータを利用したという点も作用していたと思われる。

このケーススタディから得られた知見は，学術的文献に示されている他の航空事案での HFACS 分析と比較された（表 4-9）。

表 4-9 に示されるように，比較対象とされた他の研究の調査結果と，おおむね一致していた。Wiegmann and Shappell（2003）と比較すると，本研究では，一部の不安全行為にわずかな違いが見られた。しかし，これにはいくつかの潜在的理由がある。最も明らかなものは，今回の分析は米国の研究と異なり，クルーのエラーがない事例が含まれていたということである。その結果，他の研究に比べて，今回の調査での不安全行為の割合は低くなった。また，保険ファイルに記載されているヒューマンファクターのデータの品質は，米国の HFACS 研究のデータソースである NTSB（国家輸送安全委員会）の報告書より劣っていることも指摘される。

一方，見いだされた評価者間の信頼性に加え，HFACS 要因として不適切だとされる「その他」に，ほとんどの問題が分類されなかったという点で，HFACS の方法としての包括性が示された。なお，HFACS 手法では提供されていない 2 つの主題がある。それは，その時点での特性（専門性とは別のものとして，

表4-9　HFACS航空分析におけるケーススタディの結果比較

	Wiegmann and Shappell (2001) 商業航空	Gaur (2005) 商業航空	Shappell and Wiegmann (2001) GA-CFIT※1	Shappell and Wiegmann (2003) GA事故	Wiegmann and Shappell (2003) GA		今回の分析 GAインシデント
不安全行為		77			死傷	非死傷	69
エラー							
技能エラー	60	52	49	74	82	約80	61
判断エラー	29	22	45	35	36	約40	36
知覚エラー		15	31	8	12	約10	16
違反	27			14	32	10	16
不安全行為を起こす背後要因		48					59
オペレーターの状態		44					44
不適切な心的状態	13	13		5			33
不適切な生理的状態	2	4		3			2
身体的・精神的限界	11	31	13	18			19
人員要因		19					17
CRM	29	13		11			5
人的レディネス		8		2			12
環境要因							24
物理的環境							22
技術的環境							2
不安全な管理・監督	16※2	25	極めて少ない	未記載			12
不十分な管理・監督		15					7
不適切なオペレーション計画		8					2
既知の問題の修正の失敗		4					3
監督上の違反		4					4
組織的影響		52	極めて少ない	未記載			7
リソースマネジメント		40					4
組織プロセス		42					4

※1　訳注：Controlled Flight Into Terrainの略。航空機にとくに問題はないが，操縦士が衝突の可能性に気づかないまま山，地面，水面，障害物などに衝突する事故のこと。
※2　これは不安全な管理・監督，組織的影響にかかわる事例数を示している。

パイロットのその時点での特性が記載されたレポートがある）と不適切な着陸面・駐機路面だった。HFACS が専門家によって確認された問題のほぼすべてを捕捉したことから，より大きなデータサンプルが分析されるまで，HFACS フレームワークへの修正は加えないことが推奨される。

一方，いくつかの事例が「分析するには不十分なデータ」としてリストアップされた。航空保険会社によって集められるデータは，適切な HFACS 分析を行うには深さが足りず，焦点が定まっていないことに注意しなければならない。しかし，ここで示した HFACS を用いた分析は価値あるデータをもたらした。オーストラリアでの保険金請求において提示されていないデータタイプも含めて，HFACS のような分析方法を使用するときには，収集されるデータの品質を改善することが評価者間の一致を大幅に向上させることにはほぼ疑いがない（Wiegmann and Shappell 2003 を参照のこと）。

4.1.7　鍵となる指摘事項のまとめ

今回のケーススタディは，オーストラリアの一般航空保険会社の扱った事故データの分析において HFACS を利用するものであった。要約すると，分析された事例では，以下が示された。

- 技能エラーは分析された事例の 60％ 以上に存在しており，不安全行為に関係するものが最も一般的であった。判断エラーは，すべての事例の 35％ 以上に見られ，これも不安全行為に関係する一般的なものであった。民間航空と軍事航空における他の HFACS 分析からもたらされた知見に，この傾向はおおむね一致していた（たとえば Gaur 2005，Shappell and Wiegmann 2001，Wiegmann and Shappell 2001）。
- 分析事例において不安全行為を起こす背後要因として見いだされたものは，オペレーターの状態（44.4％），物理的環境（21.9％），身体的・精神的限界（18.9％），人員要因（17.2％）であった。
- 不十分な管理・監督，組織的影響レベルにおいて特定された要素はほとんどなかった。これは，一般航空においては管理・監督システムが欠如していろため，説明に利用できるデータがなかったためである。
- 評価者間の信頼性の分析により，関係した分析者間の一致状態は許容できるレベルであることが明らかになった。

謝辞

ここで示したケーススタディは，Aviation Safety Foundation Australasia の助成を受け，Australian Transport Safety Bureau および BHP Billiton の支援を受けた全体的な研究プログラムのもとになされたものである。著者らは，Australian Transport Safety Bureau, QBE Aviation, Vero Aviation, Asset Insure, BHP Billiton により構成されるプロジェクト推進委員会から与えられた支援に謝意を表する。Aviation Safety Foundation Australasia の Gary Lawson-Smith 氏および Russell Kelly JP 氏からプロジェクトへの支援をいただいたことに感謝する。Richard Gower 氏，Clive Philips 氏，Geoff Dell 氏に対して，専門家パネルとしての参加を通じての貢献に感謝する。最後に著者らは，Michael Fitzharris 博士，Karen Ashby 氏，Carolyn Staines 氏，Ashley Verdoorn 氏に対して，本研究に参加していただいたことに謝意を表する。

4.2 鉱山事故についての HFACS 分析

4.2.1 イントロダクション

疫学的調査によると，鉱山労働者は他の産業の労働者と比較して，相対的に危険な労働環境に直面している。たとえば，1980 年代から 1990 年代にかけての米国，オーストラリア，ニュージーランドのさまざまな産業で生じた業務関連の死傷事故に基づくと，鉱山労働者の死傷率は，平均的な労働者のそれの 7～10 倍にも及ぶことが見いだされている（Feyer et al. 2001）。傷害に伴う苦痛と精神的外傷のみならず，鉱業においては，負傷による医療費と生産性損失の財政的コストも，かなりのものである。たとえば，1993 年以降の米国でのデータの分析において，「亜炭と瀝青炭の採炭」は死傷による労働者当たりの平均コストで第 2 位にランクされている（Leigh et al. 2004）。

既存の研究により，鉱山労働者における負傷のひどさとリスクとの間に，何らかの関係があると思われる要因が特定されている。それは労働者の経験，使われる機材，採掘が行われる環境である。死亡には至らない傷害の多くが手工具に関連する一方で，死亡に至る事故は非常に多くの場合，未舗装路での鉱石運搬が関係している（Groves et al. 2007）。トラック，コンベア，フロントエンドローダーを合わせると，死亡事故の 40 % を占めることが明らかになっている（Kecojevic et al. 2007）。頭上の送電線が致死的な感電事故の主な起因源であることも明らかになった（Cawley 2003）。さらに地下鉱山は地上業務より高い死傷率を示している（Karra 2005）。労働経験の果たす役割は，その結果とともに調査されている。いくつかの研究によれば，負傷した労働者の多くは 5～10 年未満の経験年数であるという（Groves et al. 2007，Kowalski-Trakofler and Barrett 2007）。一方，他の報告では，経験によらずリスクレベルは同様であると述べられている（Bennett and Passmore 1985，Maiti and Bhattacherjee 1999）。たとえば，経験豊かな電気工が，潜在的に危険であると知っているにもかかわらず，意図的に（たとえば手抜きなどで）リスクの高い行動をとっていることが見いだされている（Kowalski-Trakofler and Barreft 2007）。最後に，仕事への不満，管理者の貧弱な関与，時間的プレッシャー，経営方針に対する懸念など，作業者の認知変数が，作業上の傷害と違反を起こす傾向の重要な予測因子であることも見いだされている（Paul and Maiti 2008）。

また，個人および広範囲の組織システムに関係する多くの要因が鉱業事故に役割を演じているということも文献は示している。つまり，鉱業事故の効果的な対策を立案するには，事故に関係する個々の労働者要因と，より高いレベルにある組織および経営要因の理解に基づかなければならないのである。より多くの情報に基づいた対策立案を通して安全性を高めるために展開中の活動の一部として，露天および地下鉱山に関係するオーストラリアの主要な鉱業会社は，会計年度で 2007～2008 年度の「重大事故」データのシステムベースの分析を行うことを，モナッシュ大学事故研究センターに委嘱した。そこで，この期間の 267 件の重要な事故を分析するために HFACS アプローチが用いられた。分析の狙いは個人およびシステム全体にわたる事故原因要素を明らかにすることであった。つまり，適切な事故防止対策の戦略を生み出すことを目標に置いて，事故に関係する関連要素を，鉱山システムの組織レベルにまでわたって明らかにすることであった。

4.2.2 事故の内容

データは，2007〜2008 年度の間のすべての重要な事故について鉱業会社から提供された。データセットは，潜在的レベル 4（重大，Major）または潜在的レベル 5（危機的，Critical）に分類された事故に限定された。重大事故は，死亡災害，永久的労働能力損失，または 100 万ドルより大きな損害と定義される。危機的事故は，複数の死者，または 1000 万ドル以上の損害と定義される。合計すると，このような事故は 267 件であった。

4.2.3 データソースとデータ収集

研究チームには個別の事故事例ファイルが提供された。そこには，事故の状況写真，鉱山会社が行った ICAM（Incident Cause Assessment Method）*3 による事故分析フォームが事故分析結果として納められていた（ICAM, BHP Billiton 2005）。研究チームも，ある鉱山会社の主要な鉱山を訪問し，SME と意見交換をし，地上と地下の双方の採掘活動を観察した。

4.2.4 分析手順と投入されたリソース

データの保存

データベースは，事故報告から得られた未定義のデータを格納するために開発された。事故の記述データとして，事象のタイプ，関係現場，反復される事象，傷害のメカニズム，傷害の程度などといった一般的に報告されている変数が制限することなく抽出された。

*3 訳注：望ましくない出来事の根本原因を調査する手法。

データのコード化

データはICAM分析結果の様式で研究チームに提供されたので，2段階にわたるコード化手順が必要とされた。まず，元のICAM分析の妥当性を確実にするために，ICAMフレームワークを使ってデータの再コード化を行った。次に，HFACS分析のために，修正されたICAMコードをHFACSフレームワークにマッピングした。データの信頼性を高めるという一般的な科学的手順に沿って（たとえばLi and Harris 2006），経験豊かなヒューマンファクターズの専門家パネルが，データを分析するために構成された。これらの専門家は，コード化と安全データの分析におけるエラーフレームワークの使用に造詣があり，ヒューマンエラーと事故原因への系統的アプローチについて最新の知識を有していた。267件の事例から2868のICAMコードがリスト化された。ICAMデータのコードの一致レベルは，Kappa係数で，個人・チームの活動（$k = 0.71$），環境（$k = 0.80$），管理・監督（$k = 0.81$），組織（$k = 0.79$）であった。各自がチェックした後，評価者は各自の判断について違いを議論するために会合を持ち，討論を重ねて合意を得た。ICAMコードのすべてを検討し，事故説明に対するICAMコードの割り付けを確定した後，次に行われたのは，ICAMフレームワークをどのようにHFACSフレームワークにマップするかを明らかにすることであった（Wiegmann and Shappell 2003）。2人のヒューマンファクターズの専門家は，それぞれ別々に，各ICAM要因を17のHFACSカテゴリーのうちの1つにマップした。数個の不一致が見られたが，それは3人目のヒューマンファクターズの専門家との議論を通して解消した。

統計分析

事故の特徴とHFACSデータの予備的な評価は，頻度数を使って行われた。各HFACSレベル間に関係性が見られた場合には，分割表におけるフィッシャーの正確確率検定（Fisher's Exact Test）により検定された。オッズ比（OR）が，関連の強さを評価するために算出された。オッズは下位レベル要素に対して算出される。すなわち，オッズは確率値であり，（下位レベルの）要素が存在しない確率に対する存在する確率の比である。オッズは2つの状況の下で計算された。すなわち，上位レベルの要素が存在しているときと，上位レベルの要素が存在しないときである。オッズ比は，これらの 2 つの確率値を割ることで算出された。統計的有意水準は $p < 0.05$ と $p < 0.005$ の 2 水準に設定された。分析はソフトウエアパッケージ R を使用して行われた（R Development Core Team 2007）。

4.2.5　結果

事故の分類

分析に用いた最終的なサンプル数は 263 事例であった。図 4-2 は事象タイプによる事故の区分を表している。

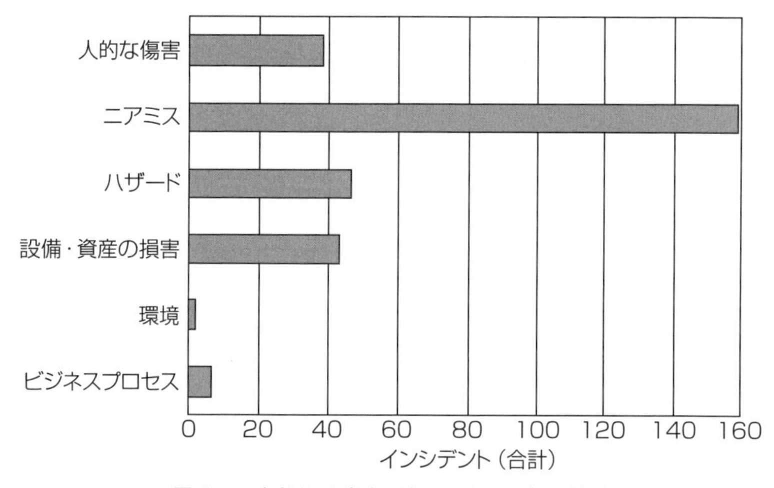

図 4-2　事象タイプ別の重要なインシデント件数

図 4-3 は活動による事故の区分を示すものであり，関係する鉱業活動のタイプを説明している。事故データセットにおいて最も一般的に見られた活動は，地上走行車両（surface mobile equipment）によるものであり（38 %），ついで高所作業（21 %）であった。

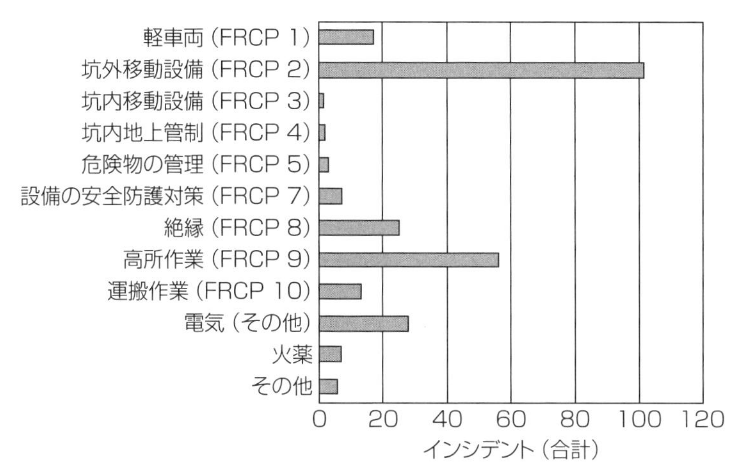

※訳注：FRCPはFatal Risk Control Protocol（致命的なリスク制御プロトコル）の略。

図4-3　鉱山活動における重大事故件数

HFACS 分析結果

表 4-10 に，分析された 263 件の事故で特定された HFACS コードを示す。事故の 90％ には，1 つ以上の不安全行為が含まれていた。不安全行為のうち，最も多かったものは技能エラー（64％）であり，次が違反（57％）であった。技能エラーとしては，業務遂行において関連するハザード特定の失敗や，道具の不適切な使用が見られた。違反については，個人保護具の不装着といった，組織の定める手順に従わないことが典型的であった。

不安全行為に対して，1 つ以上の背後要因が存在することが，事故のほぼ 90％ で見いだされた。最も多かったのは物理的環境（56％）であり，作業エリアへのアクセスがしにくいこと，異常気象，照明や他の環境状況などであった。次に多かったのは技術的環境（33％）であり，多くは不具合のある設備・機器や，使いにくい器具であった。不適切な心的状態や，身体的・精神的限界もまた，一般的な背後要因であった（どちらも 25％）。これらは従業員の慢心，未熟練，従事中の作業から気が散っていることなどであった。

表4-10　鉱山事故において確認されたHFACSコードの頻度と割合

HFACSレベル	下位分類	頻度	割合(%)
組織的影響	組織プロセス	172	65.4
	組織風土	75	28.5
	リソースマネジメント	77	29.3
不安全な管理・監督	監督上の違反	11	4.2
	既知の問題の修正の失敗	0	0.0
	不適切なオペレーション計画	87	33.1
	不十分な管理・監督	59	22.4
不安全行為を起こす背後要因	技術的環境	86	32.7
	物理的環境	147	55.9
	CRM	40	15.2
	身体的・精神的限界	67	25.5
	不適切な生理的状態・人的レディネス	28	10.6
	不適切な心的状態	66	25.1
不安全行為	違反	151	57.4
	知覚エラー	0	0.0
	技能エラー	168	63.9
	判断エラー	89	33.8

事故の44％に不安全な管理・監督要因が存在した。最も一般的なものは，不適切なオペレーション計画（33％）であり，グループ内やグループ間のコミュニケーションの不足，不十分な準備，時間的プレッシャーなどであった。

事故の80％以上に組織要因があり，なかでも組織プロセスの要因（65％）が目立った。これはこのレベルで最も多く特定された要因であった。組織プロセスの問題は，正式なプロセスの欠落，あるいは標準に満たないプロセスを含む傾向があった。たとえば効果的な職務安全分析（JSA：Job Safety Analysis）に基づく作業が行われていないことや，正式な事故分析報告プロセスがないことなどである。

表4-11に，上位レベル要素（最初の欄）と下位レベル要素（2つ目の欄）と

表4-11　HFACSの各レベルにおけるオッズ比

HFACSレベル		OR	95%CI
背後要因	**不安全行為**		
不適切な心的状態	判断エラー	1.94*	1.05～3.59
不適切な心的状態	違反	2.01*	1.07～3.86
不適切な生理的状態	技能エラー	3.78*	1.24～15.4
CRM	違反	2.17*	1.00～5.08
物理的環境	違反	0.51*	0.30～0.87
技術的環境	判断エラー	2.84**	1.60～5.06
不安全な管理・監督	**背後要因**		
不十分な管理・監督	不適切な心的状態	2.15*	1.09～4.2
不十分な管理・監督	CRM	4.11**	1.9～8.89
不適切なオペレーション計画	CRM	2.96**	1.41～6.28
監督上の違反	不適切な生理的状態･人的レディネス	5.37**	1.07～22.3
組織的影響	**不安全な管理・監督**		
リソースマネジメント	不十分な管理・監督	1.95*	1.01～3.37
組織風土	不十分な管理・監督	3.3**	1.72～6.36

を関連付けた，統計的に有意なオッズ比（OR）と 95％ 信頼区間（CI）を示す。95％ 信頼区間は，真のオッズ比が存在すると推定される範囲を与え，1 つのオッズ比との関連を示すものではない。我々は p 値によって関連の存在についての確信度を評価した。* は 0.05 レベルの有意性を示す。** は 0.005 レベルの有意性を示すものであり，より確信のある関係性があることを表している。

図 4-4 は，これらの関連性を図的に示している。関連性が欠如していても，特定の HFACS カテゴリーが重要でないことを必ずしも意味するものではない点に注意を要する。たとえば，組織プロセスにかかわる問題は半数以上の事故で起こっており，そのような影響の頻度は最小にすることが望ましい。むしろ，有意な関連性が意味することは，所定の有限なリソースのもとに，結果的に起こる不安全行為や不安全作業をもたらすであろう要因に対して，より一層の注意が向けられなければならないことを示すものである。

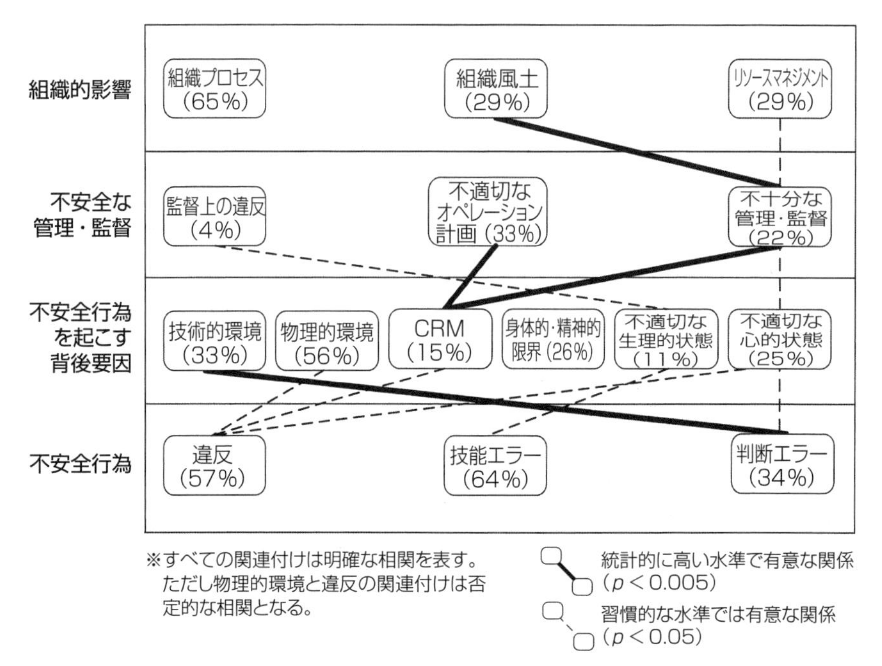

図4-4　各レベルにおけるHFACS間の関連性

関連性の分析は，より高次の組織レベルの問題と，現場の作業者により起こされるエラーとの間の，鍵となる関係性を明らかにする。たとえば，通常の心的状態に比べて，不適切な心的状態においては，判断エラーを起こす確率は2倍にもなることを，結果は示している。同様に，不適切な心的状態と貧弱なCRM（Crew Resource Management）は，頻繁な違反行動と関係している。一方，不適切な生理的状態は技能エラーと高い頻度で関係している。

貧弱な技術的環境からは，より多くの判断エラーが予測された。この影響は強く（OR = 2.84），高い水準で統計的に有意であった（$p < 0.005$）。2つの事例を示そう。1つ目の事故では，技術的環境要因としては，「テーブルガードを蝶番ではなく，引いて開け閉めする」と「取っ手は，棒の隙間にあるハンドルに対して（以前から）溶接されていた」が見られた。これは判断エラーに関係するものであった。すなわち結果として，「掘削作業の補助者は隙間にある

ハンドルをつかむために棒を持ち上げると，駆動装置が回転しているところのなかまで手を伸ばすことになった（自動的になされる反射・反応）」というエラーが生じたものである。2 つ目の事故では，技術的環境要因は，「トラックに溶接された収納箱の設計が業務に適していない」であった。このことは判断エラーと関係した。すなわち結果として，「整備士は腰背部を守るために，自分の位置がトラックに溶接されたチェーンボックスの上になるよう作業方法を変更した」。これらの事例や他の事例では，判断の点で，不健全，貧弱に設計された装備が普通の方法とは異なる方法で作業をさせる結果を招いていた。

不安全な管理・監督レベルの要因のうちのいくつかは，不安全行為のさまざまな背後要因として関係していた。たとえば，不十分な管理・監督は不適切な心的状態と貧弱な CRM につながり，監督上の違反は高い水準で有意に不適切な生理的状態につながった。貧弱な CRM は，不十分な管理・監督と不適切なオペレーション計画によって影響を受けていた。これらの関連は双方ともに強く（OR = 4.11 および 2.96），高水準で有意であった（$p < 0.005$）。ある事故では，不十分な管理・監督は，「現場に送られてくる鉱石トレイは管理も制御もされていなかった」と記述された。これは貧弱な CRM と関係している。つまり「輸送会社の契約と現場の契約との間にコミュニケーションがない」のである。このことは一般に，人員と業務の管理および計画が不十分であると，現場のコミュニケーションとチームワークが損なわれる傾向があることを示している。

2 つの組織的影響（リソースマネジメントと組織風土）は，不十分な管理・監督と関係していた。とくに，組織風土は強い予測指標となりうるものであり（OR = 3.3），高い水準で有意であった（$p < 0.005$）。

4.2.6　考察

以下に示す HFACS カテゴリーは，分析された 263 の事例において，一般的なものであった。すなわち，技能エラーと違反，物理的環境，組織プロセスである。より分析を深めるために，異なるレベルの HFACS カテゴリー間の関係性が統計学的に分析された。それにより，高いレベルの要因のうちどれが，特定の低いレベルの要因を予測しているかについて確認することができた。この分析を通して，いくつかの有意な関係があること，とくに以下の 4 つにおいて非常に強い関連が見いだされた。

① 技術的環境と判断エラー
② 不適切なオペレーション計画と CRM
③ 不十分な管理・監督と CRM
④ 組織風土と不十分な管理・監督

これら 4 つの関係以外に見いだされた有意な関係を無視すべきではないものの，将来の事故対策と防止戦略の開発においては，これらの 4 つの関連性に十分な注意を払うべきであると結論された。また，以前に他の領域（たとえば航空，医療）で行われた HFACS 分析も似たような関連性を特定したという事実は，注目に値するだろう。たとえば，一般航空事故の分析では，Li and Harris（2006）は，組織風土と不十分な管理・監督の間，また不適切なオペレーション計画とリソースマネジメントの間の関連性を見いだした。また，Li et al.（2008）は民間航空領域において，不十分な管理・監督が CRM を予測し，そして，それは違反を予測することを見いだした。一般航空領域においては，Lenné et al.（2008）は，最近の研究において，CRM と不適切な心的状態から違反が予測できることを見いだした。最後に，心臓血管外科において，El Bardissi et al.（2007）は，組織風土と不十分な管理・監督のみならず，不適切なオペレーション計画と CRM の間の関係性を見いだしている。これらの各産業にわたり一般的に見いだされる関係は，安全が重視されるシステムに共通の傾向であり，現場のヒューマンエラーに影響を与えていることを示しているといえよう。

技能エラー

この分析において一般的に見いだされたエラーカテゴリーの 1 つに，技能エラーがあった。これは，航空（Wiegmann and Shappell 2003）や鉄道（Baysari et al. 2008）を含む他の領域でなされた HFACS から見いだされた知見に一致するものであった。技能行動は高度に習熟することで自動行動となり，オペレーターは行動にほとんど注意を払わずにすむようになる。このため，技能エラーにつながってくるのである（Vicente 1999）。技能エラーは一般に，注意と記憶の失敗，テクニックエラー，省略（オミッション）エラーをもたらす（Wiegmann and Shappell 2003）。技能エラーのための典型的な対策は，訓練，警報システム，機材の再設計（ヒューマンエラーの結果を吸収するシステムにする）である（Shappell and Wiegmann 1997）。Reason（2002）は，適時に適当な位置に掲出するリマインダーは省略（すなわち，手順中のステップを飛ばしてしまうこと）を減らすと述べ，効果的なリマインダーの10の基準を示している。Reason（2002）はまた，強制機能の効果を議論している。すなわち，すべての必須なステップが完了するまで，それ以降の行為の実行をブロックする機械的または電子的な装置をシステムに搭載するのである。

当然のことながら，エラーに対処するための最適なアプローチは潜在的な欠陥の除去であり，これはたとえば，Reason（1990），Wiegmann and Shappell（2003）などのシステム論者が主張することである。システム全体に焦点を当てると，統計的に有意な関連性は，不適切な生理的状態と技能エラーの間に見いだされた。疲労のような要因が技能エラーにつながっていることが示されている。技能エラーと不適切な生理的状態（一般には，疲労）の関係を示すヒューマンファクターズの文献は，この調査結果を支持している。さらに今回のデータにより，不適切な生理的状態は，監督上の違反と関係があることがわかった。このことは，疲労に関連する問題に管理・監督レベルで対処することによって，技能エラーが減少する可能性があることを示唆する。これは，疲労を検出し管理するという戦略を，監督に訓練することにつながるだろう。たとえば，労働者に疲労が見られても，それに対応する手続きが欠落していることがデータで報告されている。管理・監督レベルの対策に加えて，従業員も疲労管理に関して互いに配慮する必要がある。つまり，疲労について知られているパターンに自分自身で注意を払うこと，頻繁に休憩すること，社会とのかかわりを保つこと，コミュニケーションやその他の活動をすること，スケジュールに変化を付けることなどである（Stanton, Salmon et al. 2010）。そして，これらのステップの多くは，監督者が支持することでのみ達成されることは銘記されるべきである。

違反

このサンプルから見つかった違反の頻度は，航空のような他の産業でのHFACS分析により見いだされた頻度より，比較的高かった（たとえばLenné et al. 2008）。違反にはさまざまな形態があることが文献で示されている。故意の違反は，定められた規則または手順からオペレーターが逸脱することであるが，意図しない違反は，オペレーターが意図せずに，定められた規則や手順から逸脱したものである。意図しない違反は，監督からの指導，ワークショップ，教育プログラム，違反となる行動を作業者に教える掲示などを通じ，違反への認識を高めることで対応することができる。しかし，故意の違反は，対応が非常に難しい。Reason（1997）は故意の違反を3種類に区別している。日常的な違反（routine violation），最適化するための違反（optimising violation），必要な違反（necessary violation）である。日常的な違反は，ある特定の仕事を遂行するときに，手順をショートカットしてしまうようなものである。最適化するための違反は，タスク遂行中に，機能的でない目標を最適化してしまうようなものである。Reason（1997）は，あるドライバー（AからBまで移動しようとしている）が，AからBまでの移動の間，本能のおもむくままにスピードを最適化して運転してしまうという例を示している[*4]。必要な違反は，特定の仕事を遂行するために，規則からの本質的な逸脱を必要とするようなものである。たとえば，職場で日常の手順が通用しないときに，仕事を終わらせるために違うやり方をとらざるをえないようなものである。故意の違反に関する問題は，それらがしばしば手順の要素として受け入れられてしまうことである。その違反により作業ができてしまうので，監督や管理者がそれらをしばしば大目に見てしまうことすらある。さらに，新人に対してはOJT（On-the-Job Training）を通して伝達され，それらは実際には違反であり基準ではないのだが，その認識の欠落さえ招きかねないことが問題である（Wenner and Drury 2000）。違反について注目すべき重要なことは，それらが違反行為者を「崖っぷち近く」へ連れていくということである。つまり，それ以降のエラーが有害

[*4] 訳注：optimising violationは，単調な業務などにおいて退屈を紛らわせるために，興味本位に禁止行為を行ったりスリルを味わうような行動をとってしまうことをいう。

な結果をもたらす可能性を増やしていることになる（Reason 1995）。

手順を非常に簡単で，とても効率的なものとすることで，大部分の故意の違反は取り除くことができる[*5]（Wenner and Drury 2000）。そこで，手順を評価し，違反される傾向のある手順を再設計するのがよい。適切に設計され，よくメンテナンスされた機材が作業者に確実に提供されることによっても，違反を防止することができる。さらに，違反行為を構成するものは何であり，また構成しないものは何であるのか，ということに注意を払うのは有益なことである。

管理・監督

不十分な管理・監督が，分析された事故の 44％ に見られた。データから見えてきた繰り返される問題は，監督が不十分な指示を与えること，現場での管理・監督の不足，仕事の不十分な管理・監督，監督がハザードをきちんと確認していないこと，さらには不適当な現場慣行（すなわち違反）を認めてしまったことなどであった。組織の監督配置の効率は，システムの安全とパフォーマンスにおいて鍵となる要因である。このことは安全が重要である多くの領域の研究において，以前から，不適切・不十分な管理・監督は事故の重大な寄与要素であるとして明らかにされている（たとえば Bomel Consortium 2003, Brazier et al. 2004 他）。分析された事故における不安全な管理・監督要因については，より突っ込んだ調査が必要である。それにより，分析された鉱山において，現行の監督配置を評価することができる。組織が管理・監督のアプローチをモニターし評価することの重要性は，文献できちんと示されており，我々の調査結果によると，組織の現在の監督配置に対してある種の評価が必要とされる。たとえば，Ward et al.（2004）は，組織は効果的な対策をとるために，管理・監督のアプローチとその弱点について理解する必要があると指摘している。Brazier and Ward（2004）は監督評価方法論を提示している。それは，組織が監督配置と，それによる健康と安全への影響を評価するものである。

[*5] 訳注：正規の手順が簡潔でワークロードの低いものであれば，それに違反する理由はないので，自然と遵守されるようになるということ。

文献のレビューに基づき，Stanton, Salmon et al.（2010）は，安全が重要である領域のなかで管理・監督を強化するための，以下の一連のガイドラインを提案した。

- 各管理・監督者の役割に対して要求される能力（competencies）を明確に定義すること
- 適切な人材が監督者として選ばれることを確実にすること
- 要求される能力に基づく適切な訓練を提供すること
- 各管理・監督の役割と責任を明確にし，それを監督者，部下，マネージャーに対して周知すること
- 実施されている管理システムの継続的なモニタリングと評価を行うこと
- 監督者，部下，マネージャーの間のコミュニケーションと深いかかわりを促すこと
- 報告ルートを明確に定義し，示すこと
- 監督者の作業負担の最適化を図ること
- 縄張りを張らないこと

これらのガイドラインからすると，組織全体において管理・監督の役割を明確に定め，それを伝達すること，監督システムを評価すること，そして監督者と部下との間の明確なコミュニケーションと深いかかわり合いを推進することが，この事例においてはとくに適切であると思われる。

組織プロセス

組織プロセスの問題は，分析された事故の 65％ で見いだされた。組織プロセスに関連する問題は，手順に関すること（たとえば不適切な手順であること，利用できる手順が存在しないこと，手順が認知されていないこと），ハザードの特定とリスクアセスメントに関すること（たとえばハザードの特定の失敗，ハザードの特定やリスクアセスメントがなされていないこと，適切なリスクアセスメントの手順やツールが存在しないこと），不適切な作業指示や，作業指示自体がなされていないことであった。したがって，組織プロセスレベルでの重大な問題のかなりの部分は，現在用いられている手順に焦点を当てることに

よって対処できるといえる。

手順の問題は，以前から認識されていたものである。たとえば Marsden（1996）は，原子力発電の領域では，手順の問題は事故の 70％ において見られるとしている（たとえば Marsden 1996 に引用されている INPO 1986, Goodman and DiPalo 1991）。手順の問題にはさまざまな形態があることが確認されている。たとえば Marsden（1996）に引用されている Green and Livingston（1992）によれば

1. 手順の技術的な正確さまたは完全性が欠如している
2. 手順書の書式が貧弱である
3. 手順書において使われる用語や文法に問題がある
4. 手順の開発・作成プロセスが不適切である
5. 手順の位置づけや相互参照性が不適切である
6. 手順書の検証や有効性確認が不十分である
7. 手順が改定されていない
8. 訓練と手順との相互関係性が不十分である

Marsden（1996）は組織の側面から手順問題を検討し，オペレーターの陥る失敗に対する関係要因は，組織の下部組織において見いだされることを示唆している。Marsden（1996）はまた，手順問題には，3 つの基本的な問題があると指摘している。すなわち，手順を準備するプロセスの弱点，手順に従うことに関する従業員の怠慢に由来する問題，手順システムがそもそも破綻していることである。

手順に関連する主要な問題の 1 つに，オペレーターの認識がある。Cox and Cox（1996）によると，作業者たちはしばしば，手順書は利用できるところに配置されておらず，中身は曖昧であり，記憶しにくく，プラントの問題を診断するのに不十分であると認識しているという。さらに Ockerman and Pritchett（2001）は，手順は非能率的であり，面倒であり，行うのに難しすぎると思われたり，さらには単純に間違っていると見られることすらあると指摘している。彼らはまた，労働者は，手順に従うと，営利上の問題が多く生じると感じているために，手順がしばしば故意に無視されることを示している。

手順を作成することは，手順を必要とする業務の特定，要求される支援レベルの決定，必要とされる手順の形式や様式の決定，記述，手順のレビューや改定，手順の認証といったことを必要とする複雑なプロセスとなる。手順の公式な発行に続いて，スタッフは手順についての適切な訓練を受けなければならず，必要に応じて手順は定期的にレビューされ，アップデートされなければならない。このような正式な手順開発プロセスが必要とされる。しかし Marsden（1996）は，しばしば手順は正式な方法で開発されておらず，しかも当該システムに精通した個人の知識に依存し，システムのオペレーションに必要となる実際の行動に依存していないことを示唆している。その結果，しばしば不完全，不正確，非現実的な手順となる。エラーを減らして行動に影響を与えるための HSE の手引書（HSE 1999）では，いくつかのガイダンスを与えており，手順は次の情報を含むべきであるとしている。すなわち，目的，観察されなければならない注意事項，必要とされる道具と機材，作業開始前に満たされるべき条件，必要な文書（たとえばマニュアル），要求される手順ステップの説明である。HSE（2008）では手順設計のさまざまな重要な原則を示しており，そこには，タスク，ユーザーと失敗の結果，手順的な内容を確定するためのタスク分析方法の使用，エンドユーザーを巻き込むことで手順遵守を促すこと，手順違反を排除すること，手順と能力の関連を考慮することなどについて，フォーマルなスタイルにおいて詳細が示されている。

現在，用いられている手順を評価することも，重要である。手順それ自体と，手順の開発，記述，認証，訓練，維持に関して組織が取っているプロセスの双方が評価されることが不可欠である。手順自体について，Ockerman and Pritchett（2001）は，手順の有効性は以下の特質を測ることで評価できると述べている。

1. 手順の包括性：手順の包括性とは，手順が適用できる状況，環境，活動の範囲に関するものである。
2. 手順の詳細さ：手順の各ステップにおいてユーザーに要求される行為の正確性に関することである。
3. 手順の正確さ：手順のそのステップを遂行することによって望ましい結

果がどの程度もたらされるのかということに関することである。

表4-12　HFACS分析に基づいて提案された対策と事故防止戦略の概要

発見・欠陥	関連するHFACS項目	提案された対策
技能エラー	不適切な生理的状態	疲労を見つけて管理する手順の向上 疲労を見つけて管理する手順の監督訓練 疲労管理のワークショップ 技能エラーの深層分析
違反	不適切な心的状態 CRM 物理的環境	違反データの深層分析 違反につながる傾向のある手順の評価・再設計 違反につながる傾向のある設備の評価・再設計 違反行動への気付き力を高める
判断エラー	不適切な心的状態 技術的環境	判断エラーデータの深層分析
不十分な管理・監督	不適切な心的状態 CRM	現在の管理・監督システムの評価 管理・監督システムの再設計 管理・監督の役割と責任の明確な定義とコミュニケーション 監督者と部下のコミュニケーションや高い水準でのやりとりの推奨
リソースマネジメント	不十分な管理・監督	管理・監督不十分な部分を見いだす
組織風土	不十分な管理・監督	手順，手順開発，運用中のシステムの評価 手順開発と運用中のシステムの再開発 選択された問題手順の再開発
発生率の高いニアミス		ニアミスデータの深層分析
脆弱なICAMのコード	該当なし	ICAMの訓練手順の再開発 ICAMの方法論と規範化手順の再開発 ICAMの方法論と補助的な細かい部分の再開発 ヒューマンファクターズやシステムエラーの理論についてのワークショップ

勧告

この分析の狙いは，鉱山労働者の傷害の危険性を低減するための根本的な提言をすることにあった。HFACS 分析に基づいて提案された対策と戦略の概要を表 4-12 に示す。

4.2.7 鍵となる指摘事項のまとめ

行われた分析をまとめると，2007～2008 会計年度における重大事故データの範囲内で，多くの重要な課題が確認された。いくつかの HFACS カテゴリーが事故においてしばしば現れることを，分析は示した。それらは技能エラーと違反，物理的環境，組織プロセスであった。異なるレベルにわたるカテゴリーの間の関係分析に基づいて，以下の 4 つの強い関連が見いだされた。

① 技術的環境と判断エラー
② 不適切なオペレーション計画と CRM
③ 不十分な管理・監督と CRM
④ 組織風土と不十分な管理・監督

我々の分析による調査結果に対応する広い範囲のヒューマンファクターズと安全の文献に基づき，一連の根本的な対策が議論された。多くの事故データを徹底的に分析することでのみ，ターゲットを絞った多くの対策を得ることができることは留意される必要がある。多くの事故（たとえば 2 年間かそれ以上の有効なデータ）を含む大きなデータセットの分析が，とくに推奨される。

謝辞

著者らは，この研究に資金を提供してくださった関係する鉱山企業に感謝する。また，本研究に貢献してくださった Charles Liu 博士と Margaret Trotter 女史に対して謝意を表す。

5
CDM：
小売店従業員の傷害事故

5.1　イントロダクション

きわめて多くの商品を陳列販売する小売店の形態として，近年，倉庫型スーパーマーケットが急拡大している。販売される幅広い商品と，それらの取り扱いには高度なスキルが要求されることにより，以前に比べて，従業員に対する潜在的な危険性の増大が危惧されていた（St-Vincent et al. 2005)。しかしながら，これらの店での業務特性はよく知られていなかった（St-Vincent et al. 2005)。傷害形態や傷害内容など，事故の本質や程度についてのデータは存在していたにもかかわらず，傷害を引き起こす事故の原因要素については，現在でも，ほとんどわかっていない。明らかになっていないことの 1 つに，倉庫型スーパーマーケットの従業員の判断や行動に影響を与える要素，とくになぜ従業員が，傷害を引き起こすとわかっているにもかかわらず，手順やルールを破るというリスクのある行動をするのか，ということがある。

概して，違反は事故原因の分析において重要である。労働者が故意または無自覚のうちに，一連のルールや手順から逸脱する行為が違反である。これは，安全が最優先されるべき領域での事故の歴史において見られており，チェルノブイリ原子力発電所事故における故意の違反は最も有名な例である（Lawton 1998 に引用されている Reason 1987)。違反にはいくつかの形態があることや（たとえば Reason 1997)，違反行動につながる個人要因は知られているにもかかわらず（たとえば Reason 2008)，個人の外に存在する違反原因についての研究は，あまりなされていない（Alper and Karsh 2009）。とくに組織全体にわたることや関係するシステム要因については，そうである。

また，自動車の運転（たとえば Kontogiannis et al. 2002，Nallet et al. 2010, Shi et al. 2010），バイクの運転（Cheng and Ng 2010），航空機の整備（たとえば Hobbs and Williamson 2002），医療（Patterson et al. 2006）などにおいては違反の頻度や特質について焦点を当てた研究がなされてきているものの，小売業を含む多くの他の領域においては明らかにされていないままである。本章に示すケーススタディの目的は，傷害をもたらす違反行動を行う従業員の判断要素を調査し，この状況において，その行動に影響を与える要素について系統的に調べることであった。

5.2　事故の内容

この研究は，販売員が定常的に商品取り扱い作業に従事している大型小売チェーンにおけるものであり，開店時間中はショップフロアで勤務し，幅広い作業を日々担当する従業員を対象とした。その作業とは，顧客対応（たとえば重い商品を客のカートに乗せる，さまざまな商品についてアドバイスを与えるなど），品出し，通路の掃除や整頓，陳列（つまり棚割り）などである。人手による品出し（つまり商品を倉庫からショップフロアに運搬すること）は，従業員の代表的な作業であった。

5.3　データソースとデータ収集

観察研究，タスク分析，認知タスク分析（cognitive task analysis），安全文化評価を組み合わせた研究プログラムが行われた（ここでは，認知タスク分析の構成要素のみを報告する）。CDM としては，1 人の調査員が 15 の異なる店舗を訪問し，その会社の 2008 年と 2009 年の事故と傷害のデータをもとに，以前，事故に巻き込まれて負傷した販売員に対してインタビューを行うことでなされた。合計 49 件の CDM インタビューが訪問した店舗で行われた。参加者は対象店におけるその日の観察研究対象者のなかから，以前，傷害事故に巻き込まれ，安全調査プロジェクトのためのインタビューに自発的に応じてくれた者である。CDM インタビューのために，適切なプローブが，CDM を適用した先行文献から採用された（たとえば Crandall et al. 2006，O'Hare et al. 2000，表 5-1 を参照）。

インタビューは事務室において，インタビューを行う調査者 1 人が行った。インタビュー参加者は，彼らが過去に巻き込まれた事故について詳細に思い出し，説明することを求められた。その際，参加者に対して，事故と，その事故を引き起こした彼らの判断に影響を与えた要素を尋ねるために CDM プローブが使われた。すべてのインタビューは録音記録され，インタビュー後に Microsoft Word により書き起こされた。

5.4　分析手順と投入されたリソース

データ分析のために，CDM インタビューの口述記録は 1 人の分析者により整理され，コード化された。コード化は各インタビューでの質問に対する反応のキーワードを特定することであり，それによりデータから鍵となるテーマを特定することができる。たとえば，「そのときの判断に最も影響力のある要因・情報要素は何でしたか？」というプローブに対して，「商品の包装の仕方とその注意書き表示が最も影響があった」という回答が得られたのであれば，「包装」「商品」「注意書き」というキーワードが抽出される。キーワードを特定していくプロセスは反復的であり，繰り返し何度もインタビューの記録を見直すことでなされた。特定された鍵となるテーマは，その後，頻度を数えることで分析された。

一連のプロセスは，1 回に約 40 分かかる CDM インタビュー，約 2 時間かかるその書き起こしを含むため，大変時間のかかるものであった。そのため，インタビューのコード化だけで約 5 日かかった。

表5-1　CDMのプローブ（O'Hare et al. 2000およびCrandall et al. 2000を基に作成）

目的の特定	あなたはこの活動を通して何を成し遂げようとしていましたか？
評価	あなたが当時の状況を誰かに説明することを想定してください。あなたはどのように状況を要約しますか？
手がかりの特定	あなたが決断を下すとき，どのような特徴を探していましたか？ 決断をする必要があると，どのようにして知りましたか？ いつ決断を下すべきだと，どのようにして知りましたか？
期待	あなたは一連の出来事の間に，そのような決断をすることになると感じていましたか？ それがあなたの意思決定にどのように影響を及ぼしたかを述べてください。
選択肢	あなたには，採ることのできるどのような行動指針がありましたか？ あなたが下した決断以外に採れた代替案はありましたか？ なぜ，どのようにして，その選択肢は選ばれたのですか？ なぜ他の選択肢は採られなかったのですか？ そのときにあなたが意思決定のために従ったルールはありましたか？
影響する要因	そのとき，あなたの意思決定に影響した要因は何でしたか？ そのとき，あなたの意思決定に最も強く影響した要因は何でしたか？
状況認識	決断のときにあなたが持っていた情報は何でしたか？
状況の評価	決断をまとめる際に，持っている情報をすべて使いましたか？ 決断のまとめを補助するために他に使えたかも知れない情報はありましたか？
情報の統合	決断をまとめる際に最も重要だった情報は何ですか？
経験	意思決定の際に特定の訓練や経験が必要，または有用でしたか？ このタスクでの意思決定において，さらなる訓練が必要だと思いましたか？
メンタルモデル	この活動において起こりうる結果を想像していましたか？ いくつかの場面を頭のなかで想像しましたか？ 今回の出来事や，それがどのように展開していくかを想像しましたか？
意思決定	意思決定において時間的制約はどの程度ありましたか？ 実際に意思決定にかかった時間はどの程度でしたか？
概念	あなたの決断が異なるものになった状況はありますか？
手引き	タスクや出来事におけるその時点での手引きを探しましたか？ 手引きは使用できましたか？
選択の基本	あなたの経験に基づいて，他の人が同じ状況において決断を成功させることを助けられるようにルールを発展させることはできると思いますか？
アナロジー・一般化	いつのことでもよいのですが，過去にあなたは，同じようなまたは異なる決断を下した経験をお持ちですか？
介入	今後，似たような出来事が起こり，不適切な決断が下されそうになった際，それを防ぐためにはどのような介入（手だて）があればよいと思いますか？

5.5　結果

CDM インタビューを書き起こした結果の一例を表 5-2 に示す。また，その CDM インタビューにより見いだされた事柄の要約を表 5-3 に示す。

表 5-2　CDMインタビューのトランスクリプト（例）

店舗	XXXXXX
活動	大きい商品（組立式家具）を客とショッピングカートの上に持ち上げる。
出来事	実はその重い箱は，私たちが組立式家具と呼んでおり，その大きな商品はいまはもう扱っていないのですが，当時は50～60キロ程度の重さがありました。そのときは私と2人の客がおり，そのうちの片方が，私が組立式家具をショッピングカートに載せるのを手伝っていたのですが，もう片方の客が少し馬鹿で，私たちが組立式家具を載せようとすると，いつも冗談のつもりでショッピングカートを奥に引くのです。そのとき起こったことと言えば，私の手伝いをしてくれていた客が，私がショッピングカートに近づいたので彼のほうは手を離してよいと思ってしまったのです。実は近くにショッピングカートはなく，組立式家具は私の上に落ち，私はこの重い家具を持ちながら立たなければならず，それにより私は腰を少し捻り，急激な痛みに襲われました。つまり，これはまったくもって適切な行動をしない愚かな客による事例で，ええと，そのときは忙しい，忙しい土曜日でした。ええと，後から考えてみると，ええ，もちろん確かに他のスタッフを呼んでトラックか何かに組立式家具を入れるのを手伝ってもらうのはいい考えですけど。もしそのときあなたより大きく力強い人に手を貸してもらえるよう頼めればの話ですけどね。私は組立式家具を地面に落とし，それが私を押しつぶしたということです。
目的の特定	**あなたはこの活動を通して何を成し遂げようとしていましたか?** 客がこの商品をレジに通し，支払いを行い，家に持って帰ることを手伝うことです。
手がかりの特定	**あなたが決断を下すとき，どのような特徴を探していましたか?** その日はとくにスタッフが少なく，極端にスタッフが少なく，改めて考えると，私はそのときに間違った判断を下しました。そう，客は組立式家具をショッピングカートの上に載せるように頼んでいました。彼が手を離すまでは，すべてがうまくいっており，彼が手を離そうと決めてから，事がうまくいかなくなってしまい，もう彼に頼ることができなくなってしまいました。客は私より6インチは身長が高く，筋肉隆々だったので，彼1人で持ち上げられたように見えました。

表5-2 （続き）

期待	**あなたは一連の出来事の間に，このような決断をすることになると感じていましたか？ それがあなたの意思決定にどのように影響を及ぼしたかを描写してください。** ええと，この事件が起きてから多くの訓練が行われました。その事故は2年以上前に起きて，ええと，実は最近，私は客をまったく信用していません。客が幼稚であることが明らかになったので，最近は客を信用していないんです。
選択肢	**あなたはどのような行動指針を採れましたか？ あなたが下した決断以外に採れた代替案はありましたか？** スタッフの助けを得るべきでした。私のサービスを受けようとしている客が周りに6，7名いた上に，急いでイライラしている客もいたので，その日はプレッシャーを感じていました。スタッフが非常に不足し，病気療養中の人も何名かいたので。他のスタッフの力を借りようと試みるべきでした。ええと，私は他の客がどれくらい待っているかという範囲を超えて，十分な時間をかけてスタッフを待つべきだったのです。 **なぜ，どのようにして，その選択肢は選ばれたのですか？** スタッフの不足です。 客からのプレッシャーです。
影響する要因	**そのときあなたの意思決定に影響した要因は何でしたか？** スタッフの不足です。私はどれだけ仕事が忙しく，客を待たせているかを知っていました。 **そのときあなたの意思決定に最も強く影響した要因は何でしたか？** 客は少し敵意を抱いていました。意思決定の間中ほとんど「来い，スタッフ，私には時間がないんだ」と言っていました。彼の言葉は効果的で，私ははじめは他の誰かにショッピングカートに載せ彼らのトラックに載せるのを手伝ってもらおうとしていましたが，彼は「来い，私が載せるのを手伝うから」と言いました。なので……

表5-3　CDMインタビューにおいて見いだされた事柄（要約）

CDMプローブ	回答の要約
あなたが決断をまとめるとき，どのような特徴を探していましたか?	55%：商品や商品に関する要素（重さ，包装，大きさ，形など） 22%：棚出し 22%：タスク要求 22%：求められる配置や在庫 18%：類似する作業経験 18%：他の作業員がヘルプに来れるか 12%：客 8%：備品の利用可能性 6%：手順 4%：安全／4%：時間的プレッシャー 4%：指示／4%：利便性
あなたは一連の出来事の間に，このような決断をすることを期待していましたか?	65%：はい 14%：いいえ 21%：無回答・わからない
決断をする必要があると，どのようにして知りましたか?	30%：空の棚 22%：客の要求 6%：監督者からの指示 2%：他の従業員からの要求 2%：上役の急な来訪がありそうだったこと
あなたには，採ることのできるどのような行動指針がありましたか? あなたが下した決断以外に採れた代替案はありましたか?	55%：選択した行動指針に加え，もう 1 つ別の行動指針があった 18%：選択した行動指針に加え，あと 2 つ別の行動指針があった 18%：選択した行動指針が，その状況下では唯一のものだった 8%：選択した行動指針に加え，あと 3 つ別の行動指針があった
採ることができた行動指針とは，どのようなものですか?	37%：適切な備品の使用 20%：同僚の援助を得る／20%：適切な手順を守る 12%：適切な持ち上げテクニックを用いる 12%：その他
なぜ，どのようにして，その選択肢は選ばれたのですか? なぜ他の選択肢は採られなかったのですか?	22%：利用可能な備品が限定されていた 18%：援助に入れる同僚が限られていた 18%：客からのプレッシャー 18%：他に選択肢がなかった 12%：このような作業での以前の経験から 10%：作業達成にとって最も楽な方法だった 4%：問題の商品／4%：時間的プレッシャー

表5-3 （続き）

CDMプローブ	回答の要約
そのとき，あなたの意思決定に影響した要因は何でしたか?	44％：商品 20％：客 16％：援助に入れる同僚の状況 16％：似たような作業の経験／16％：棚出し 10％：備品の利用可能性 6％：利便性／6％：時間的プレッシャー／6％：規則
そのとき，あなたの意思決定に最も強く影響した要因は何でしたか?	33％：商品 16％：客 12％：備品の利用可能性 8％：経験 6％：棚出し 4％：援助に入れる同僚の状況／4％：時間的プレッシャー 4％：規則／4％：利便性
決断のときにあなたが持っていた情報は何でしたか?	51％：商品 18％：業務経験 14％：客 10％：同僚の援助が得られる可能性 8％：棚上げ／8％：標識 6％：備品の利用可能性
決断をまとめる際に，持っている情報をすべて使いましたか? 決断のまとめを補助するために他に使えたかも知れない情報はありましたか?	47％：はい 6％：いいえ 39％：なし 4％：他スタッフの援助が得られる可能性･配置／4％：警告標識 2％：上役が来店するまでの時間 2％：備品の利用可能性･配置
意思決定の際に特定の訓練や経験が必要，または有用でしたか? このタスクでの意思決定において，さらなる訓練が必要だと思いましたか?	32％：似たような業務経験が役に立った 30％：手扱い作業訓練は役に立ったが，今回の件については不十分だった 20％：訓練や経験は役に立たなかった 18％：手扱い作業訓練 30％：はい 48％：いいえ 2％：手扱い作業訓練の見直し

表5-3 （続き）

CDMプローブ	回答の要約	
この活動において起こりうる結果を想像していましたか? 今回の出来事や，それがどのように展開していくかを想像しましたか?	84％：はい 8％：いいえ	
意思決定において時間的制約はどの程度ありましたか?	53％：はい 42％：いいえ	
実際に意思決定にかかった時間はどの程度でしたか?	73％：そう決めたのは瞬時であった 4％：10分以上かかった 2％：10分以内であった	
あなたの決断が異なるものになる状況はありますか? もしあるなら，どのような状況ですか?	61％：はい 18％：いいえ	26％：同僚の援助が可能である状況 8％：適切な備品が使用可能である状況 4％：商品がもっと適切に梱包されている状況 4％：客からのプレッシャーが少ない状況 4％：監督者やマネージャーからの援助が多い状況 12％：その他
タスクや出来事におけるその時点での手引きを探しましたか?	2％：はい 83％：いいえ	
手引きは使用できましたか?	53％：はい 26％：いいえ 2％：わからない	
今後，似たような出来事が起こり，不適切な決断が下されそうになった際，それを防ぐための介入（手だて）は何だと思いますか?	24％：備品の増強 22％：スタッフの追加 18％：棚の再設計 14％：訓練 4％：店の設計／4％：個人保護具／4％：新しい手順 38％：その他	

5.6 考察

安全が重視される産業領域では，違反は以前，事故発生可能性を増やす振る舞いであると見なされていた（Alper and Karsh 2009）。ヒューマンエラーと同じく，一般に違反行動の原因は，個々の労働者の内と外，そしてしばしば組織システム全体に存在するものと受け止められてきた。しかしながら，それらの原因が，ある特定の状況において実際にどのようなものであるのかは，ほとんど知られていなかった。今回対象とした組織は模範的な安全記録を有していることは認められるものの，研究の目的は，倉庫型スーパーマーケットの従業員の違反行動につながる傾向に影響するさまざまな要因を特定することであった。インタビューの結果をコード化すると，事故に遭遇する以前から，販売員には平素から判断についての特有の特徴が存在することが明らかになった。

判断をするときに用いられる情報，すなわち判断のプロセスを支援する情報ソースとして，商品，作業，商品棚，過去の経験，最終的な商品位置，顧客，他の販売員の支援，備品，手順，安全性，時間，指示命令，利便性が挙げられた。これらの要因のなかで，関係する商品が最も多く報告され（55％），作業要求，棚出し, 商品の配置，望ましい配列といったことをインタビューを受けた販売員の 20％ 以上が報告した。

判断において用いられる情報，利用可能な情報が重要であることが明らかになった。販売員のおよそ半分が利用可能な情報をすべて使うとしたのに対して，まったく使わないというものはたった 6％ であった。インタビューを受けた販売員の半分以上が，もっと情報があれば有益であったと感じていた。たとえば，他の販売員がどこにいて手助けを頼めるか否か，商品上の明確な警告(たとえば，参考重量帯ではなく実重量)，店舗の上位のマネージャーが立ち寄る時刻，備品の場所とそれが使えるかどうかといったことなどである。

判断に影響する要因に関して質問したところ，取り扱う商品が最も多く，従業員のほぼ半数から，その意見を得た。それに続き，顧客，手助けを頼める他の販売員，棚出し，業務経験，利用可能な備品といったことが影響要因として挙げられた。何が最も影響した要因であるかを尋ねたところ，33％ の販売員が，そのときに扱っていた商品を挙げた。これに続いて，顧客，利用可能であった備品，業務経験が挙げられた。

1 つの重要な発見としては，ある作業に取り掛かる際に，どのような行動をするかを決めるときには，インタビュー参加者のほぼ 4 分の 3（73％）が，結果的に選んだものの他に，もっと適切な行動指針があったと感じていたことであった（55％は 1 つ，18％は 2 つ，8％は 3 つの別の行動指針があったと感じていた）。別の行動指針としては，適切な備品を用いること，他の販売員の助けを得て作業をこなすこと，適切な手順を踏むこと，そして適切な持ち上げテクニックを用いることが挙げられた。そして，なぜ適切な別の行動指針を採らなかったのかを質問すると，鍵となる要素として，備品と他の販売員の状況，顧客からのプレッシャー，過去に別のやり方で行ってうまくいったという経験があること，便利で能率的であったことが挙げられた。

販売員が遭遇するであろう出来事を可視化して見せたり，シミュレーションを行うことは，効果的な判断への鍵となるものであろう（Klein et al. 1986）。彼らに選択した行動が持つ潜在的な結末について考えたかと質問すると，インタビューを受けた販売員の 84％が，結末を考えていなかったと回答した。さらに 80％が，事態や，それがどのように展開するかについて，想像していなかったと述べた。

判断における訓練と経験の役割もまた明らかになった。商品扱い作業での事故状況に関して，販売員の 3 分の 1 は，一般的な手扱い（manual handling）のスキル訓練を受けていたにもかかわらず，その訓練は個々の商品や別の部署には通用せず，多くの場合，役に立たなかったと報告した。3 分の 1 の販売員は，個々の商品や部署に特化した商品取り扱いの追加訓練が将来的には役に立つだろうと感じていた。そのときの作業マニュアル（ガイダンス）に関しては，マニュアルを探そうとしたとの報告は一部にあるものの，インタビューを受けた販売員の 4 分の 3 以上がマニュアルを参照していなかった。半数以上は，マニュアルを探そうとすれば適切なマニュアルは利用可能であったかも知れないと答えたのに対し，4 分の 1 が，知識や経験不足，安全に対する低い姿勢といったことにより，そのときに適切なマニュアルを利用することはなかっただろうと感じていた。

半分以上のインタビュー参加者が時間的プレッシャーは判断に対して大きな

要因であり，ほぼ4分の3（73％）が，非常に短時間で即座に判断しなければならなかったと報告した。これは重要な事実である。というのは，判断をする前にリスク評価を行った販売員はほとんどいなかったことを示しているからである。このことは，結末や事態の展開について考えが及んでいなかったことの証拠でもある。

インタビュー参加者のほぼ3分の2（61％）が，その判断をしたときと状況が違っていれば，違う判断をしたであろうと感じていた。それらの状況とは，他の販売員の助けが得られた，商品の要素（たとえば包装や表示）が異なっていた，客の態度がもっとましであった，関係する上役からもっと援助が得られた，などといったことである。

最後に販売員は，将来において不適切な判断を防ぐにはどうすればよいか質問された。最も多く提案された方策は，より多くの備品，より多くの販売員をショップフロアに配置すること，労働環境（たとえば棚）を再設計すること，訓練を追加することであった。他に提案された主な方策は，店の再設計，保護具の追加などであった。

CDM分析により，販売員の判断と行動に関して，さらに注目すべきさまざまな特徴が明らかになった。まず，得られたデータにより，インタビュー参加者の多くにとって，当該商品が販売員の判断の鍵となる要素であること，それが判断の最も重要な情報であること，判断プロセスに最も影響を与える要素であることが示唆された。これは店で売られている商品自体が安全についての判断に対して鍵となる役割を担っており，大きさや形，重さ，表示，包装といった側面すべてが適切な判断とリスク制限に関する代表的な手段であったことを示している。たとえば，どのような追加情報がより適切な判断と行動を支援するのかと質問すると，インタビュー参加者の多くは，2人で持つように書かれた表示よりも，具体的な重さ表示による警告といったような，商品上に，より明確な警告表示があればよいと述べていた。第2に，判断プロセスを支援するが，しばしば利用できない要素についての情報が挙げられた。たとえば，他の販売員の助けが得られるかどうかといった情報，商品の危険表示の改良，そして備品が使える状態にあるのかなどの情報である。第3には，販売員による選択プロセスにかかわる問題が，もちろん指摘された。多くの場合に，販売員は少なくとも 1 つ以上の，より適切でより安全な行動を取ることができたが，備品の利用や他の販売員の援助の可用性，客からのプレッシャー，作業を異なるやり方でこなした経験，そのときの都合などの問題によって，そうしなかったことが明らかになっている。販売員は，選択した行動がもたらす結末の潜在性や，事態がどう展開するかについて考慮していなかったことも明らかになった。これは問題とされている大部分の判断が，時間をかけず「即座に」行われたことからも証明されている。以前から，一連の行動がどう展開していくかについて考えを巡らすことは，判断プロセスの鍵になるとされており（たとえば Klein et al. 1986），それゆえこれらの知見はとくに問題視されるものである。行動の選択，結末への考慮，そして判断にかかった時間についての CDM 分析の結果は，ある作業をどのように行うか，その判断に先立つリスク評価プロセスが，どのような形でもなされていなかったことを指摘している。CDM で見いだされた 4 番目のこととして，現在の取り扱い作業の訓練プログラムは，販売員の日々の業務で扱われる商品やその作業の点では十分に洗練されていないということがある。そのため，現在の訓練プログラムでは，商品取り扱い作業や商品にかかわる事故をカバーできていないことになる。これは，単なる一般的な取り扱い作業訓練ではなく，部署ごとに，より商品に特化した訓練プログラムが重要になることを示している。そして最後に 5 番目として，CDM 分析によると，多くの場合，販売員が行った危険な行動につながる判断は，状況が違えば異なったかも知れないということがある。すなわち，他の販売員の助けが得られたり，適切な備品が使えたり，商品が適切に設計されていたり（たとえば包装や表示），客の態度がもっとましであったり，上司から支援がもっと与えられていたりという状況である。

領域を限定せずに一般論的にいうと，今回の研究における発見は，違反はとくに「悪い」従業員により行われるものではなく，むしろシステムレベルでの問題を示唆するものであるという証拠を示したことである（たとえば Alper and Karsh 2009）。Alper and Karsh（2009）は，たとえば医療，航空，鉱山，鉄道，商用トラック輸送，建設における 13 の違反の原因に焦点を当てた論文のレビューを行っている。結論として彼らは，個人特性，情報，教育と訓練，従業員の要求に対する支援設計，安全風土，競争目標，ルールに関する問題のカテゴリーにおいて，違反の原因や予兆として 57 項目を特定している。今回の研究における知見は，違反の原因は組織全体に存在するものであり，組織は個人が違反手順を取る傾向をもたらす状況をつくるように作用するものであるとする Alper and Karsh（2009）の結論を補強するものであった。Alper and Karsh（2009）により特定された違反の 57 の予兆のうち，29 は今回の研究で確認されたものであり，そのほとんどは，これまでの他の領域での研究で確認されたもの（たとえば，医療のクラス，1 週間あたりの運転時間，医師の期待，航空機の型式）ではなかった。

類似領域における従業員の危険行動に焦点を当てた文献（たとえば Choudry and Fang 2008，Lombardi et al. 2009）を参照すると，従業員，商品，管理，備品，環境，安全文化，時間的プレッシャー，訓練といった要因すべてが，従業員の不安全で危険な行動に影響していることが以前から明らかになっている（たとえば Denis et al. 2006，Choudry and Fang 2008，Lombardi et al. 2009，St-Vincent et al. 2005）。これらの異なる各カテゴリーからの要因は，今回の研究においても，販売員の判断と行動に影響を与えるものであることが見いだされた。以前行われた倉庫型スーパーマーケットの調査に焦点を当てると，St-Vincent et al.（2005）は，倉庫型スーパーマーケットにおける商品手扱いの作業行動に影響を与える要素として，仕事場のレイアウト，商品，備品，在庫管理を挙げている。本研究における知見は，確認された影響要素として，商品と備品カテゴリーという点で類似しており，仕事場のレイアウトと在庫管理という要因は，商品と環境要素のカテゴリーに含まれているものである。仕事場のレイアウトというカテゴリーについて限定すると，St-Vincent らが，マーケティング戦略，商品展示の特徴，空間的な制限が，取り扱い作業に影響していると報告している。この研究と同様に，商品配置，商品展示への要求，空間的な制限は，今回の研究での鍵となる影響要因であることが明らかになった。商品カテゴリーについては，St-Vincent et al.（2005）は，物理的特徴と包装の特徴，表現の視覚的要素が，リスクに影響する要因であるとしている。今回の研究においても，これらの 3 つの要因，とくに販売商品の物理的要素，包装の特徴は，顕著な影響要因であることが明らかになった。今回の研究で見いだされた備品の要因は，St-Vincent らによる研究において，商品パレット押し上げ機のメンテナンスと，不適切な設計の備品が要因として特定されたことと類似しており，双方の研究において示されたといえる。最後に在庫管理問題についても，双方の研究において，貧弱なコミュニケーションと計画，そして在庫管理者に与えられた不十分な情報を示しており，類似した結果であるといえる。

5.7　鍵となる指摘事項のまとめ

CDM インタビューからもたらされた結論として，少なくとも今回，研究対象とした領域においては，違反行動につながる販売員の判断に影響する要因は多面的であり，組織のすべての階層に存在するといえる。それらの要因は個人と彼らが用いる備品，監督・管理，そして会社の管理レベルでの幅広い組織要素に存在しているものである。分析対象となった店舗では，販売員の判断は，組織レベル全体に現存する要因に影響されていた。それらは作業，個人，客，商品，備品，環境，組織要因である。高次に位置する管理レベルを含むすべてのレベルに影響要因が存在すると特定されるものであり，このことはエラーと事故原因に関する著名なシステムベースのモデルと合致する（たとえば Rasmussen 1997，Reason 1990）。

謝辞

著者らはこの調査に多大なる支援をしてくださった販売店と，データ収集活動に参加し調査に協力してくださった各位に謝意を表する。また，Monash 大学の事故分析センター人間工学グループに属する Margaret Trotter 氏と Elizabeth Varvaris 氏に対して，文献調査，データの書き起こし，分析への多大なる貢献に感謝する。

6
命題ネットワーク：チャレンジャーII戦車の同士討ち

6.1　イントロダクション

「兄弟殺し（fratricide）」とは，アメリカ陸軍により「敵を殺害，または敵の装備または施設を破壊する意図で味方の武器や弾薬を使用したが，結果として予想外で意図していなかった味方の死や負傷を引き起こすこと」と定義されている（Wilson et al. 2007 に引用されている US Army）。通常，「同士討ち（friendly fire）」とされるこの問題は，現在も世界中の軍事システムにおいて数多く生じている（Rafferty et al. 2010，Wilson et al. 2007）。たとえば，2001 年以降，本書を著している現在まで，合計 8 人ものイギリス軍人が，アフガニスタンとイラクの戦闘で同士討ち（確かなもの，不確かなものを合わせて）により命を落としている（BBC News 2011）。さらに，第一次湾岸戦争の衝突の際には，米軍の死傷者 146 人中 35 人（24％），イギリス軍の死傷者 24 人中 9 人（38％）が同士討ちによるものであった（Cooper 2003）。

同士討ちをもたらす典型的な要因として挙げられるものに，関係者の貧弱な状況認識がある（たとえば Rafferty et al. 2010，Gorman et al. 2006）。味方はしばしば敵と誤って認識されるため，同士討ちに貧弱な状況認識が関係することは，ある意味，明らかである。しかしながら，これらの事件において，状況認識がどのように失敗しているのかについての正確な説明はまだされていない。この章で示されるケーススタディは，命題ネットワーク（propositional network）（Salmon et al. 2009，Stanton et al. 2006）を用いて，昨今の注目すべき同士討ち事件における状況認識を記述し，分析を行うものである。この試験的な分析は，同士討ちを引き起こす問題は状況認識の概念に直接つながるという前提で行われた。それにより，将来的な同士討ちの防止策を模索する観点から，状況認識におけるさまざまな種類の失敗を特定することを分析の目的とした。

6.2　事件の内容

このケーススタディでは，チャレンジャーII戦車の同士討ち事件を分析する。この事件は，イギリス軍チャレンジャーII戦車が味方のチャレンジャーII戦車2台を砲撃し，2人の搭乗者を殺害してしまったものである。事件に関する以下の記述はイギリス国防省（MoD）軍法会議の調査報告書によるものである（MoD 2004）。

TELIC作戦の一部として，王立フュージリアーズ連隊（Royal Regiment of Fusiliers）の第1部隊（1 RRF）と英国陸軍スコットランド高地連隊（Black Watch）の第1部隊（1 BW）が，第7武装旅団に属する2つの戦闘部隊（Battle Group : BG）を形成していた。1 RRFには英国王立C戦隊騎兵連隊（Queens Royal Lancer）（C Sqn QRL）が，1 BWにはエジプト第2王立戦車連隊（2nd Royal Tank Regiment : 2 RTR）が同行していた。関係する軍の組織構造は図6-1に示されている。

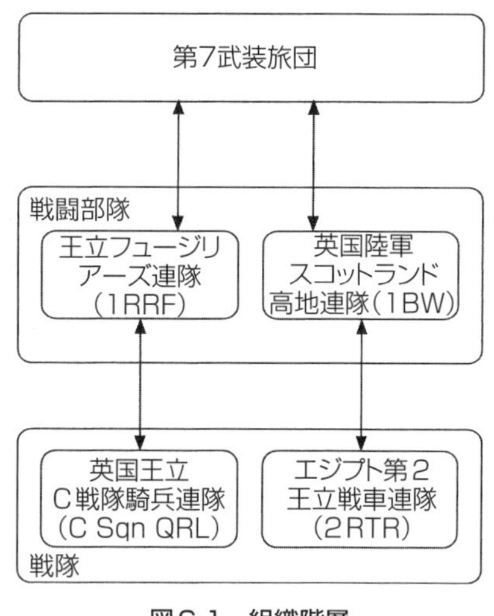

図6-1　組織階層

2003年3月に，第7武装旅団はバスラ西部の郊外都市にあるシャトールバスラ運河に架かる要衝の橋に対する作戦に参加していた（MoD 2004）。2つの橋（これを橋A，橋Bと呼ぶ）を占拠することを目的とし，それらの戦闘部隊は敵の接近を阻むために運河の川岸に位置していた。2003 年 3 月 24 日，1 RRF は橋 B の支配を 1 BW に任せた。その後 1 BW は運河の西側で 2 RTR とともに侵攻した。1 BW は運河のバスラ側に，兵士小隊（warrior platoon）と 2 RTR の戦車からなる前線拠点を構えた。同じ 2003 年 3 月 24 日に，橋 B の北方およそ 1400 m の位置にあるダムを制圧できるように C Sqn QRL の作戦範囲が拡大された。

2003 年 3 月 25 日の早朝，C Sqn QRL の 2 台のチャレンジャー II 戦車がダム近隣の援護位置にいた。同じ時刻に，1 BW の戦闘部隊はチャレンジャー II 戦車の位置から南西約 1500 m の位置で運河に架かる橋を守っていた。ダムの周辺にいるのが友軍であることに気付かずに，2 RTR のチャレンジャー II 戦車の指揮官は，赤外線画像装置を通して熱源があるのを見て，要塞に侵入し退去しようとする敵であると誤認してしまった（その熱源は実はダムの近くに止まっていた C Sqn QRL のチャレンジャー II 戦車であった）。指示が出され，それは承認された。熱源に向けての作戦が許可され，2 RTR の戦車は 2 発の粘着榴弾（High Explosive Squash Head：HESH）を C Sqn QRL のチャレンジャー II 戦車のうち 1 台に撃ち込んだ。1 発目は距離が足りずに手前に着弾したが，その威力で乗員を回転砲塔から吹き飛ばした。1 発目の砲撃から 6 分後，2 RTR は移動物体を観測した。彼らはそれを敵の武装車両と見なし，2 発目の粘着榴弾を発射した。それは直接，指揮ハッチに着弾し，2 人の乗員を殺害した。他の 2 人の乗員は重度のやけどを含む重傷を負った。

事件に関するイギリス軍の公式な調査によって，さまざまな原因が明らかになった。それは計画，見落とし，コミュニケーションの失敗，命令・制御の失敗，状況認識の欠如，不適切な標的特定，不十分な戦術，技術と手順，戦場の霧（fog of war）といわれる戦闘における不確定要素，疲労である。とくに，調査は以下の領域における重大な問題を発見した。

1. 戦闘部隊（BG）の作戦範囲，友軍の位置，鍵となる戦術の存在についての情報伝達
2. 戦場における連携，作戦活動の協調・統一を含む指揮と制御の問題
3. 戦闘対象の特定。これには，状況認識，目標識別，戦略的配置の引き継

ぎ手順などが関係する。引き継ぎについては，ブリーフィング，砲撃範囲，指定された基準点などが含まれる。

特定されたこれらの諸問題により，正しい砲撃範囲と敵の脅威についての誤解が生まれ，誤った状況評価がもたらされたのであった。それにより 2 RTR は，観測したものを攻撃対象とする状況を引き起こしたのである。調査報告書においては，以下のことがなされていれば事件は防ぎえたであろうと結論されている。

1. 担当の境界線についての完璧で正確なブリーフィングと，部隊の追跡がタイムリーに行われていた。
2. 1 BW の司令官（OC B Coy）の命令が，橋 B においての作戦に対するダムの存在および戦術上の重要性だけでなく，軍事的境界についても含まれるものであった。
3. 司令官の命令に引き続く橋への展開に先立ち，所属するすべての部隊は，それぞれの任務に対する公式な戦術上の概要指示を受け取っていた。この概要指示には，ダムにおける C Sqn QRL の戦車の存在が含まれているべきであった。
4. チャレンジャーII 戦車の指揮官（2 RTR）が，橋における任務の詳細について突っ込んで吟味し，重要な情報の欠落をそのままにしなかった。
5. 戦術上の基準点の引き継ぎに対する適切で構造化された概要指示がなされ，砲撃範囲，標的参照点，敵の脅威に関して，部隊と小隊が協調し，統一された方式で行動した。
6. チャレンジャーII 戦車の指揮官（2 RTR）が，混乱することなく，そして運河の間違った岸側に敵がいると位置付けることがなかった。
7. 熱源を敵と識別するための有用な識別方法があった。

この事件に寄与するさまざまな問題点はすべて，ある意味，シナリオ全体に通じる軍事システム全体における状況認識のレベルに関連していたといえる。つまり，本章で示す分析の目的は，この事件における状況認識にかかわる失敗を特定していくことである。

6.3　データソースとデータ収集

まず初期データとして使用するのは，この事件に関するイギリス MoD 軍法会議の公式調査報告書である（MoD 2004）。ニュースレポートや記事（たとえば BBC のウェブサイトのニュース記事）などの他のデータも状況情報として参照した。

6.4　分析手順と投入されたリソース

命題ネットワーク分析手法は，事件に寄与した状況認識の問題を特定する観点から，シナリオ全体における状況認識をモデル化するために用いられた。命題ネットワーク手法について経験豊かな分析者 1 名が，イギリス MoD 軍法会議の調査報告書の記述内容を分析することにより命題ネットワークを構築した。

6.5　結果

シナリオ全体における状況認識を表す全体的な命題ネットワークを図 6-2 に示す。事件における状況認識の失敗は図 6-3 に示される。ここで円で囲まれた情報要素は，何らかの形で状況認識の失敗に関係していたことを表している。

命題ネットワークの記述から，システムの状況認識のうち事件に寄与する状況認識をもたらしていた情報要素として，以下を指摘することができる。

1. 誤った情報要素：これらは，実際には間違っていた，すなわちシステムに対する正しくない状況認識を形成してしまった情報要素を示す。間違った情報要素とは，今回の場合，敵，敵の弾薬集積場，敵の掩蔽壕に関することである。
2. 不正確または誤解された情報要素：これはシステムに対する状況認識の一部を形成したが，不正確または間違っている情報のことであり，敵の位置，軍事境界，友軍と敵軍の位置，チャレンジャー II 戦車の指揮官の混乱した指揮力，標的区分の誤認識，砲撃の混乱のことである。

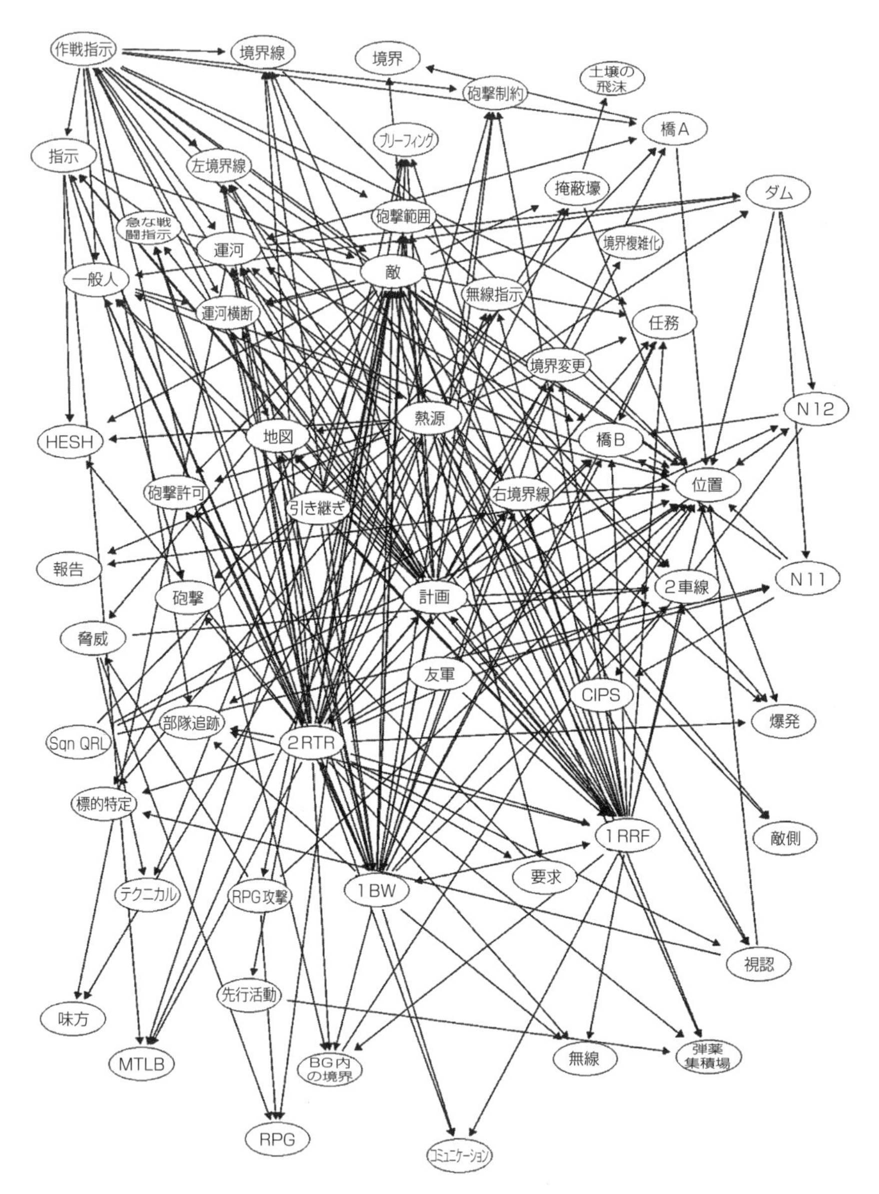

図6-2　事件全体の命題ネットワーク

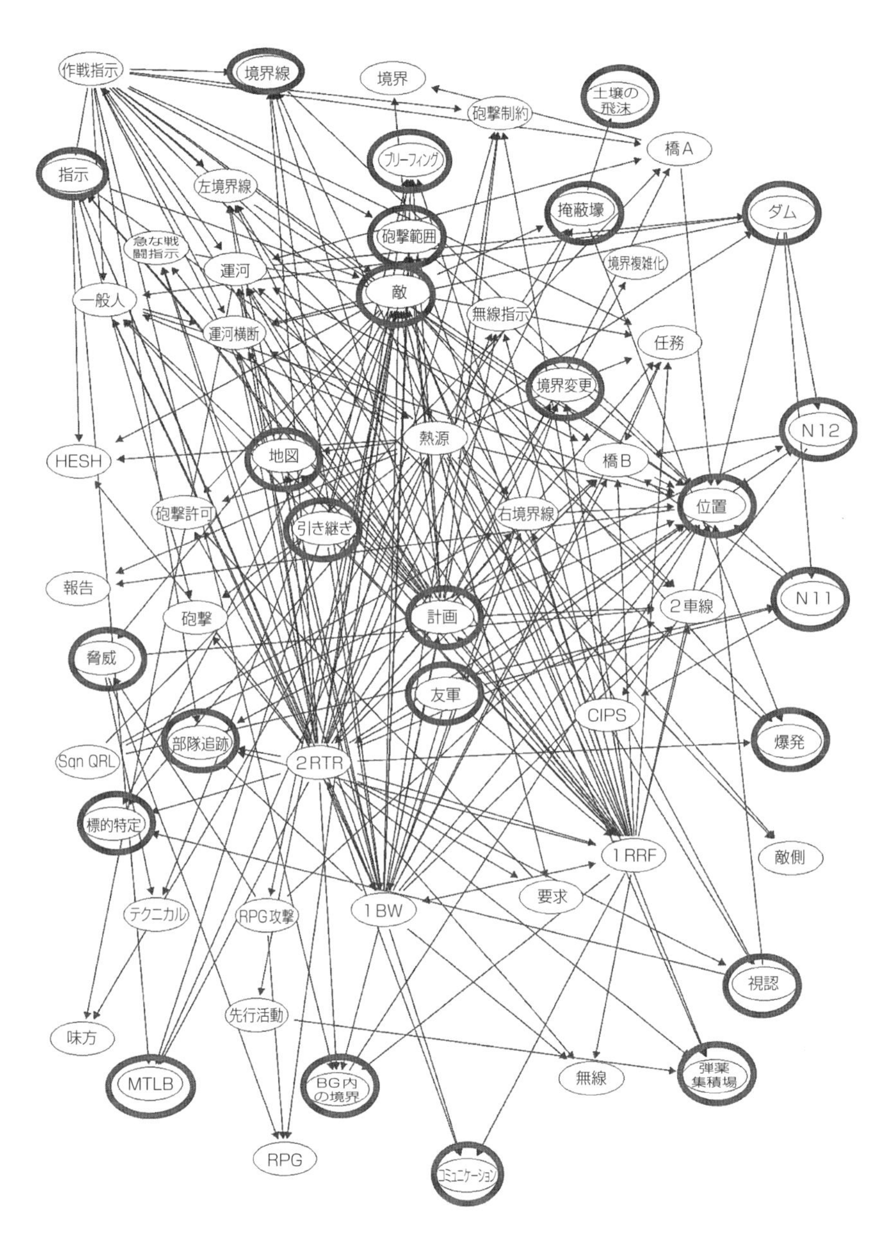

図6-3　状況認識の失敗を示す命題ネットワーク

3. 失われた情報要素：このクラスの情報要素は，システムの状況認識を形成すべきであったのに，さまざまな理由でそうならなかったもののことである。このケースでの鍵となる失われた情報要素は，2 RTR の隊員が気づいていなかったダム，そしてその場所に友軍が存在していたことである。
4. 伝えられなかった情報要素：必要とされていたさまざまな多くの情報要素が，システムの一部には知られていたが，他の部分には伝えられていなかったものである。これらはダムや，ダムに友軍のチャレンジャー II 戦車が存在していることなどである。

これらの特定された 4 つの情報要素クラスの失敗すべてが，この事件の要因になっていた。内容分析から 4 つのタイプの情報要素の問題の原因を特定することも可能である。たとえば，プロセスが不適切に遂行されていったことは，とくに問題であると指摘できる。例としては，ダムの認識の欠如をもたらした計画上の見落としが挙げられる。さらに，不適切なツールも問題であると指摘できる。これらのツールは，関係者により不適切に用いられたもののことであ

表6-1　情報要素の問題タイプと原因要素

誤った情報要素	不正確な情報要素	誤解された情報要素	失われた情報要素	伝えられなかった情報要素	不適切なプロセス	不適切なツール
敵 掩蔽壕 弾薬集積場	位置—敵 敵 方向感覚 標的特定 脅威評価	敵—位置 友軍C2s 脅威 境界 砲撃範囲 砲撃統制 標的特定	ダム 友軍C2s 境界変更 熱源グリッド照合	ダム 友軍C2s 境界変更	計画 コミュニケーション 指示 引き継ぎ	地図 航空写真 射距離カード

り，計画段階で用いられる地図や航空写真といったものが挙げられる。

表 6-1 に，原因要素に対応させた情報要素の問題を示す。

状況認識の観点から，以下の失敗が特定された。

1. ダムの認識の欠如：計画段階において，1 BW の隊員はダムの存在を認識しておらず，計画段階で用いられた情報リソースにも，ダムに関する情報は含まれていなかった。たとえば，ダムはそのエリアの航空写真に写っておらず，用いられたさまざまな縮尺の地図にも載っていなかった（MoD 2004）。さらに，ダムは橋から見えたにもかかわらず，ほとんどの小隊が限られた観測しかせず，それを見落としていた。1 BW の司令官はダムに気づいていたが，彼の作戦エリア外であり，橋 B での任務に影響はしないとみなしていた。この理由により，司令官の計画すべてがダムを計算に入れていなかった。
2. 作戦エリア境界の認識の欠如：2 つの部隊（1 RRF と 1 BW）の作戦エリアの境界の変更は，効果的に 1 BW の司令官に伝えられていなかった（MoD 2004）。この結果，双方の部隊の司令官が，ともに境界変更の詳細を認識していなかった。また 1 BW の司令官の指令（彼の隊の指揮官らに与えられたもの）は，その意図と，砲撃作戦の範囲を西側に広げている理由を説明していなかった（MoD 2004）。
3. 作戦エリア内の他の友軍の認識の欠如：境界内にいた小隊は，ダムに C Sqn QRL の戦車が配置されていたことに気づいていなかった（MoD 2004）。調査の結果，C Sqn QRL の戦車の位置が中央指令所の作戦地図に載っておらず，無線のログにも記録されておらず，必要な承認を保証するために要求される厳密さで広められていなかったと結論された。事件の前，2 RTR のチャレンジャー戦車は，エジプト隊指揮所とのコミュニケーションは良好であったが，作戦指揮所と旅団指揮所とはコミュニケーションが確立できていなかった。しかし 2 RTR のチャレンジャー戦車の指揮官は，旅団指揮所に対して，友軍の位置と，左岸側の部隊境界の明確化を求めていた。この要求は，1 BW の指揮所には伝わったにもかかわらず，境界内にいて作戦現場を調整し，運河の向こう岸にいる部隊を統率していた部隊長には伝えられなかった（部隊長は，協調的な対応をとり，彼の意思決定プロセスにおいて，チャレンジャー戦車の指揮官を支援するために，指揮所の役割を担うべきであった）。しかしながら，その時点において部隊長は，ここで問題となっている戦車の指揮官が目標を狙っていることを無線により明確に表明しなかったため，そのときコンタクトがとられることはなかった（MoD 2004）。

4. 2 RTR のチャレンジャー戦車の指揮官の方向感覚（位置感覚）の欠如：照準位置指標（Gun Position Indicator：GPI）とレーザー照準器からのレンジ帰還反応との関係において，地図上に，不正確な方向感覚があった。正確な方向感覚を支援しうる容易に認識できる特徴があったにもかかわらず，戦車の指揮官は彼が運河の後ろ側に向かって攻撃しているとは考えてもみなかった。敵がいると思われた場所と，実際に C Sqn QRL の 2 台の戦車がいた場所は 300 m も離れていた。調査報告書によれば，この位置感覚の問題は，最初に標的を観測してから実際に戦車の砲撃を開始するまでの 30 分という時間があれば修正できたとしている（MoD 2004）。
5. 敵の脅威に対する誤った評価：2 RTR のチャレンジャー戦車の指揮官は，敵の攻撃は左側から来ると報告を受けていたと証言している（MoD 2004）。彼は，この地域の RPG（ロケット推進グレネード発射機，Rocket Propelled Grenade Launcher）チームの退却を予想しており，熱源を観測したとき，それは状況報告を受けたときの彼の想定を裏付けたが，その範囲を超えることについては緊急を要する脅威と考えられた（MoD 2004）。調査報告書によると，左側のはるかに離れた位置にいる敵の確認は，より厳密な調査と確証をもって確定されるべきであった。
6. 誤った標的の特定：2 RTR のチャレンジャー戦車の指揮官は熱源を観測したときに，それらを掩蔽壕の上で動き回っている人だとみなしたが，それらは一般人であるとして考慮に入れなかった（MoD 2004）。調査報告書によると，「戦車隊員は，熱源を敵と断定する標的特定プロセスを明確に完了していなかった」（MoD 2004）。さらにまた，武装車両への最初の砲撃後も，砲撃した対象が何であったのかを適切に特定していなかった（MoD 2004）。

7. 砲撃の指令と，統制，砲撃，標的識別の混乱：戦術的位置の詳細な伝達にミスがあり，砲撃の指令と統制，砲撃，標的の特定の間に混乱が生じた（MoD 2004）。射距離カードは 2 RTR のチャレンジャー戦車の指揮官に手渡されず，だから使われもしなかった。調査報告書は「調査団の意見としては，2 RTR のチャレンジャー戦車の指揮官の状況認識の欠如は，わかりの良い射距離カードを手交することで改善できたかも知れない」と述べている（MoD 2004）。2 RTR のチャレンジャー戦車の乗組員による砲撃や敵の状況の誤解，そして与えられた標的を正確に識別することに混乱があったということである（MoD 2004）。最後に，2 RTR のチャレンジャー戦車の指揮官からのこの熱源に関する軍事無線による報告には，位置参照点が含まれていなかった。調査団は標的の正確な認識を可能にする位置参照点の欠如が，存在が懸念されていた敵が確かに存在しているという誤解を招いたと結論づけた（MoD 2004）。

6.6　考察

このケーススタディの目的は，命題ネットワーク手法を用いて，チャレンジャー II 戦車の同士討ち事件での状況認識における問題を特定，表現することであった。分析により，命題ネットワーク手法が複雑に組み合わさったシステムの，とくに状況認識の失敗がかかわって生じた事件の分析に役立つことが示された。このケースでは，軍事システムでの状況認識の確立と維持におけるさまざまな問題が存在し，悲劇的な事件をもたらすことになったのである。それらは以下のようなタイプに分類された。

- システムの状況認識の背景となる偽の（間違った）情報の例
- 情報要素がシステムの異なる構成要素間で誤解されていた例
- 重要な情報がシステムの状況認識から抜け落ちていた例
- 状況認識に対して重要となる情報が，システムの適切な構成要素に伝達されていなかった例

- システムにより達成される状況認識に対して，不十分なプロセスやツールが影響を与えた例

敵の誤認とその結果として生じた攻撃作戦は，事件の発生当時は，チャレンジャー II 戦車の指揮官が友軍を敵と誤識別したことにより起こったとされたが，実際には全体としての軍事システムの持つ状況認識に関するさまざまな原因によって引き起こされたものであった。たとえば，ダムの認識の欠如は，計画における見落としと，不備のある地図や航空写真の使用によって引き起こされた。他のさまざまな正確な状況認識の鍵となる重要情報が，システム内において十分に伝達されていなかった。その情報は，作戦境界や，その後の変更，そして C Sqn QRL のチャレンジャー II 戦車のダムにおける位置である。とられた指揮や手順にもさまざまな欠陥が見つかった。それは橋の上での対象識別努力の欠如，指揮所での協調の欠如，そして 2 RTR のチャレンジャー II 戦車の指揮官の空間認識の欠如である。

6.7　鍵となる指摘事項のまとめ

命題ネットワーク分析は，同士討ちを招いた状況認識が関係する多くの問題を明らかにした。それらの問題は次のように分類される。

1. 誤った情報要素：システムの状況認識を支える多くの情報要素が，実際には間違っていた。つまり，現実の状況を表していなかった。たとえば，敵勢力は存在しておらず，敵の弾薬集積場も掩蔽壕も存在しなかった。
2. 不正確または誤解された情報要素：状況認識において重要となるさまざまな情報要素について，システムの理解は不正確であった。たとえば敵の位置，作戦境界，友軍と敵軍の位置，標的の識別，軍内での砲撃についての錯綜である。
3. 失われた情報要素：シナリオにおける正確な状況認識に必要とされる多くの情報要素が，システムの状況認識のさまざまな構成要素に存在していなかったことがわかった。たとえば，1 BW の部隊のメンバーが，ダ

ムやそこにいた友軍の存在に気づいていなかったことが挙げられる。

4. 伝えられなかった情報要素：必要とされていた多くのさまざまな情報要素が，システムの一部には知られていたが，他の部分には伝えられなかったことがわかった。それらはダムやダムにいた友軍のチャレンジャー II 戦車の存在などである。

分析により，4 つのクラスの状況認識にかかわる問題すべてが，この事件を引き起こしたと結論付けられたのである。

謝辞

本研究は，Human Factors Integration Defence Technology Centre によりなされたもので，イギリス国防省 Scientific Research プログラム Human Sciences Domain の支援を受けたものである。

7
CPA：ラドブローク・グローブ事故

7.1　イントロダクション

1999 年 10 月 5 日午前 8 時 6 分，ロンドンを出発してベッドウィン（英国ウィルトシャー）へ移動中の列車と，パディントン駅出発 3 分後の，逆方向から向かってくる高速列車が衝突した。双方合わせて時速 130 マイルの速度で起こったこの衝突により，両列車の運転士と 29 人の乗客が死亡し，400 人以上の乗客が負傷した。この事故を引き起こすことになった問題点は多数存在するが（Lawton and Ward 2005），その後の調査（Cullen 2000）では，鍵となる問題の 1 つとして，なぜ信号指令が，許可されていない線路への侵入を知らせるアラームへの対応に 18 秒もかかったのかということについて詳細に調べられた。この調査報告書で Cullen 卿は，信号指令のより早い反応があれば，衝突事故の発生を防ぐことができたとし，信号指令の反応にかかった時間の長さを批判した（Cullen 2000）。

世間一般に，ラドブローク・グローブ事故として知られるこの衝突は，以前，Reason のスイスチーズモデルを用いた事故原因分析が行われている（Lawton and Ward 2005）。Lawton and Ward の分析により，いくつかの問題が特定されている。それらは，列車運転士のミス（たとえば赤信号の通過），信号指令の失敗（たとえば適切に反応していない）などである。また，システム設計の問題（たとえば複雑な線路），不十分な防御体制（たとえば安全設備の欠如，貧弱な信号設備），組織的な問題（たとえば貧弱な安全管理，不十分な訓練）など，広範囲にわたる組織システムにおける諸問題についても明らかにしている。しかし，本章で示すこのケーススタディの目的は，調査報告書と Lawton and Ward の分析において焦点が当てられ非難された信号指令の反応時間が，本当に不適当だったかどうかを明らかにすることである。この目的のため，信号指令の反応時間をモデル化するのに CPA（Critical Path Analysis）アプローチが用いられた。分析の目的は，その状況において，信号指令が反応するのに要する時間はどのくらいであるのか，合理的観点のもとで，独自の判断を行うことである。

7.2　事故の内容

ラドブローク・グローブ事故の概要は図 7-1 のとおりである。列車（信号指令のスクリーン上では IK20 という列車番号で表示される。以下，列車 1 とする）はパディントン駅を出発する際に，SN109 とラベルづけされた赤信号を，緑信号で列車が安全に通過できるかのように，誤って通過した。高速列車（信号指令のスクリーン上では 1A06 という列車番号で表示される。以下，列車 2 とする）はパディントン駅に逆方向から接近していた（図 7-1 における矢印が両列車の移動方向を示している）。ラドブローク・グローブの線路の交差部分は 6 つの線路から成っており，そのうちの 3 つが図 7-1 に示されている。線路は軌道回路（track circuit）と呼ばれる区間に分けられており，それらが列車の位置を示している。列車 1 は，図 7-1 上の左向きの矢印によって示されるとおり，軌道回路 GD，GE（通過中の信号機 SN109 は赤信号），GF，GG と移動していた。一方，列車 2 は，図 7-1 中の右向きの矢印によって示されるとおり，軌道回路 MX，MY と進み，MZ 中を移動していた。

事故に関係するイベントのタイムラインを以下に示す（Cullen 卿の調査報告書から構成）。ここには信号指令が利用可能であった情報もあわせて記述する。時系列は，列車が赤信号であった信号機 SN109 を通過した瞬間からの運行状態をピックアップしている。列車の運転士は，この信号機が緑に変わるまで待つべきであった。

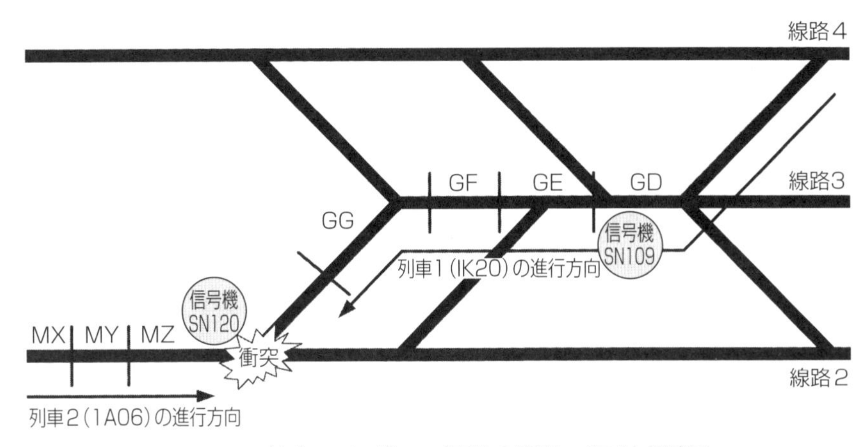

図 7-1　ラドブローク・グローブ事故の線路レイアウト概略図

08:08:29　信号指令のワークステーションのスクリーン上に，IK20 列車軌道回路 GE 侵入警報メッセージが表示され，警報音が鳴り響いた（列車 1 が軌道回路 GE へ侵入したことを示す警報）。同時に，赤いラインが線路画面のレイアウト上に現れ，列車番号 IK20 の列車が赤信号である信号機 SN109 にさしかかっていることが示される。

08:08:32　近づいてくる列車 2 は軌道回路 MZ に侵入し始めたため，赤いラインが列車番号 1A06（列車 2 の番号）という表示とともに，当該の線路表示に現れる。

08:08:34　列車 1 の後部が軌道回路 GD（すなわち GE の手前の軌道回路）を通過したとして警報音が鳴り，線路画面上に，軌道回路が空になったことが表示される。

08:08:36　軌道回路 GF 侵入メッセージが表示され，警報が鳴る（列車 1 が軌道回路 GF へ侵入したことを示す警報。同時に，赤いラインが線路画面のレイアウト上に現れる）。

08:08:41　列車 1 は軌道回路 GE（すなわち GF の手前の軌道回路）を通過し，線路画面上に，軌道回路が空になったことが表示される。

08:08:42　接近する列車 2 の後部が軌道回路 MY を通過し，線路画面上に，軌道回路 MY が空になったことが表示される。

08:08:49　IK20 軌道回路 GG 侵入警報メッセージが表示され，列車 1 が軌道回路 GG へ侵入したことを示す警報が鳴る。同時に，赤いラインが線路画面のレイアウト上に現れる。

08:08:50　列車 1 と列車 2 が衝突。

信号指令のワークステーションを図 7-2 に示す。ワークステーションは 6 つのスクリーン，トラックボールとボタン，キーボード，そして 4 台の電話から構成されている。線路表示は右奥から並ぶ 4 台のスクリーンで見ることができる。これらは図 7-1 に示される線路の構造図と似て，6 本の線路とそれらの相互接続が反映した複雑さである。

図 7-2　信号指令が従事するワークステーション

信号指令が警報スクリーン上の当該ポイントを直接見ていない限り，新しい警報が出現したことを最初に認知するのは，聴覚警戒音（auditory warning）の発報による。警報レベルには，カラーコードが黄，青，緑，赤の 4 つのカテゴリーがあり，スクリーンの上部から下部に，この順序で提示される。そして，その状況で該当する警報だけが表示される。4 つのカテゴリーのすべてが同じ警報音である。線路侵入警報のカラーコードは赤であり，スクリーンの下部に表示される。信号指令は線路侵入警報を読み取ることによって，列車が止まるはずの地点を通り過ぎたことに気づくのである。

列車が停止地点を通り過ぎるのには，さまざまな理由が考えられる。たとえば，線路侵入警報は列車が引き込み線に入ったときにも鳴る（たとえば，側線に入れる操車中に車両と運転台が移動しているとき）。これは誤警報であり，信号指令は一般にこの警報を予想しているため，警報を認識しても無視することができる。軌道回路の設計と列車運行方向の対応のわずかなズレのために線路侵入警報が起動する例も多少ある。これにより時として誤警報が発生するが，信号指令は警報を認識しても，それを無視することがあることが意味される。さらに時として列車運転士も，必要な停止距離を単純に誤判断してしまうことがある。これに対処するために，ほとんどの線路には安全な超過区間が備えられている。しかし正真正銘の警報はあるわけで，それが発生したときには列車をいったん停止し，当該運転士は通常，信号指令に電話をする。この章で研究されるケースでは，信号指令は，列車 1 の運転士は図 7-1 の線路区分 GE 内で停止すると予想していたと思われる。実際，列車 1 の運転士が線路区分 GG までのどこかで停止していれば，事故は避けられたであろう。こうした背景に基づいて考えると，行き過ぎに気づいた信号指令はイベントを確認しようとしていたのかもしれない。すなわち，これが「本当の」列車暴走であることを確認するための追加の警報を待っていたということである。

許可されていない線路を列車が走り続ける「本当の」列車の暴走は，極めて発生数が少ない。これは，本当の非常事態を意味している。これらのイベントは大変珍しいものであり，信号指令は今回の事故が起こるまで，本当の暴走事態には遭遇していなかったものと考えられる。警報システムの低い陽性的中率（Positive Predictive Value：PPV）*1 の影響は，とくに陽性的中率が 0.25 を下回ると，人間の反応時間を遅延させるとされる（Getty et al. 1995）。もし本当に

*1 訳注：陽性の反応があったときに実際に陽性である割合。

暴走が起きたならば，信号指令は最初に，列車が侵入した線路を 4 つの線路画面のうち 1 つのなかから発見しなければならず，その後，自身が取るべき行動について決定しなければならない。もし信号指令が，これは列車暴走の本当のケースであると判断できれば，停止の指令を列車に送るか，または列車を空いている線路に誘導するためにポイントを切り替えることになる。

これらの判断（すなわち，停止指令を送るか，ポイントを切り替える）をするには，信号指令は，接近してくる列車があるかどうか，どちらの列車が時間内に止めることができるかどうかを判断するために，列車の前方の線路を読み取ることが必要になる。停止指令を送るのであれば，停止に要する距離と列車のいる軌道を判断することが要求される。今回，差し迫った衝突を防ぐために，線路 2 ではなく線路 4 へと列車の進行方向のポイントを切り替えることは可能であったが（図 7-1 を参照），信号指令らが軌道回路内の列車の存在を察知したときには，不慮のポイント変更を防ぐために，すでにポイントは固定されていた。信号指令は厳しい時間制限のストレス下において，これらの複雑な決定をしなければならない。信号指令のマニュアルでは，どれが最善の対処であるかは明示されておらず，「迅速に行動する」ことだけが要求されている。この章で提示される手法が分析対象とする問題点は「信号指令は 18 秒より速く反応することができたか」である。

7.3　データソースとデータ収集

分析のために広範なデータソースが利用された。事故に関する記述情報については，Cullen 卿の調査報告書が用いられた。CPA 分析プロセスは，人間のオペレーターの作業完了時間のデータによってサポートされる。この調査事例のタスクパフォーマンス時間は，一般的な Human-Computer Interaction（HCI）の文献によるものである。使用したタスク遂行の標準時間値の概要を表 7-1 で示す。

表 7-1　HCI 文献によるタスク遂行の予想時間（標準時間値）

行動	時間（ms）	出典
読む（警報表示，列車番号など）		
簡単な情報	340	Baber and Mellor (2001)
短いテキスト文	1800	John and Newell (1990)
知っている単語や対象の識別	314〜340	Olsen and Olsen (1990)
聞く（聴覚による警報）	300	Graham (1999)
探索（スクリーン上の警報，列車）		
確認，監視，探索	2700	Baber and Mellor (2001)
走査，記憶，検索	2300〜4600	Olsen and Olsen (1990)
予見しての探索	1300〜3600	推定
判断または決定		
対応のための心的準備	1350	Card et al. (1983)
選択肢からの決定	1760	John and Newell (1990)
簡単な問題解決	990	Olsen and Nielson (1988)
話す（たとえば「SPAD 警報発生！」）	100／音素 1112	Hone and Baber (2001) このフレーズを 10 回話した平均時間
トラックボールまたはキーボードへ手を伸ばす	214〜400 320	Card et al. (1983) Baber and Mellor (2001)
トラックボールを目標へ動かす	1500	Olsen and Olsen (1990)
トラックボールでカーソルを 100 mm 動かす	1245	Baber and Mellor (2001)
キーを押す（たとえば ACK キーまたは CANCEL キー）	200 80〜750 230	Baber and Mellor (2001) Card et al. (1983) Olsen and Olsen (1990)
ヘッドコードを入力する		
平均的な入力の速さ（40 wpm）	280	Card et al. (1983)
ランダムな文字をタイプする	500	Card et al. (1983)
複雑なコードをタイプする	750	Card et al. (1983)
聴覚処理（たとえば音声）	2300	Olsen and Olsen (1990)
画面のある箇所から別の箇所へ注意を移す	320	Olsen and Olsen (1990)

7.4 分析手順と投入されたリソース

信号冒進（SPAD : Signal Passed At Danger）警報の最初の発報から信号指令が反応するまでの時間に関する CPA モデルは，はじめに Gray et al.（1993）によって開発された方法に基づいて作成され，その後 Baber and Mellor（2001）によって見直しがなされた。分析は以下のステップにより進められた。

1. モデル化するタスクを分析する：タスクをマルチモーダル CPA によってモデル化するならば，タスクは明確かつ詳細に分析される必要がある。階層的タスク分析（hierarchical task analysis）を用いることができるが，個々のタスクを単位要素レベルにまで分割する必要がある。反応時間を適切に予測しようとするのなら，詳細なレベルでの分析が重要となる。
2. サブタスクを入力／処理／出力に割り当てる：すべての単位作業が 1 つの感覚様式に割り当てられる必要がある。コントロールルーム作業においては，これら感覚様式は以下となる。
   a. 視覚タスク：たとえば線路画面を見る，警報画面を見る，記載事項と手順を見る。
   b. 聴覚タスク：たとえば警報を聞く，口頭指示を聞く。
   c. 中枢処理タスク：たとえば介入するべきかどうか判断し，介入戦略を選ぶ。
   d. 動作タスク：たとえばキーボードを打つ，ボタンを押す，トラックボールでカーソルを動かす。
   e. 音声タスク：たとえば電話で話す，コントロールルームで別の信号指令と話す。
3. マルチモーダル CPA 図にサブタスクを配置する：並行性と連続性が論理的かを確認しながら，タスクを事象の生起順に配置する。連続的に生じたタスクに対する論理的なシーケンスは，タスク分析で決定される。並行的に生じたタスクについては，感覚様式によって図内の配置が決定される。見やすい CPA をつくるために，図 7-3 で示すように，同じ感覚様式のタスクは図中の同じ列につねに配置する。

4. サブタスクに遂行時間を割り当てる：タスクの遂行時間は，多くの情報源により決められる。このために用いられる時間値は HCI の文献に基づくものであり，表 7-1 に示される。標準時間値は，人間の基本的なパフォーマンスについて測定されている。これらの時間値は，人間のパフォーマンスは文脈（コンテクスト）によらずに独立したものであるとの仮定に基づいている。
5. 全タスクの完遂時間を決定する：タスクの完遂時間は，最も時間がかかるノードからノードへの時間を用いて CPA 全体をたどることで見いだすことができる。

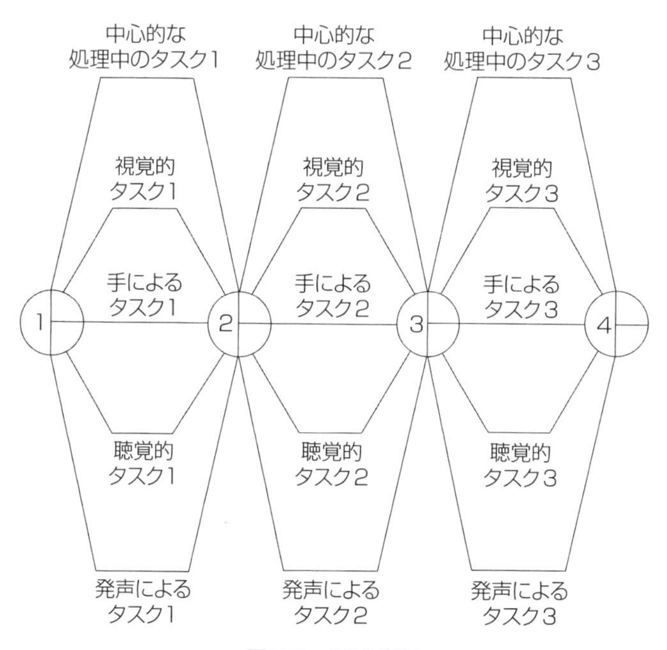

図7-3　CPA表現

7.5　結果

信号指令の行動の CPA 分析結果を図 7-4 に示す。遂行時間はミリ秒（ms）で示されている。

7.6　考察

CPA に基づいて推測された時間値は 17.54 秒だった。この分析は，ラドブローク・グローブ事故の暴走列車において，信号指令が警報に対応して信号機 SN120 を緑から赤に変えるのに 18 秒かかったという事実を証拠づけている。分析のために使われた時間値は，「SPAD 発生！」の発声を除き，各活動における人間の反応時間の一般的なデータに基づいている。実際には，SPAD が発生したにもかかわらず SPAD 警報が吹鳴しなかった可能性がある（Getty et al. 1995 を参照）。このことで信号指令は最初の判断において，列車 1 が信号機 SN109 を通過した後に止まると考え，その後，ポイントを切り替えようと考えなかったのかもしれないということの，その原因説明になるかもしれない。線路侵入警報に関する事故以前の経験により，今回も同様であると思ったのかもしれない。したがって，信号指令が 2 度目の警報を受け取ってから，判断を変更したと考えることができる。

結論として，信号指令が警報に対応するのに要したおよそ 18 秒の時間は，上記の調査によって合理的であったことが示唆される。今回のケーススタディは，事故分析活動において，時間ベースモデリングが，非常事態や事故シナリオにおける人間の反応時間を評価するのにどのように用いられることができるかを説明するものである。

7.7　鍵となる指摘事項のまとめ

CPA に基づいたラドブローク・グローブ事故における信号指令の反応時間のモデル化により，従来非難されてきた 18 秒の反応時間は，実はこのような事情で合理的だったと結論づけられた。

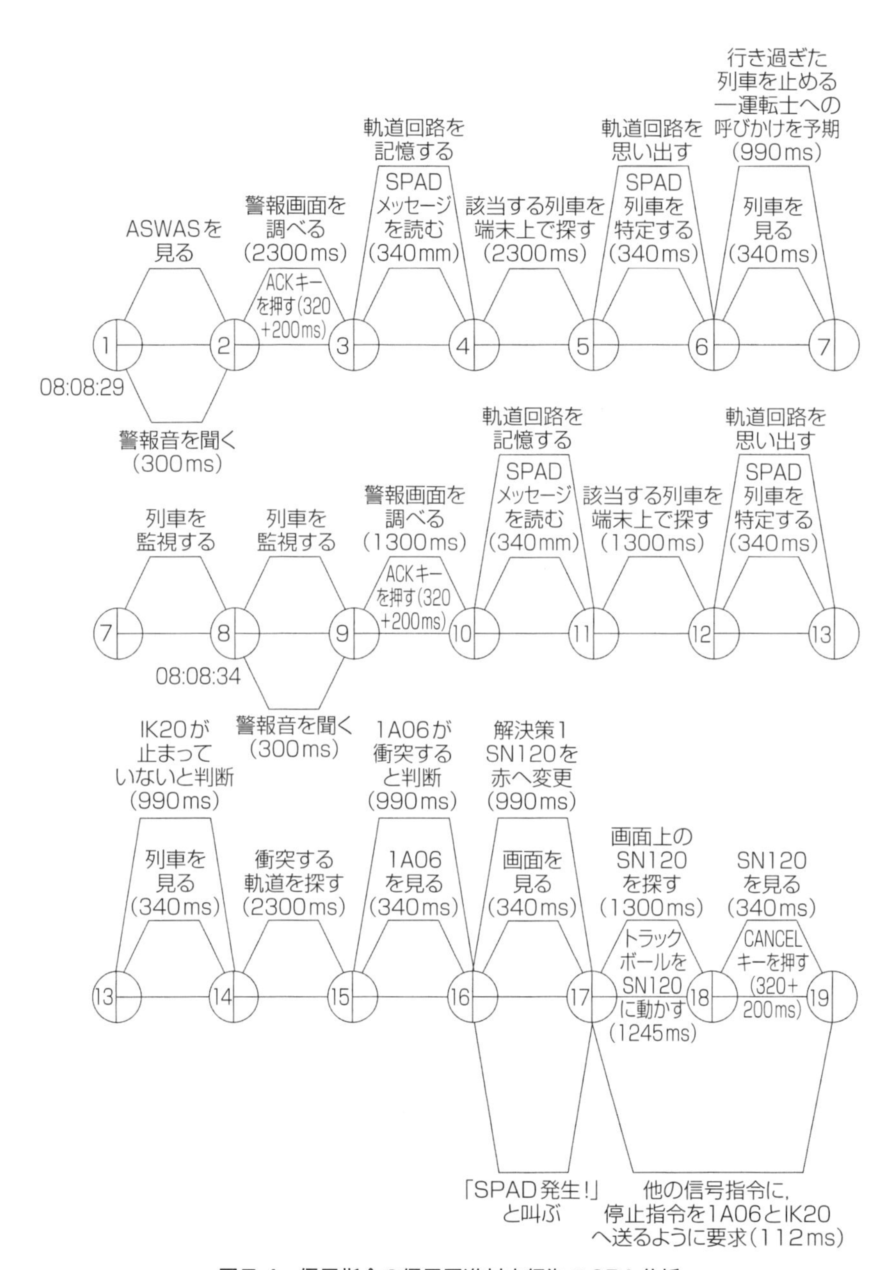

図 7-4　信号指令の信号冒進対応行為の CPA 分析

謝辞

著者らは，次の論文における Chris Baber 教授の指導に謝意を表する。本章はこの論文に基づくものである。

Stanton N.A. and Baber C. (2008) Modeling of human alarm handling response times: a case of Ladbroke Grove rail accident in the UK. *Ergonomics*, 51:4, 423–40.

8
ヒューマンファクターズ手法の統合：Provide Comfort 作戦における同士討ち

8.1　イントロダクション

この章では統合的な分析を行う。その狙いは，事故シナリオを評価するために，異なるヒューマンファクターズの手法を包括的に統合するフレームワークの例を示すことである。このケーススタディでは，複雑な社会技術システムで起こる事故に対してさらなる徹底的な分析法を提供するために，本書で説明した各手法が，どのように組み合わされ，統合されるのかを示す。事故分析のために，本書で紹介された各手法は独立して用いることができるわけだが，さらに，複雑な社会技術システムにおけるパフォーマンスを評価するために，各々の手法の有用性が保証される範囲において，手法を組み合わせたフレームワークとして，あるいは統合された方法論として用いることもできる（たとえば Stanton et al. 2005，Walker et al. 2006）。事故のシナリオはしばしば複雑かつ多面的であるから，分析も多面的に行うことが求められる。そのときには，さまざまな手法を組み合わせて適用する必要がある。各手法を独立して適用しているだけでは，シナリオや分析の要求を満たすことができないからである。第 2 章で紹介した EAST フレームワーク（Stanton et al. 2005）は，複雑な社会技術システムに分散配置されたチームの仕事を調査するために開発された，1 つのマルチ手法のフレームワークである。システムパフォーマンスの記述と分析のためのこのフレームワークは，事故分析を含むさまざまな目的に適用されてきたものである。

8.1.1 ヒューマンファクターズ手法の統合

利用可能なヒューマンファクターズの手法は軽く100種類を超えており，これらによりあらゆる種類の概念がカバーされている。この章では，これらの現存する手法を統合するアプローチについて提案する。その狙いは，複雑かつ多面的な事故シナリオを分析するための効果的な方法として，既存の手法をどのように組み合わせるかを示すことである。手法を統合することについては，いくつかの非常に魅力的な利点がある。それは，既存の手法を統合することは，歴史的に検証されている信頼性の点で安心できるだけではなく，複数の観点から同じデータを分析することができることである。これらの複数の観点により，記述されているシナリオの本質に迫ることができると同時に，内的妥当性を提供することにもなる。別々の手法を理論的なレベルで統合すると仮定し，同じデータセットへ適用することは，「分析三角測量（analysis triangulation）」の形態を提供することになる。

長年にわたって繰り返し起こってきたさまざまなタイプの複雑な事故は，一般に，複雑な社会技術システムにおいて生じた事故であることはよく知られている（たとえばHollnagel 2004，Rasmussen 1997，Reason 1990）。そのような事故例について，ほんの少し例を挙げれば，コミュニケーションの失敗，貧弱な設備設計やその管理，適切な手順の欠如，現場の労働者による手抜きや違反が挙げられるだろう。ある1つの分析手法のみを用いて，複雑な社会技術システムの事故の原因要素を深く理解することは，極めて困難である。この本は代表的な基準となる手法を取り上げたものである。たとえば，オペレーターの適切な対応時間をモデル化するために，CPAを適用することは効果的だろう。しかし，事故の下流における原因要素は見過ごされることになる。一方でAcciMapは，組織全体にわたる問題を整理して鳥瞰することはできるが，関係するさまざまな問題を徹底的に深掘りしていくことには向いていない。

おそらく，説明されているヒューマンファクターズ手法のいずれも，それを独立して使ったとしたなら，事故シナリオを徹底的に説明することはできないだろう。しかし，手法を組み合わせて使うことで，シナリオを多くの観点から徹底的に分析することが可能になる。たとえばEASTフレームワークは，複雑な社会技術システムで起こっている活動を分析する「ネットワークのネットワーク」アプローチをとっている。これはタスク，社会，そして知識という活動の基礎をなす 3 つの異なる観点からの分析活動をするものであり，それらの観点は相互に関係したネットワークとなっている。タスクネットワークは，システム内において目標を達成するまでに行われたタスクを表している。社会ネットワークは，チームの組織と，チーム内の関係者間のコミュニケーションを分析する。最後に，知識ネットワークは，問題に対してチームワーク活動を行うために関係者が使用したり共有したりする情報と知識（分散状況認識）を記述する。協調行動を理解するための，この「ネットワークのネットワーク」アプローチは，図 8-1 のように表すことができる（Houghton et al. 2008 を基に作成）。

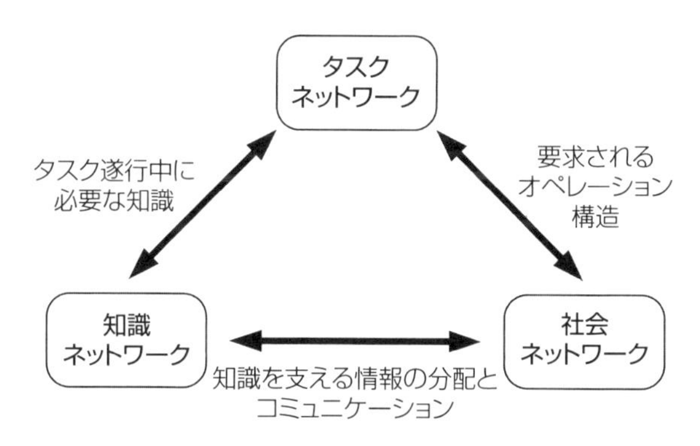

図 8-1　「ネットワークのネットワーク」アプローチ

8.1.2　構成手法の要点

この章で紹介される分析において，我々は，事故シナリオが始まる以前の，またシナリオ展開中の，パフォーマンスのさまざまな側面，すなわち関係者が行うタスク，関係者間でとられるコミュニケーション，状況認識，チームワーク，コミュニケーションを支援するテクノロジーなどに興味を持った。そこで第 2 章で説明された EAST アプローチが用いられた。利用された手法は HTA

（Annett et al. 1971），OSD（Stanton et al. 2005），SNA（Driskell and Mullen 2004），命題ネットワックアプローチ（Salmon et al. 2009），CUD（コミュニケーション利用図）（Watts and Monk 2000），CDA（協調要求分析）（Burke 2004）である。これらの手法を組み合わせたフレームワークを図 8-2 に示す。

この統合アプローチにより，分析される事故シナリオについて，以下の側面を考慮することが可能になった。

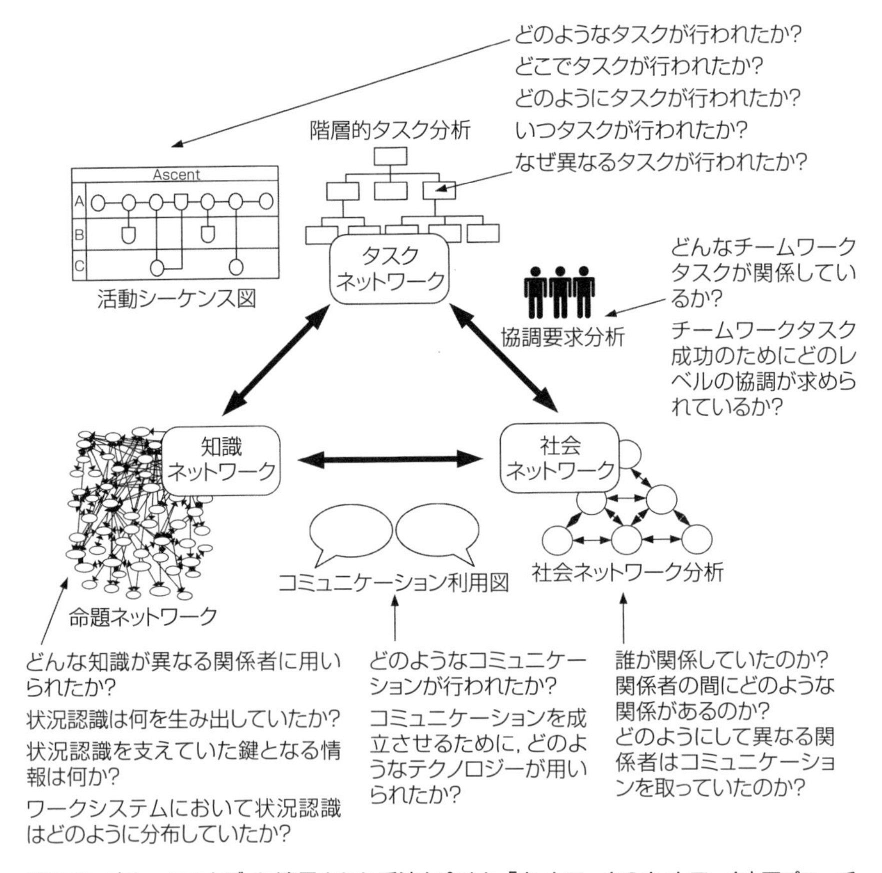

図 8-2　本ケーススタディに適用された手法を含めた「ネットワークのネットワーク」アプローチ

1. 関連する身体的タスクと認知的タスク（HTA，OSD）
2. シナリオ進行中の意思決定（HTA，命題ネットワーク）
3. シナリオ進行中のコミュニケーション（SNA，OSD，CUD）
4. コミュニケーションを支援するテクノロジー（CUD）
5. シナリオ進行中の状況認識（命題ネットワーク）
6. 事故シナリオ進行中の関係者間の協調のレベル（CDA）

手法とその構成概念の重複部分は，「誰（who）」「何（what）」というような複数の観点によって説明される。たとえば，HTA はタスクとゴールが「何」であるかを扱うものであり，命題ネットワークは行われたタスクを確証させる知識は「何」か，状況認識は「何」かを扱う。また CDA は，タスクを行っている関係者によってなされる協調のレベルは「何」かを扱っている。それぞれは，同じデータに関する，異なるが相補的な観点である。これは分析三角測量の例である。

8.2　事故の内容

問題の事故は Provide Comfort 作戦（OPC）中に，イラク北部で発生した。この作戦は，イラク軍から地域のクルド族を保護するための多国籍共同作戦である。この章では多くの略語が用いられる。表 8-1 は，それらの略語とその説明である。

この作戦の中心目標に，戦術担任地域の構築と防護があった。それはクルド族のための安全地域であり，イラク航空機の侵入を禁止する飛行禁止区域（No-Fly Zone：NFZ）である。戦術担任地域は，アメリカ，英国，トルコ，フランスを含む多くの国の空軍と陸軍による連合隊によって施行された。この地域の安全を維持するために，空軍機による哨戒活動が連日行われていた。それは，地域内に敵の航空機を入らせないこと，そしていかなる侵攻も防ぐことであった。1994 年 4 月 15 日，その哨戒活動中に，2 機の米陸軍ブラックホークヘリコプターが，誤って敵の「隠密」ヘリコプターと特定され，友軍である米国の 2 機の F-15 ジェット戦闘機により撃墜された。そして合計 26 人が犠牲

表8-1　略語一覧

略語	説明	
ACE	Air Command Element	航空戦闘部隊
ACO	Air Control Order	航空統制命令
ASO	Air Surveillance Officer	航空監視員
ATO	Air Tasking Order	航空任務命令
AWACS	Airborne Warning and Control System	空中警戒管制システム
BH	Black Hawk – UH-60 Helicopter	UH-60ブラックホークヘリコプター
CFAC	Combined Forces Air Component	連合軍空軍部隊
CTF	Combined Task Force	連合任務部隊
En-route	En-route controller	航空路管制官
F-15	US Fighter Jet	米国戦闘機
IFF	Identification Friend or Foe	敵味方識別（装置）
JOIC	Joint Operations Intelligence Centre	統合作戦情報センター
OPC	Operation Provide Comfort	Provide Comfort作戦
ROE	Rules of Engagement	交戦規定
SD	Senior Director	上席司令官
SPINS	Special Instructions	特殊命令
TAOR	Tactical Area of Responsibility	戦術担任地域
VID	Visual Identification	目視確認

になった（USAF Accident Investigation Board 1994，United States General Accounting Office 1997）。

さまざまなエージェントが直接または間接的に事故に関係していた。それは，F-15とブラックホークのパイロットはもとより，ヨーロッパ総司令官にまでわたるものであった。関係するエージェントと指揮命令・統制機構は図8-3に示されている。

パイロット（ブラックホークとF-15）はいずれも，特務総司令官，航空戦闘部隊，上席司令官，航空監視員，戦術担任地域航空路管制官，航空路管制官らからなる空中警戒管制システムチームによって管理されていた。空中警戒管制

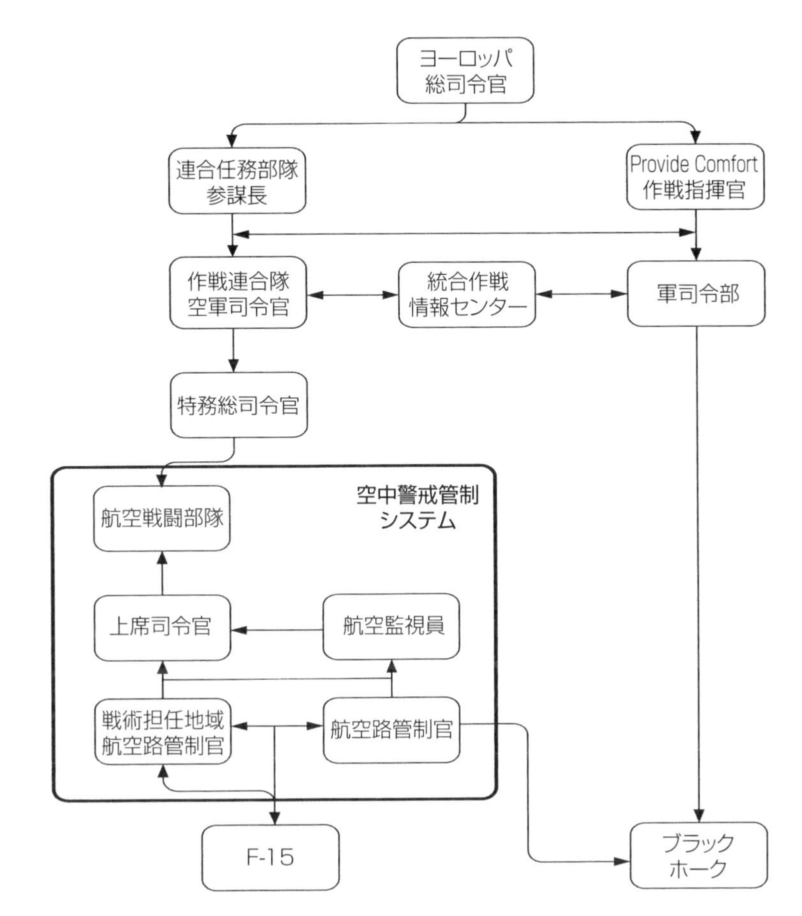

図8-3　Provide Comfort 作戦における指揮命令系統（Leveson 2002を基に作成）

システムチームは，今回の作戦連合隊の空軍司令官の指揮下にあった。空中警戒管制システムで管理されることに加えて，F-15 のパイロットは連合軍空軍部隊によっても管理されていた。そして，ブラックホークのパイロットは今回の作戦における軍司令部（Military Command Centre：MCC）からも指揮されていた。軍司令部と連合軍空軍部隊は 2 つの組織（連合任務部隊参謀長と今回の作戦指揮官）によって指揮されていた。一方で，双方の組織はヨーロッパ総司令官によって指揮されていた（USAF Accident Investigation Board 1994,

表8-2　事故についてのイベントタイムライン

時刻	イベント
09:21	ブラックホークから空中警戒管制システム航空路管制官に対して，飛行禁止区域に入域するとの無線通報がなされた。
09:21	空中警戒管制システム航空路管制官はブラックホークからの通報を受け取り，レーダー上に友軍機との標識を付けた。航空路管制官はブラックホークに，飛行禁止区域に入ったら直ちに敵味方識別を変更し，異なる無線周波数を使う必要があることを伝えなかった。
09:24	ブラックホークは飛行禁止区域内に着陸したため，レーダー上の機影と敵味方識別信号が消失した。
09:24	機影の消失に伴い，空中警戒管制システム航空路管制官は友軍標識をレーダー上から除去した。
09:36	F-15がインジルリク基地から離陸した。
09:36	F-15は航空路管制官により認証され，正しい敵味方識別コードが有効化された。
09:54	ブラックホークは離陸し，空中警戒管制システム航空路管制官に離陸を通報した。この交信において，ブラックホークは空中警戒管制システム航空路管制官には理解できないコードシステムを用いていた。
09:54	ブラックホークによる無線交信の後，空中警戒管制システムの管制官はレーダー上に彼らを友軍として再度，標識を付けた。
10:05	F-15は空中警戒管制システム航空路管制官に対し，飛行禁止区域に入るところであるとの通報を行った。
10:11	ブラックホークの敵味方識別とレーダー上の機影がまたしても消失した。これはブラックホークの飛行経路に存在する大きな山々がその原因だった。これはレーダー上に友軍信号は表示されるものの，ブラックホークの識別標識が示されていなかったことを意味する。
10:13	航空監視員（ASO）は，ブラックホークの機影が消失したことに気付き，上席司令官に対して，ブラックホークが最後に確認された位置に，大きな矢印表示と明滅メッセージをラベルした。
10:14	上席司令官は，このメッセージがシステムにより自動消失する前に，その存在に気付かなかった。
10:15	戦術担任地域に入る前の最終段階において，F-15は空中警戒管制システムと交信したところ，状況についての更新事項は何もないと通知された。このときの交信は航空戦闘部隊と行われた。

表8-2 （続き）

時刻	イベント
10:20	F-15は戦術担任地域に入ると同時に，空中警戒管制システムと再度，交信した。この際には，戦術担任地域の無線周波数を使用し，戦術担任地域航空路管制官と交信をした。
10:20	空中警戒管制システムチームの1人は，F-15とブラックホークの双方を確認することができたが，どちらの航空機の存在についても交信が行われることはなかった。
10:21	戦術担任地域航空路管制官は，ブラックホークは着陸したと信じ，上席司令官の承認のもと，ブラックホークに付けられていた友軍標識を取り外した。
10:22	F-15のパイロットはレーダー上に未確認反応を察知し，戦術担任地域管制官にこれを通報した。F-15のパイロットは，空中警戒管制システムからは，当該エリアのレーダー反応については不明であると伝達された。
10:22	F-15のパイロットは未確認のレーダー反応を特定するために敵味方識別技術を用いた。そして，短い友軍反応が示された後，敵性を示す反応を受信した。
10:23	ブラックホークのレーダー反応は大きくなり，F-15が報告した未確認レーダー反応と同じ位置に，空中警戒管制システムのレーダー上でも同じ反応が確認された。
10:25	F-15からの2回目の通報を受け取った後，空中警戒管制システムは彼らもそのエリア内にレーダー上の反応を確認したと宣言した。ブラックホークについては言及されなかった。
	空中警戒管制システムのスタッフはレーダー反応に未確認標識を付け，敵味方識別技術により，その反応を確認しようと試みた。
10:28	F-15は，敵味方識別呼び掛け信号と目視確認の双方により，レーダー反応の特定を続けた。
10:28	交戦規定により定められた速さよりはるかに速く行われた目視確認の結果，F-15の1番機パイロットはレーダー反応を2機の「隠密」ヘリコプターと認識してしまった。これはF-15の2番機パイロットによる目視確認によるものであった。空中警戒管制システムのメンバーはF-15におけるこのやりとりを聞いていた。
10:29	F-15の1番機パイロットが，ヘリコプターに対して交戦に入るとの意図を空中警戒管制システムに通報した。
10:30	F-15の1番機パイロットはさらに敵味方識別を行ったが，友軍反応は返ってこなかった。そこで2番機パイロットと共に交戦に入り，2機のヘリコプターを撃墜した。

United States General Accounting Office 1997）。

事故についてのイベントタイムラインを表 8-2 に示す。このタイムラインは事故についてのさまざまな報告からつくられたものである（たとえば Leveson 2002，Leveson et al. 2002，USAF Accident Investigation Board 1994，Snook 2000，United States General Accounting Office 1997）。

この事故は，F-15 のパイロットがブラックホークヘリコプターの存在を知らなかったために起きたものである。ブラックホークの飛行情報は，この日の航空任務命令には含まれていなかった。空中警戒管制システムチームはブラックホークの存在に関して確かに情報を有していたが，F-15 のパイロットにこれを通知しなかった。ブラックホークは誤った無線周波数を使っていたために，F-15 のパイロットと空中警戒管制システムの間の交信を傍受することも，F-15 のパイロットと交信することも不可能であった。これらの要因の結果，F-15 のパイロットはレーダー反応を確認した際，ヘリコプターが敵であるとみなしたのであった。ブラックホークのパイロットは，戦術担任地域内において使用すべき正しい敵味方識別モードを知らされていなかったため，敵味方識別技術（友軍機か，未確認か，敵かを識別するために複数の手段を統合するシステム）を用いたコンタクトが成立せず，むしろ自分を敵であると認識させてしまった。さらに F-15 のパイロットは目視確認を行ったが，目視確認訓練が不適切であり，補助燃料タンクがブラックホークの外見を変えていたため，ブラックホークはイラクの隠密ヘリコプターと誤認されたのであった（USAF Accident Investigation Board 1994，United States General Accounting Office 1997）。

政府の公式調査により明らかにされた事故の鍵となる原因要素を，これらの分析を踏まえつつ，以下に示す。

1. 連合任務部隊は，明確なガイダンスの提供に失敗した結果，連合軍（coalition force）全体において，とくにヘリコプター任務を支援する際の役割理解が不明確になってしまっていた。
2. 連合任務部隊は，ヘリコプターが空爆作戦の一部であるとはみなしていなかった。このため，戦術担任地域におけるヘリコプターの飛行について，組織体制として適切ではなく，十分な監視もなされていなかった。

3. 戦術担任地域における交戦規定に対する訓練レベルが十分ではなく，その結果，交戦規定に関する理解も概要のみとなっていた。
4. 空中警戒管制システムチームはブラックホークの存在に関して情報を持っていたが，F-15 のパイロットに伝達しなかった。
5. ブラックホークは，戦術担任地域内で使用される正しい敵味方識別モードも無線周波数も認識していなかった。
6. 目視確認訓練が貧弱であったため，ブラックホークの追加搭載された燃料タンクによって，F-15 のパイロットは彼らを敵と誤認してしまった。

8.3　データソースとデータ収集

EAST 分析法をサポートするために，4 つの主要なデータソースが用いられた。これらは，USAF 事故調査委員会報告書，米国会計検査院調査報告書，そして他の 2 件の分析であった（たとえば Leveson et al. 2002，Leveson 2002，Snook 2000）。

8.4　分析手順と投入されたリソース

EAST フレームワークは 2 つの分析を構築するのに用いられた。1 つ目は事故について，起こったそのままを記述するものである。2 つ目は事故について，事象を理想化してモデル化したものである。理想のシナリオは，同士討ちを避けるためには，事象（たとえば，情報，コミュニケーション，タスク）がどのように展開すればよかったのかを示す。理想のシナリオは，それと事故を比較する際の比較評価基準を提供する。つまり，失敗の原因を探索するのではなく，現実のシナリオと理想のシナリオを比較することによって，両シナリオのすべての相違を特定することができる。この相違は，事故の原因要素になりうる事柄を表すものとなる。Woods et al.（1994，197）が述べているように，「同じ要素が熟達化もエラーも表出させる（the same factors govern the expression of both expertise and error）」のである。

事故の起因源を明らかにしていくためには，「成功」と「失敗」がともに調査されなければならない。このケースでは，実際のシナリオは「失敗」を，理想のシナリオは「成功」を意味している。理想とされたシナリオは，スキップされた行為を追加するだけではなく，実際のシナリオの範囲内で起こったすべての不適当なタスク，コミュニケーション，情報要素を理想のものに置き換えることによって作成された。これは事故にかかわる広範囲の文献を読み込むことによりなされた（Leveson 2002，Leveson et al. 2002，Piper 2001，Snook 2000，USAF Accident Investigation Board 1994，United States General Accounting Office 1997）。たとえば，USAF の報告書は，行為，コミュニケーション，思い込みなどの問題や，なされなくてはならなかった役割，タスク，行為を明確に述べている。これにより，著者らは体系立って「理想的」なシナリオを構築することができた。たとえば不適当な行為と，正しく適切な行為を明確に示している記述例に次のようなものがある。

まず USAF の報告書において，戦術担任地域内で不適切な敵味方識別周波数を用いたブラックホークの作戦上の誤った行為は以下のように記述されている。

> F-15 のパイロットは，航空任務命令で指定された敵味方識別の航空機コードである Mode I と Mode IV を探査することによって，レーダー反応を電子的に確認しようとした。ヘリコプターの乗員が，Mode I コードを戦術担任地域内で適切に使用すべきであることを知らなかったのは明らかであり，彼らは Mode I コードを，戦術担任地域の外で敵味方識別トランスポンダーとして使用していたのであった。その結果，F-15 は Mode I の反応を受信することができなかった。

USAF の報告書は事故の再発防止のために現在導入されているシステムの変更についても言及している。この対応は過去に取られるべきであったが，実際にはなされていなかったものである。上述の例に関して，「理想的」に関連しては，以下のように 3 回も言及されている。

> すべての航空機（ヘリコプターを含む）：戦術担任地域極超短波（UHF）により，空中警戒管制システムにコンタクトする必要性。HAVE QUICK

（海・空軍および海兵隊の航空無線システム）または UHF のクリアな無線周波数を用いて，モード I，II，IV の敵味方確認を行う。もし，空中警戒管制システムへコンタクトできない，またはモード IV が作動しないのであれば，戦術担任地域に進入してはならない。

離陸の直後に空中警戒管制システムと交信し，敵味方識別 Mode I，II，IV が稼働しているか再確認すること。
すべての航空機（ヘリコプターを含む）：戦術担任地域において作戦に従事するには，空中警戒管制システムによる明確なコントロールを受けること（すなわち無線交信と明確な敵味方識別・特殊照合特性（SIF））。Diyarbakir（トルコのディヤルバクル）基地に帰還するのに十分な燃料がある間に，明確な敵味方識別・特殊照合特性と無線チェックがなされる必要がある。

報告書においては，敵味方識別モード・チェックは，空中警戒管制システムの武器監督者（WD：Weapon Director）の役割であると明確に示されている。

WD の 1 人は，航空路管制官として行動し，戦術担任地域に出入りする航空流を管理する責任を持つ。また，作戦中のすべての航空機について敵味方識別と無線のチェックを行う。

8.5　結果

8.5.1　階層タスク分析（HTA）

HTA（Annett et al. 1971）では，分析対象とするシステムを，フィードバックループに沿った形でゴールとサブゴールの階層性として記述する（Annett 2004）。巨大で複雑な HTA のアウトプットを要約する有用な手法の 1 つに，タスクネットワークの構築がある。そこでは主要な高次ゴールと関係するタスクの概要が提供される。2 つのタスクネットワークを，すなわち 1 つは実際に展開されたシナリオについて，もう 1 つは理想のシナリオについて，図 8-4 に示す。

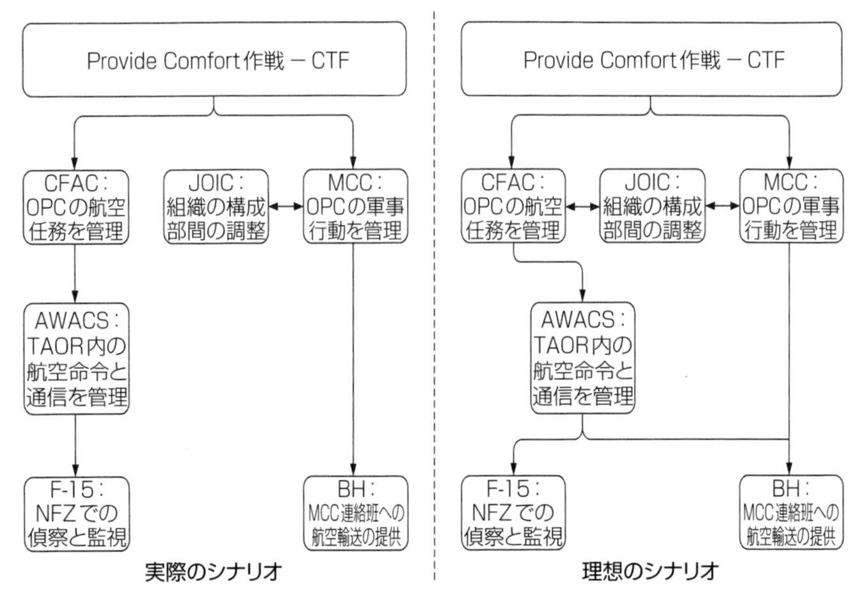

図8-4　実際と理想の各シナリオについてのタスクネットワーク

実際のシナリオにおいて，指揮命令系統は，高度に二分されたタスクにより，2つの機関（連合軍空軍部隊と軍司令部）によりなされていたことが明らかになった。しかし理想のシナリオでは，協力して行われているタスクにより，その構造ははるかにネットワーク化されている。これは，実際のシナリオに比べ，理想のシナリオのほうが，連携・協力関係がともに非常に高いレベルであるべきことを意味している。

HTAも，現実になされた活動に関して，2つのシナリオの比較を可能にしている。実際のシナリオにおいて，なされてはならない，またはなされなかった数多くの核心的なオペレーションが確認された。これは（政府報告ならびにその後になされたこの事故の多くの分析によって確認されている）事故をもたらすことになった一連の要因をもたらすものであった。まとめると，事故のシナリオにおいて，43の必要ではなかった追加的なタスクと，66のなされるべきだったのになされなかったタスクが見いだされた。

これらの事故をもたらした要因を，以前からなされている分析に当てはめることができれば，EAST の信頼性と，友軍砲撃事故への EAST の適用に対して，よい見通しを与えるものとなる。噛み合っていないオペレーションと誤った行為とが交差している例を挙げると，オペレーション 1.3 がある。すなわち理想のシナリオの HTA において示されるように互換性のあるテクノロジーの進化があれば，これにより，オペレーション 1.3.1，1.3.2，1.3.3 において，この作戦に従事するすべての航空機は同じ無線装置に適合することが保証され，それによりブラックホークと F-15 がそれぞれの無線装置を用いて相互に交信可能となる。これらのオペレーションは実際の HTA には存在しておらず，このため，ブラックホークと F-15 は交信を行うことができなかったのである。これが鍵となる問題であり，政府の調査報告書や他の事故分析において確認されている（Leveson 2002，Leveson et al. 2002，Snook 2000）。

この分析においては，兄弟殺し事故につながった要因を特定するために HTA が作成される。そして，EAST 分析の他の部分全体によって，分析者は事故にまつわる文脈へと広がっていった事故の原因要素を深化させることができるのである。最終的に誤認行為へとつながっていった，初期の段階の諸要因を理解するために，このような調査は重要だといえる。HTA のアウトプットは，たとえば協調要求分析（CDA）や命題ネットワークなどといった，他の多くの EAST 分析法の基礎にもなっている。

8.5.2　社会ネットワーク分析（SNA）

実際のシナリオと理想のシナリオの社会ネットワーク図が構成された。実際のシナリオの社会ネットワークは，関係するエージェントの間で交わされたコミュニケーションを表すもので，図 8-5 に示す。理想のシナリオの社会ネットワークを図 8-6 に示す。

社会ネットワークを構築することで，実際のシナリオと理想のシナリオのそれぞれの社会的構造と，エージェント間でなされたコミュニケーションが明らかになった。理想のシナリオについては，3 つの鍵となるエージェントが特定された。すなわち連合任務部隊，連合軍空軍部隊，そして F-15 の 1 番機であ

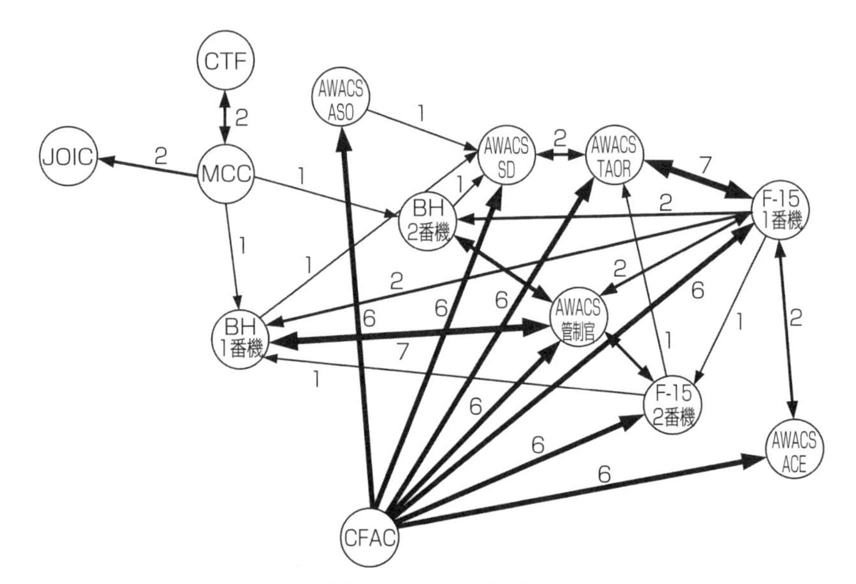

図8-5　実際のシナリオの社会ネットワーク

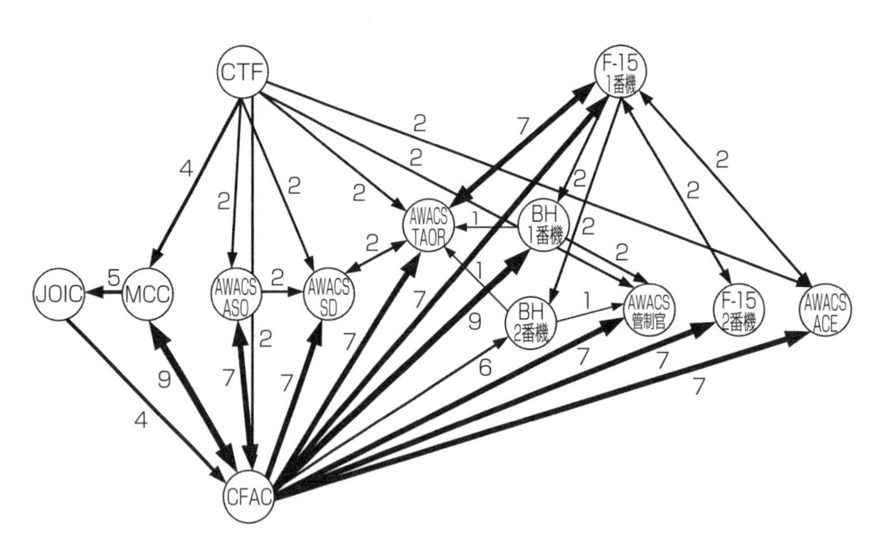

図8-6　理想のシナリオの社会ネットワーク

る。これら 3 者のエージェントが，他のほとんどのエージェントとコミュニケーションリンクを有する。しかし，実際の事故シナリオでは，多くのエージェントが他の多くのエージェントとリンクを持ち，鍵となる，つまり中心となる低位のエージェントとは，ごく少ないが強力なリンクが形成されるという螺旋状になっていた。この結果より，理想のシナリオのネットワークは，多くの鍵となるエージェントが取り巻く中心性を持つよう組織され，つまり少ないが強いコミュニケーションリンクが利用されると推測できる。一方，実際のシナリオのネットワークは，多くの弱いコミュニケーションリンクが多くのエージェントの間で発生している。

社会ネットワークは，エージェント間でのコミュニケーションをグラフ的に示すのに有効であるのに加え，コミュニケーションの密度，鍵となるエージェント，ネットワークを通過したパスといった観点から数学的に分析することが可能である。このケースにおいては，以下の測定基準がネットワークを評価するために用いられた。すなわち，社会的地位，中心性，密度，凝集性である。それぞれの測定基準の概要と分析結果を以下に示す。

ネットワーク密度（network density）

ネットワーク密度は，エージェント間のコミュニケーションリンクの観点から，ネットワークの内的連結性のレベルを表す。ネットワーク密度の式は次のとおり（Walker et al. 2011 による）。

$$\text{ネットワーク密度} = \frac{2e}{n(n-1)}$$

ここで　e = ネットワークにおけるリンクの数

n = ネットワークにおける情報要素の数

式8-1　ネットワーク密度

ネットワーク密度は 0～1 の値をとる。0 はエージェント間でのつながりがまったくないことを意味し，1 はすべてのエージェントが他のすべてのエージェントと連結していることを意味する（Walker et al. 2011 に引用されている

Kakimoto et al. 2006)。ネットワークの密度が高いほど，エージェント間により多くのコミュニケーションリンクが結ばれていることになる。分析の結果，このケースでは，2 つのネットワークは似通ったレベルの密度を有していることが明らかになった。実際のシナリオの密度スコアは 0.21，理想のシナリオでは 0.23 である。双方の値はネットワーク内のつながりのレベルとしては適度なものである。

社会的地位（sociometric status）

社会的地位は，分析対象とするネットワークにおけるノードの総数に対して，あるノードがどれほど「多忙か」を表す尺度である。社会的地位は次の式を用いることによって求められる。ここで g はネットワーク内の総ノード数であり，i と j は個々のノードにおいて，ノード i からノード j までのエッジ値を表す。

$$\text{社会的地位} = \frac{1}{g-1}\sum_{j=1}^{g}(x_{ji} + x_{ij})$$

式8-2　社会的地位

実用性ということとして，社会的地位は，ネットワークにおいて他との間のコミュニケーターとして，ある 1 つのエージェントが有する相対的な突出を示す指標である（Houghton et al. 2006)。高い社会的地位値を持つエージェントは，ネットワーク内において他のエージェントと高度につながっているといえる。一方，低い社会的地位値を持つノードはネットワークの周辺に位置している可能性が高く，他のエージェントとのつながりも低い。

図 8-7 で示される社会的地位の分析は，実際のシナリオと理想のシナリオ（すなわち最高度の社会的地位を持つ）のどちらも，鍵となるエージェントは連合軍空軍部隊であることを示している。しかし 2 つのシナリオにおける社会的地位値の違いは大きなものであった。その違いは図 8-7 に明確に示されている。連合軍空軍部隊は，理想のシナリオにおいて 6.7 の値を持っているのに比べ，実際のシナリオでは 3.5 でしかなかった。このことから，シナリオを上手

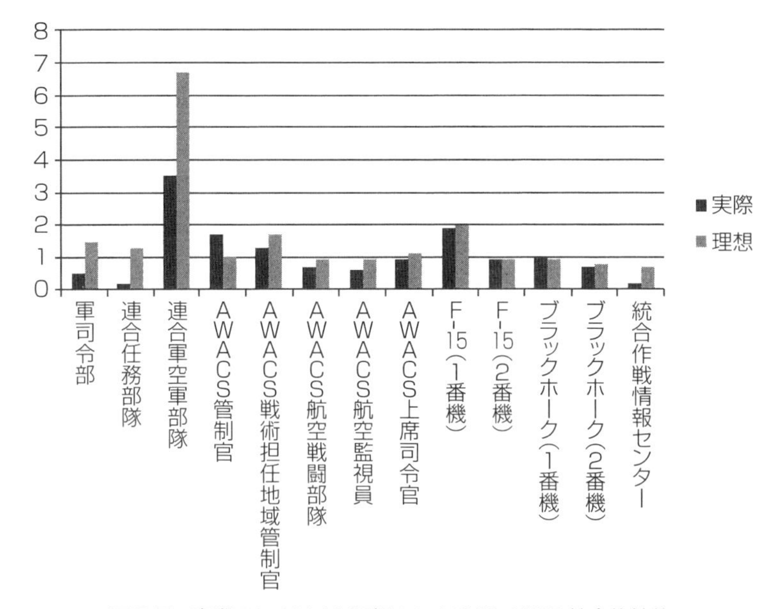

図 8-7　実際のシナリオと理想のシナリオにおける社会的地位

に展開し，兄弟殺しを導かないようにするためには，連合軍空軍部隊がシステム内においてより多くの重要なコミュニケーションの役割を担わなくてはならないことが推測できる。

連合軍空軍部隊のように，全体において高いレベルで作用しているエージェントは，兄弟殺しを回避するために，シナリオにおいて多くの重要な役割を担わなければならないということは，システムの高いレベルにおいて作用している他のエージェントの社会的地位の評価尺度によっても示される。実際のシナリオにおいて，軍司令部と連合任務部隊はともに低い社会的地位値を持っている（それぞれ 0.5 と 0.16）。一方，理想のシナリオにおいては，これら高いレベルのエージェントの社会的地位値は高い値を示している（それぞれ 1.5 と 1.3）。社会的地位値を見ると，兄弟殺し事故を防ぐために，3 つの高いレベルの組織（連合任務部隊，連合軍空軍部隊，軍司令部）が，シナリオにおいて重要な役割を担う必要があることは明らかである。

実際のシナリオと理想のシナリオの社会的地位により，ネットワークでの社会的地位の平均値の比較も可能となる。実際のシナリオにおける平均値は 1.0897 であるが，理想のシナリオでは 1.5769 と高い。これに加えて，理想のシナリオでは，航空路管制官とブラックホークの 1 番機パイロット以外のすべての関係者が実際のシナリオよりも高い社会的地位を有している。これは，理想のシナリオは，大多数の関係者に高いレベルのコミュニケーションが作用していることにより特徴づけられることを示唆する。航空路管制官とブラックホークの 1 番機パイロットの社会的地位が，理想のシナリオでは実際のシナリオよりも低くなっているのは，実際のシナリオにおいてこれらのエージェントの果たした役割が大きなものであったことを示しており，これはブラックホークのコントロールを行う航空路管制官に起因したものである。

中心性（centrality）

中心性もネットワークのノードの位置の測定基準である（Houghton et al. 2006）。ただし，この位置はネットワーク内の他のすべてのノードからの「距離」を表している。中心ノードは，ネットワーク内の他のすべてのノードの近傍に存在するものであり，そのノードからネットワーク内の任意に選ばれた他のノードまで運ばれるメッセージは，平均的にいって，最も少ない数の中継点を経由して伝達される（Houghton et al. 2006）。中心性の式を下に示す。

$$\text{中心性} = \frac{\sum_{i=1;j=1}^{g} \delta_{ij}}{\sum_{j=1}^{g}(\delta_{ij} + \delta_{ji})}$$

式8-3　中心性

あるエージェントに対する中心性の値が高くなればなるほど，システム内の情報は流れやすくなる。中心性分析のアウトプット（図 8-8 参照）は，社会的地位の出力を反映しており，連合任務部隊と連合軍空軍部隊はどちらも，現実のシナリオ（それぞれ 4.5 と 7.1）に比べ，理想のシナリオ（それぞれ 7.4 と 10.5）のほうが高い値を有している。実際のシナリオは，低いシステミックレベルが F-15 とブラックホークのパイロットに割り当てられた最も高い中心性

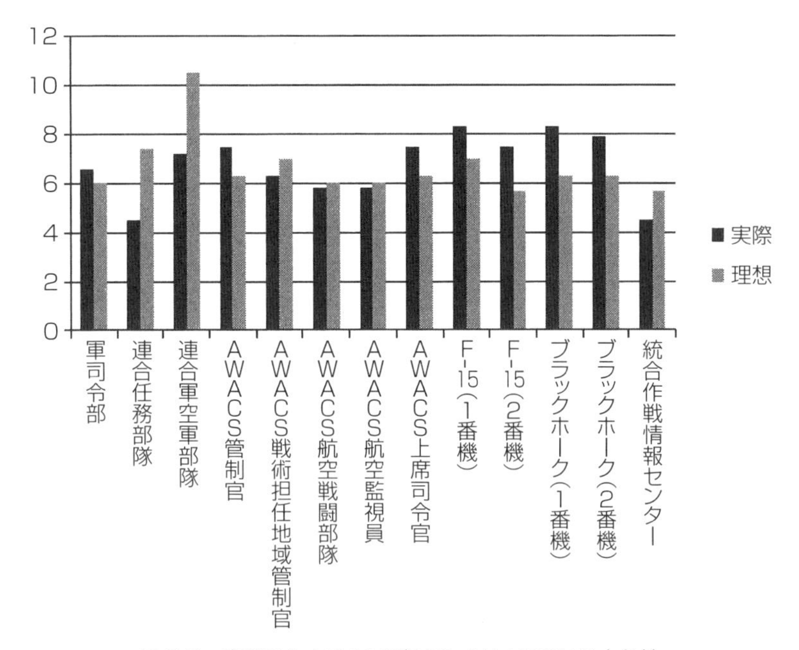

図8-8　実際のシナリオと理想のシナリオにおける中心性

の値 4 を有しているという，中心性の値によって特徴づけられている。これに対して，理想のシナリオでの最も高い 4 つの値は，連合軍空軍部隊，連合任務部隊，空中警戒管制システム戦術担任地域管制官，そして F-15 に対するものであった。

SNA（社会ネットワーク分析）は，2 つのシステム間に存在する鍵となるコミュニケーションに違いがあることを明らかにしている。双方のシナリオについて，同程度のネットワークの密度が見られた。これは双方のシナリオが，似たレベルのコミュニケーションのつながりを有していることを意味している。重要なことに，その他の用いられた評価指標を見ると，これらのつながりは 2 つのシナリオにおいて異なる形で利用されたことがわかる。社会的地位の結果は，理想のシナリオでは，実際のシナリオに比べ，多数のエージェントがコミュニケーションに関して多大な貢献を果たしたことを示している。これは結果として，情報がネットワーク内を容易に行き来することができたことになる。このことから，より高いレベルのコミュニケーションが兄弟殺し事故の防止対策として効果があるかもしれないと結論することができる。逆にいえば，システムにおける低いレベルのコミュニケーションは，兄弟殺し事故に関して鍵となる原因要素になるかもしれない。具体的にいうと，システムのより高いレベルの組織（たとえば連合軍空軍部隊と連合任務部隊）の貢献度は低いレベルにあることが見いだされた。これは，より高いレベルの組織からの低レベルのコミュニケーションが，兄弟殺し事故における原因要素となりうることを仮説的に示唆している。中心性における結果は，実際のシナリオと比べて理想のシナリオのほうが，組織システムの高いレベルのエージェントが高い中心性を有することを証明している。これは理想のシナリオにおいて，システム内の高いレベルのエージェントが，システムの他のエージェントに対して，より強いつながりを持つことを示すものである。

8.5.3　コミュニケーション利用図（CUD）

CUD（Watts and Monk 2000）は，コミュニケーションとコミュニケーションを媒介するために使われている技術を表すために用いられる。この事故でのエージェント間のコミュニケーションを含むシナリオにおいて，HTA の低いレベルのステップは，関係するエージェント，ワークシステム全体での役割，コミュニケーション行動を起こしたコミュニケーション媒体（たとえば無線通信，対面での会話，文書）という点で記述されている。CUD 分析から抽出されたことは表 8-3 に示されている。

双方のシナリオで 3 種類のコミュニケーション媒体が利用されていた。すなわち，特務命令の伝達における無線通信，対面での会話，文書による伝達である。

図 8-9 は，実際のシナリオと理想のシナリオにおける各コミュニケーション媒体の利用頻度を示している。

実際のシナリオと理想のシナリオの双方において，無線通信が最も一般的に用いられるコミュニケーションの手段であった。シナリオ間での最も大きな違いは，文書でのコミュニケーションであり，命令などの伝達において，実際の

表8-3　実際のシナリオについてのCUDの抽出結果

段階	行為	エージェント	ワークポジション1	ワークポジション2	エージェント	無線通信	対面での会話	文書
1.2.1と3.1.1	BHのミッション要請を受け取る	MCC	MCC	CTF	CTF	1		
1.2.2と3.1.2	BHのミッション要請を承認する	CTF	CTF	MCC	MCC	1		
2.1.1	ROE訓練	CFAC	CFAC				1	
2.1.2.1	ROEブリーフィング	CFAC	CFAC				1	
2.1.2.2.2	SPINSブリーフィング発行	CFAC	CFAC					1
2.1.2.3.2	ACOブリーフィング発行	CFAC	CFAC					1
2.1.2.4.2	ATOブリーフィング発行	CFAC	CFAC					1
2.2.1	CFAC日程調整ミーティング	CFAC	CFAC				1	
2.2.2.2	CFACアップデート発行	CFAC	CFAC					1
3.1.3.1	ROEのブリーフィング	MCC	MCC	BH	BH		1	
3.1.3.2.2	軍事行動としてのATO発行	MCC	MCC	BH	BH			1
3.1.3.3.2	軍事行動としてのACO発行	MCC	MCC	BH	BH			1
3.1.3.4.2	軍事行動としてのSPINS発行	MCC	MCC	BH	BH			1
3.2.1.2と7.1	JOICにMCCの日程を送る	MCC	MCC	JOIC	JOIC			1
3.2.2.2と7.2	JOICにMCCの状況報告書を送る	MCC	MCC	JOIC	JOIC			1

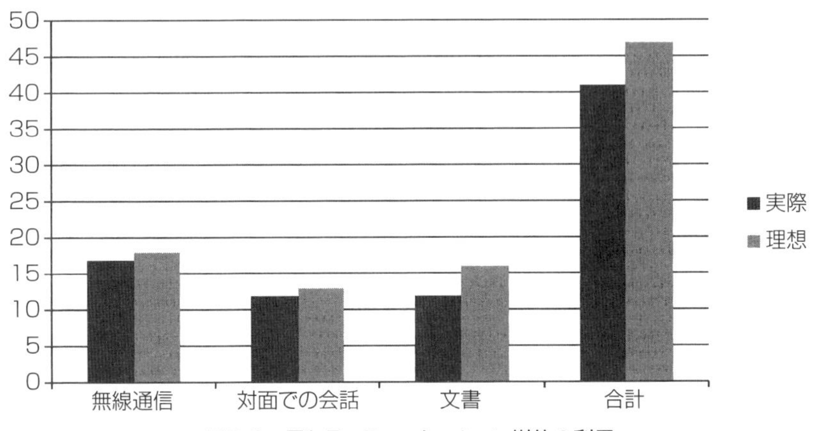

図8-9　異なるコミュニケーション媒体の利用

シナリオでもっと多く用いられるべきであったことが示唆された。CUD分析は，2つのシナリオにおける全体的なコミュニケーションのレベルの比較を可能にする。この分析では，実際のシナリオと比較して，理想のシナリオでは高レベルのコミュニケーションがなされることが明らかにされた。すなわち，低レベルのコミュニケーションが兄弟殺し事故の原因要素であった可能性が示唆された。

8.5.4 協調要求分析（CDA）

CDA（Burke 2004）は，協調シナリオにおけるチームメンバー内での協調レベルの定量的評価を提供する。その最初のインプットとしてHTAを再度利用すると，協調活動のボトムレベルでのタスクステップにおいてなされているチームメンバーの協調が，多くの鍵となる次元で評価された（表8-4を参照）。

まずタスクは，チームワーク作業（すなわち2人以上のチームメンバーによ

表8-4　CDAチームワークの分類基準（Burke 2004に基づいて作成）

協調の次元	定義
コミュニケーション	送信，受信，乗組員間での情報共有
状況認識（SA）	問題のソースと本質の特定，外的環境に対する正確な理解の維持，行為を必要とする状況の検出
意思決定（DM）	問題に対して起こりうる状況を特定すること，各選択肢がもたらす結果を評価すること，最善の選択肢を選択すること，意思決定を行うのに必要な情報を集めること
任務分析（MA）	チームのリソースについての監視·配分·調整，タスクの優先順位付け，ゴールの設定とそこに至る計画の設定，緊急時プランの作成
リーダーシップ	他者の活動の指示，チームメンバーのパフォーマンスの監視と評価，メンバーのモチベーション向上，任務欲求についてのコミュニケーション
適応力	必要に応じて行動様式を変える力，プレッシャーが与えられても建設的な行動を維持する力，内的·外的変化への適応
自己主張	意思決定に意欲的であること，主導権を発揮すること，事実に基づき納得するまでは1つの立ち位置であり続けること
全体的協調	乗組員間でのインタラクションや協調に対する全体的ニーズ

る協同）と割り当て作業（すなわち 1 人だけで隔離された状態で完了する仕事）に分類された。実際のシナリオでは，タスクステップの 61 % はチームワークを含む作業であり，残りの 39 % は個人のタスクすなわち割り当て作業のタスクであった。同様に理想のシナリオでは，タスクステップの 65 % はチームワークを含む作業であり，残りの 35 % は割り当て作業のみであった。これは，双方のシナリオにおいてチームワークタスクのレベルは同等であることを示唆する。

次にタスクステップの分類により，表 8-4（Burke 2004 を基に作成）に示される 8 つの次元について，各チームワークタスクステップでの協調レベルが，1～3 のスケールで評価された。

構成要素のスコアを平均することで，全体的協調スコアが求められる。2.25（75 %）の評価値は高いレベルの協調活動を示すとみなされる（Stanton, Baber and Harris 2008）。実際のシナリオと理想のシナリオに対する CDA 評価値を図 8-10 に示す。

理想のシナリオでは，チームワーク作業において高いレベルの協調が認められた。このことから，理想のシナリオにおいて協調が必要とされているチームワーク作業の量は多くはないものの，チームワークタスクが行われている間

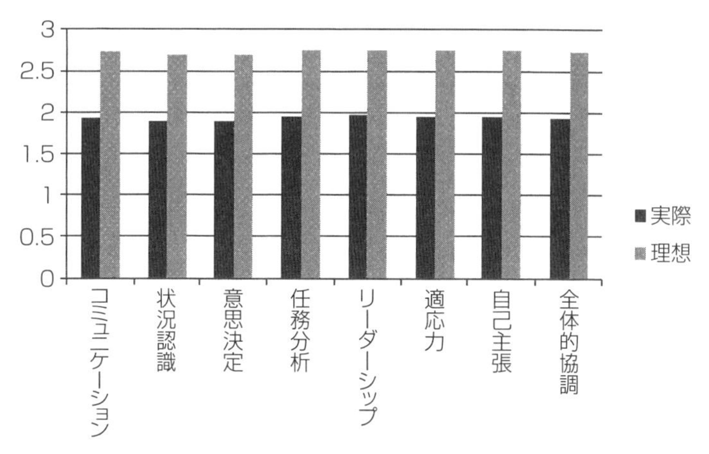

図 8-10　協調要求分析の結果

は，メンバー間には高いレベルの協調が求められていると結論付けることができる。

8.5.5　命題ネットワーク

命題ネットワークを作成するために，事故に関する文献の内容分析が行われた。この目的は，シナリオにおいて鍵となる概念または情報要素と，それらの関係を確認することである。これは開発されるべき各シナリオにおいて，システムの状況認識を表現することであり，各エージェントによる情報要素の所有，使用，コミュニケーションを調べることである。

以下の 2 つのシナリオにおいて，命題ネットワークが作成された。1 つはシナリオ全体を通しての状況認識について表しており，もう 1 つはシナリオの 11 の各フェーズをカバーしている。事故の各フェーズのネットワークは，関係するエージェントによる情報要素の使用を表すために，色によってコード化された。これによって，シナリオにおいて使用された情報を時間的にたどることができるようになった。たとえば，双方のシナリオ（すなわち 8.22 で示したもの）の開始状態となる状況認識を表現する命題ネットワークは図 8-11 および図 8-12 となる。

エージェントの能動的な情報の覚知に依存して，情報要素は大まかにセクションごとにまとめられている。これにより 1 つの事実が明らかになった。すなわち，実際のシナリオでは，F-15 のパイロットはブラックホークの任務について，その日にブラックホークがどこかで飛行するかもしれないということくらいしか知らなかったのである。また，実際のシナリオにおける F-15 のパイロットは，彼らが飛行する前に戦術担任地域において他の飛行が行われることはなく，すべての飛行は空中警戒管制システムにより追尾されていると思っていたのである。

ネットワーク分析統計を用いることによって，命題ネットワークの検討が深められた。たとえば状況認識の背後にある鍵となる情報要素を特定するために，社会的地位が用いられた（Salmon et al. 2009）。社会的地位の計算によって，このケースでの鍵となる情報要素が特定された。鍵となる情報要素（表 8-

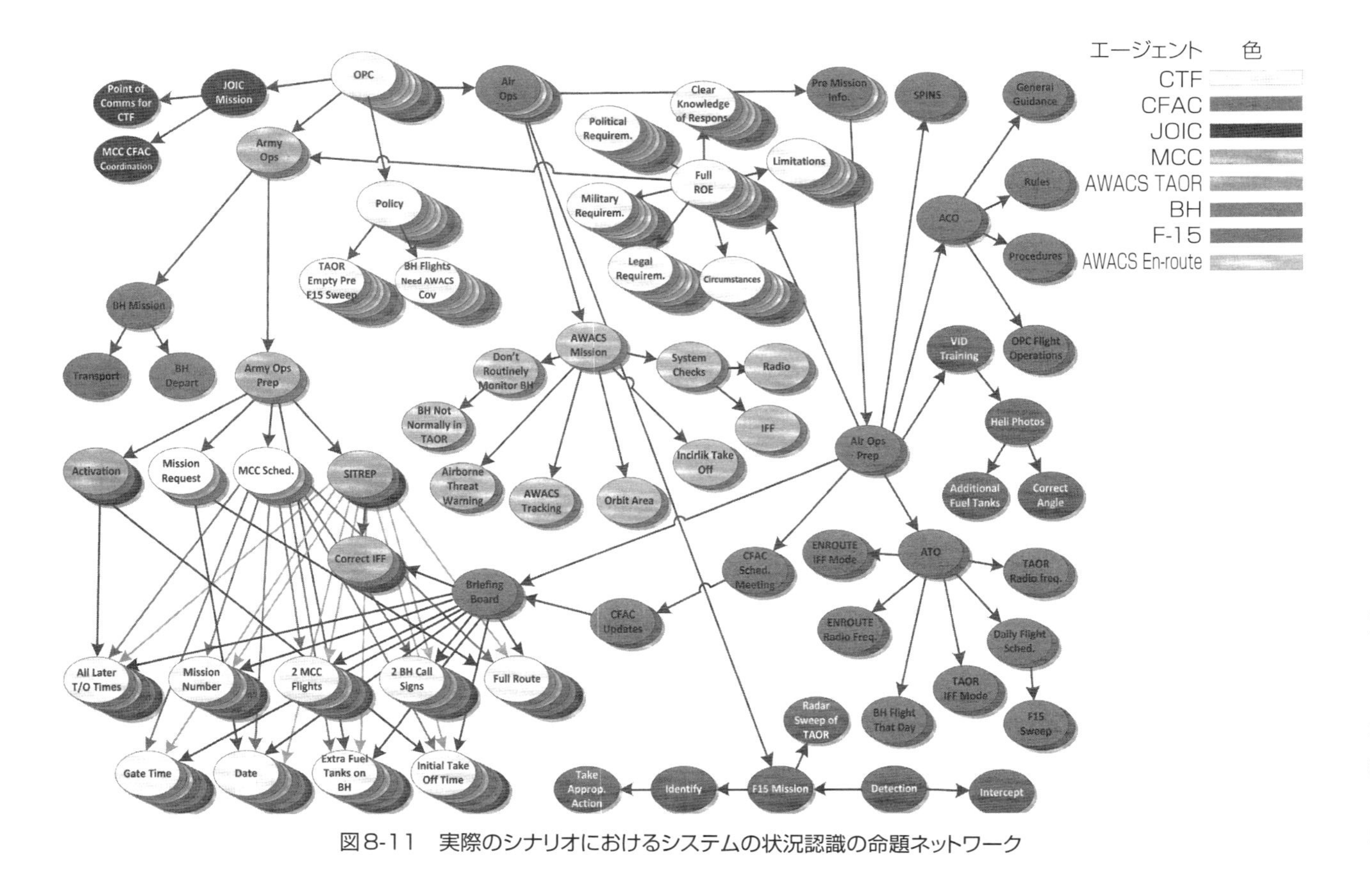

図 8-11　実際のシナリオにおけるシステムの状況認識の命題ネットワーク

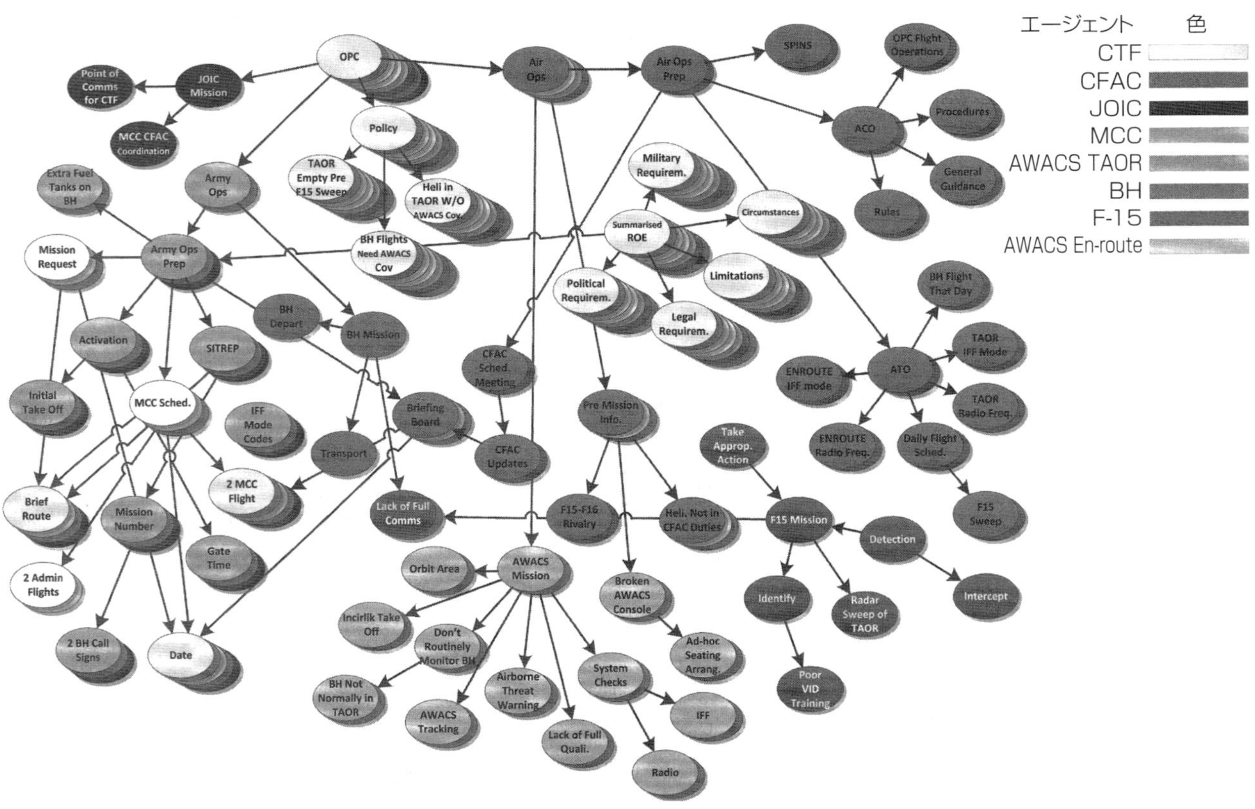

図8-12　理想のシナリオにおけるシステムの状況認識の命題ネットワーク

表8-5　実際のシナリオと理想のシナリオにおける鍵となる情報要素

鍵となる情報要素	実際のシナリオ	理想のシナリオ
要約されたROE		
軍事作戦の準備		
AWACSの任務		
ATO		
航空作戦の準備		
F-15の任務		
航空作戦		
ACO		
軍事作戦		
SITREP		
BHの任務		
En-route IFFモード		
En-route無線周波数		
AWACSの追尾		
F-15のコンタクト報告		
ブリーフィング会議		
MCCのスケジュール		
完全なROE		

5）は，「平均値＋1×標準偏差」より高い値を持つものとしている。

実際のシナリオと理想のシナリオが共有する 7 つの鍵となる情報要素が見られた。すなわち，軍事作戦の準備，空中警戒管制システムの任務，航空任務命令，航空作戦の準備，F-15 の任務，状況報告（SITREP），空中警戒管制システムの追尾である。理想のシナリオには，さらに 3 つの鍵となる情報要素がある。すなわち，ブリーフィング会議，軍司令部のスケジュール，完全な交戦規定である。F-15 のブリーフィングルームでのブリーフィング会議にはブラックホークの飛行に関する情報が含まれているが，実際のシナリオでは，この情報は F-15 のパイロットには知らされていなかった。理想のシナリオでは，

F-15 のパイロットはこの情報をきちんと受け，これにより戦術担任地域内の友軍機を確認する準備がなされる。これはシナリオの鍵となる情報要素であり，ブラックホークの撃墜を防ぐための鍵となる情報部分でもある。軍司令部のスケジュールも，ブラックホークの任務に関する情報を含んでいる。理想のシナリオの場合のように，この情報が適切に伝達・共有されていれば，すべてのエージェントがブラックホークの飛行に気付き，やはりブラックホークの撃墜を防ぐことができただろう。

2 つのシナリオの最も重要な違いは交戦規定に関する情報要素である。実際のシナリオでは要約された交戦規定が用いられていたのに対して，理想のシナリオでは完全なものが用いられている。交戦規定が要約版であるということは，F-15 のパイロットと空中警戒管制システムのスタッフは彼らの置かれた状況において，交戦規定に関する理解が不正確であったことを意味する。これにより，空中警戒管制システムからのガイダンスが欠落することになり，ブラックホークを撃ち落とす結果がもたらされたといえる。理想のシナリオでは，すべての関係者が完全な交戦規定を理解しており，撃墜が起こることはない。F-15 のパイロットは攻撃が許可されていないことを承知しており，空中警戒管制システムのスタッフからはどのような措置をすべきかのガイダンスを受け取るであろう。

実際のシナリオでは前述の要約された交戦規定に加えて，さらに航空作戦，航空統制命令，軍事作戦，ブラックホークの任務，航空路敵味方識別モード，航空路無線周波数，F-15 のコンタクト報告という 7 つの情報要素が含まれていた。理想のシナリオでは，これらの追加的な情報要素は，鍵となる情報要素としては必要とされていない。たとえば実際のシナリオでは航空路敵味方識別モードと航空路無線周波数が含まれているが，ブラックホークのパイロットは戦術担任地域に入る際に正しい戦術担任地域の敵味方識別モードと無線周波数に切り替えることになっているので，それらは理想のシナリオにおける鍵にはならないのである。

各シナリオにおける状況認識の展開を調査するために，展開された鍵となるイベントに基づいて，それらは 11 のフェーズに分けられた。実際のシナリオと理想のシナリオの各フェーズにおいて，命題ネットワークが作成された。各フェーズにおいて鍵となる情報要素の概要を，表 8-6（実際のシナリオ）と表 8-7（理想のシナリオ）に示す。

表 8-6 は，シナリオ全体における状況認識の展開を示している。シナリオを通して，大部分の鍵となる情報要素は安定したままであった。しかし，空中警戒管制システムの追尾，航空路敵味方識別モード，航空路無線周波数は，航空路敵味方識別と無線周波数を使用していたブラックホークを空中警戒管制システムが追尾していたシナリオフェーズにおいてのみ，鍵となる情報要素であった。またこの表は，09:21 にブラックホークが戦術担任地域に入るまで，鍵となる情報としてのブラックホークの任務が欠落していたことも明らかにしている。このことより，ブラックホークが戦術担任地域に入るまで，ブラックホークの任務についての知識が，システム全体に周知・共有されていなかったとい

表8-6　実際のシナリオの各フェーズにおいて鍵となる情報要素

鍵となる情報要素	フェーズ										
	1 (08:22)	2 (09:21)	3 (09:27)	4 (09:54)	5 (10:12)	6 (10:15)	7 (10:20)	8 (10:21)	9 (10:22)	10 (10:24)	11 (10:28)
要約されたROE	■	■	■	■	■	■	■	■	■	■	■
軍事作戦の準備	■	■	■	■	■	■	■	■	■	■	■
AWACSの任務	■	■	■	■	■	■	■	■	■	■	■
ATO	■	■	■	■	■	■	■	■	■	■	■
航空作戦の準備	■	■	■	■	■	■	■	■	■	■	■
F-15の任務	■	■	■	■	■	■	■	■	■	■	■
航空作戦	■	■	■	■	■	■	■	■	■	■	■
ACO	■	■	■	■	■	■	■	■	■	■	■
軍事作戦	■	■	■	■	■	■	■	■	■	■	■
SITREP	■	■	■	■	■	■	■	■	■	■	■
BHの任務		■	■	■	■	■	■	■	■	■	■
En-route IFFモード		■		■							
En-route無線周波数		■		■							
AWACSの追尾		■		■				■	■	■	■
F-15のコンタクト報告										■	■

う仮説が導かれる。攻撃が報告されると同時に，F-15 のコンタクト報告は鍵となる情報要素となっているが，これは予想されたことである。

表 8-7 は，各シナリオフェーズでの鍵となるアクティブな情報要素を表すことにより，理想のシナリオにおける状況認識の進展を示すものである。

理想のシナリオ全体を通して，ほとんどの鍵となる情報要素が安定的なままだったことが，表 8-7 によって示される。F-15 の任務は，F-15 が 10:15 に離陸した後のみ鍵となる情報要素になっている。空中警戒管制システムの追尾は，実際のシナリオに比べ，理想のシナリオにおいてより顕著となっている。

表8-7　理想のシナリオの各フェーズにおいて鍵となる情報要素

鍵となる情報要素	フェーズ										
	1 (08:22)	2 (09:21)	3 (09:27)	4 (09:54)	5 (10:12)	6 (10:15)	7 (10:20)	8 (10:21)	9 (10:22)	10 (10:24)	11 (10:28)
完全なROE											
軍事作戦の準備											
AWACSの任務											
ATO											
航空作戦の準備											
F-15の任務											
SITREP											
ブリーフィング会議											
MCCのスケジュール											
AWACSの追尾											

8.5.6　活動シーケンス図（OSD）

この事故において起こったイベントの時間的シーケンスを図示するために，OSD が用いられた。これはシナリオを通して，誰がかかわっているか，どの時点でどのイベントが起こっているかを示すものである。これにより，プロセス間の時間的構成や関係性などについて，シナリオの簡潔で系統的な解釈が可能となる。すなわち OSD は，HTA，CDA，CUD，SNA のアウトプットである，タスク，関係者，コミュニケーション，社会組織，シナリオの連続的・時間的要素を要約表現する。サイズが大きくなるため，ここでは OSD の全体を示すことはできないが，OSD の概要をオペレーション負荷計算の形で示しておく。これは異なるエージェントが異なるタスクタイプ（たとえばオペレーション，送信，受信，要請）に必要とされる頻度を表すものである。実際のシナリオに対するオペレーション負荷値を表 8-8 に，理想のシナリオでのオペレーション負荷値を表 8-9 に示す。

表 8-8 と表 8-9 で示されるように，オペレーション総数は理想のシナリオのほうが実際のシナリオより多い。これは，理想のシナリオでは高いレベルのワークロードが存在することを示唆している。だが，実際のシナリオにおいてこそ，高いレベルのワークロードが存在すると思われるかもしれない。というのも，高いワークロードがかかる際，チームはエラーを起こす大きなリスクにさらされることが，研究によって明らかにされているからである（Salas et al.

表8-8　実際のシナリオにおけるオペレーション負荷

	オペレーション	送信	受信	要請	合計
軍司令部	2	10	2	0	14
連合任務部隊	0	2	2	0	4
連合軍空軍部隊	4	84	0	0	88
管制塔	10	8	28	0	46
戦術担任地域	6	8	24	1	39
航空戦闘部隊	5	2	14	0	21
航空監視員	5	1	12	0	18
上席司令官	6	2	19	0	27
F-15（1番機）	8	23	22	1	54
F-15（2番機）	6	5	16	0	27
ブラックホーク（1番機）	7	10	9	0	26
ブラックホーク（2番機）	3	6	9	0	18
統合作戦情報センター	0	0	4	0	4
合計	62	161	161	2	386

表8-9　理想のシナリオにおけるオペレーション負荷

	オペレーション	送信	受信	合計
軍司令部	4	14	17	35
連合任務部隊	0	30	2	32
連合軍空軍部隊	15	121	14	150
管制塔	7	0	22	29
戦術担任地域	8	11	25	44
航空戦闘部隊	5	1	19	25
航空監視員	5	1	17	23
上席司令官	5	2	16	23
F-15（1番機）	10	13	26	49
F-15（2番機）	7	3	17	27
ブラックホーク（1番機）	3	8	14	25
ブラックホーク（2番機）	3	7	14	24
統合作戦情報センター	0	6	10	16
合計	72	217	213	502

2005）。しかし，データを詳細に検討すると，理想のシナリオでは，軍司令部，連合任務部隊，そしてとくに連合軍空軍部隊のようなシステムの高次にあるエージェントに大きなワークロードがかかり，一方，航空路管制官やブラックホークの1番機パイロットといったシステムの低次にある個別の関係者ではワークロードが低いことが示されている。これによって，システム全体においてはワークロードが等しい分布となることが示唆される。

8.6　考察

HTAにより，事故のシナリオにおいて起こってはならない，また起こらなかった多くの核となるオペレーションが確認された。これにより（政府報告ならびにこの事故に関する多くの学術的分析によって確認されている）事故を引き起こすことになった一連の要素の展開が明らかになった。CDAを通して，実際のシナリオが理想のシナリオより低い協調レベルであることが示され，協調活動が兄弟殺しを避けるために重要であることが確認された。SNA の結果では，兄弟殺しの事故を防止するために（連合軍空軍部隊や連合任務部隊のような）組織のより高いレベルのエージェントが下位（F-15 とブラックホーク）のエージェントに対して，より多くのコミュニケーションを行う必要性が示された。命題ネットワークにより，シナリオ全体を通して状況認識を支えている鍵となる情報要素に加えて，シナリオにおいて関係者が利用できる情報が明らかになった。具体的には，理想のシナリオで利用されている多くの鍵となる情報要素が，実際のシナリオでは利用されていなかったことが明らかになった。たとえば，軍司令部に状況報告のような鍵となる情報要素が共有されることで，事故の発生は潜在的に防ぐことができたと考えられる。情報がシステムに存在する，または利用できることは，その情報が処理されることを保証しない。知識が活性化されることは非常に重要であり，人々が何に気付いていたか，どのような情報が必要とされているのかを示してくれる（Stanton et al. 2006，Walker et al. 2006）。EAST により，システム内の情報を示すだけでなく，その情報ネットワークを通して，どの情報要素が誰により，いつ活性化されたのかについても特定することができる。

8.7　鍵となる指摘事項のまとめ

この章の狙いは，複雑な社会技術システムで起こる事故の原因要素を徹底的に調べることに，EAST のフレームワークを用いることであった。EAST は，実際の事故シナリオと，兄弟殺しの事故が起こりえない理想のシナリオの双方に適用された。結果を比較することによって，効果的なパフォーマンスと欠点のあるパフォーマンスの違いについての重要な洞察および，それにより兄弟殺しの事故の背後にある可能性のある原因要素についての考察が可能になった。EAST に組み入れられる手法を用いることにより，兄弟殺しに関する数多くの分析観点が適用され，結果として，関係する社会・情報・タスクネットワークの視点からの深い理解がなされた。

EAST は，事故に関係する核となる要因に関する議論だけでなく，これらの要因の定量的な測定も可能とした。これは，チーム間およびシナリオ間において，原因要素の統計的な比較を可能にし，事故の原因要素を深く掘り下げて探索することを可能にした。そしてそれらの定量的な値は，今後のさまざまな事故分析において利用可能であり，同様の測定が可能であろう。さらに，この分析により，これらの原因要素が互いにどのように関係しているかを探求することができる。

9
本書のまとめ

9.1 イントロダクション

この最終章の目的は，本書で紹介した分析手法を事故分析に用いたときのアウトプットを比較することである。すでに論じたように，紹介されたそれぞれの手法は，さまざまな点で特色あるものである。たとえば，背景理論，事故分析の表現の「タイプ」，適用される手順，引き出されるアウトプットなどである。その手法を適用するのに必要とされるリソース，分析者に要求される訓練レベル，その手法のアウトプットの信頼性や妥当性などといった，すでに考察された周辺的な要素に関連する疑問は別にして，残っている 1 つの鍵となる疑問は，事故分析を目的として用いる場合，本書で取り上げた手法のうち，どれが最も役に立つかということである。

9.2 手法の比較

当然のことながらこの質問には多くの次元があり，そしてその答えは，考慮すべき要素の範囲に依存している。たとえば，各手法の有用性は，分析の狙いと利用できるリソース（たとえば時間，分析者）に依存する。たとえば，事故が起こった社会技術システム全体にわたり，その事故に関係する原因要素のすべてを記述したいのであれば，STAMP または AcciMap のようなシステムアプローチが論理的に最も効果的である。しかし，ある特定の事故シナリオにおいて，特定の行動や特定のオペレーターのパフォーマンスに焦点を当てる場合は，タスクとオペレーターに焦点を当てる CPA または CDM のようなアプローチが効果的になるだろう。さらに分析に使えるリソースが限られているのならば，STAMP より AcciMap のほうが適切である。というのも，STAMP は投入される時間と分析者の訓練に，より多くのリソースを必要とするからである。

結局，我々の疑問は，どの手法が最も有用であり，最も単純なやりようなのか，ということである。つまり同じ事故に適用するのに，無限にリソースが利用できるとして，現時点の事故原因のモデルという点で，どの方法が最も網羅的な結果をもたらすのだろうか？

この質問に対する答えは，先述した Rasmussen のリスクマネジメントフレームワークを使うことで，端的にまとめることができる。図 9-1 は，記述された各組織レベルをどの程度カバーするかという点において，それぞれの手法により引き出しうるアウトプットを Rasmussen のリスクマネジメントフレームワーク上に表現したものである。図 9-1 の縦棒と，それに対応する Rasmussen のモデルのレベルは，リソースが無限のときに，その方法がどのレベルまで事故原因を明らかにすることができるものか，その能力を表している。たとえば AcciMap のようなシステムアプローチであれば，Rasmussen の示すすべてのレベルにおいて，問題点を特定する能力がある。ところが CPA のような，オペレーターに焦点を当てたアプローチでは，ある一連のタスクにおける特定の 1 人のオペレーターのパフォーマンスにのみ焦点を当てる。白い円によって表される縦棒の穴は，対象とする方法の制限内で，分析者が厳密に操作するときに，起こりうる脱落（すなわち，そのレベルでのすべての問題点を総合的にカバーするときの，その方法の問題点）を表す。たとえば，HFACS は問題点モードについて限られた分類基準を提供するものであるから，航空以外の領域においては，分析者が特定できる事故の貢献要因が制限を受けることはありうる（すなわち，いくつかの問題点は分類基準の外に存在するだろう）。

図 9-1 で示されるように，示された各手法はまったく異なる。図の左から始めると，AcciMap と STAMP は，複雑な社会技術システムの全体における問題点や事故起因源を明らかにしようと試みる点で，両者ともにシステムアプローチである。つまり，適切なデータがあれば，それらは Rasmussen のモデルが示すレベルのすべてをカバーする能力がある。一方，FTA はシステムアプロー

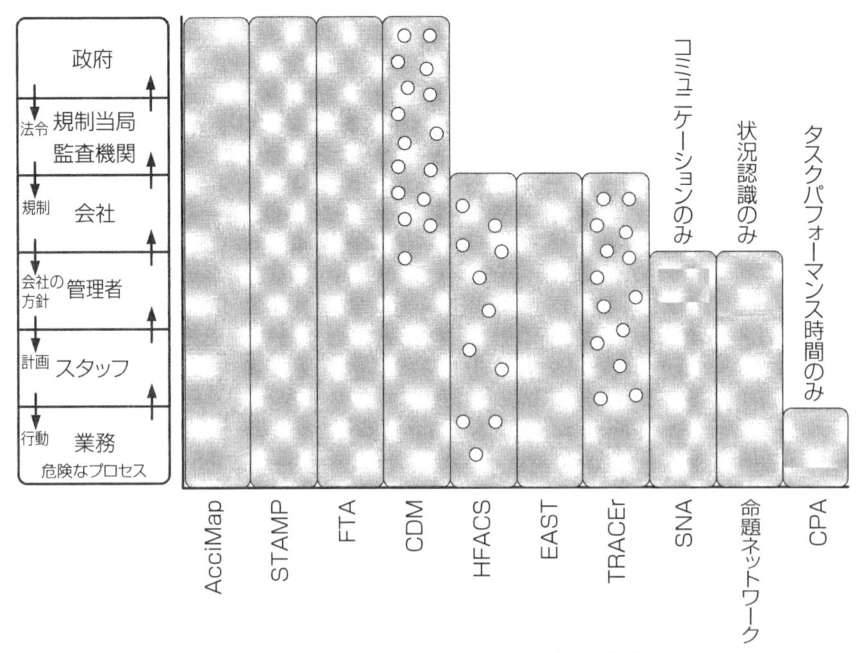

図9-1　システムに対する事故分析手法の能力

グラフは，その方法がRasmussenのフレームワークで記述されるどのレベルの貢献要素まで扱うことができるかを示している。白い穴は，（たとえば，失敗モードの分類の限界があるなどにより）その方法が，そのレベルの貢献要素のすべてまではカバーできないということを示している。

チとは一般に分類されないが，その柔軟性からして，おそらくシステム全体の6レベルにおいて問題点を明らかにすることができると思われる。しかし実際には，FTAの適用は，現場の問題や，そこに関係する人間やハードウェアの問題に多くは限られる。CDMアプローチは，一般に意思決定プロセスと，それらに影響している要因に焦点を当てる。ただし，少なくともインタビュー対象者の観点からではあるが，すべてのレベルにおいて問題点を明らかにすることはできる。分析はしたがって，タスクとスタッフレベルの問題点に重きが置かれたものになり，他のレベルについては，あまり包括的なものとはなりにくい。というのは，CDMの結果は，オペレーター個人の意見や知識を反映したものであり，システムの他のレベルの個人については一般に考慮しないからである。

図に沿って動くと，HFACS は組織の影響までの 4 つのレベルの問題点をカバーし，一般に政府および地方自治体レベルでの問題は扱わない（しかしながら最近のバージョンの手法では，それが扱えるように修正されている。たとえば Rashid et al. 2010）。さらに，定型的な分類法を用いることで，これらの分類法の範囲外の問題を，全 4 レベルにおいて見いだすことができる。続いて EAST と TRACEr は，どちらも Rasmussen のモデルでいうと会社・組織のレベルまでの問題点をカバーするグループとされる。EAST は異なる手法を組み合わせて用いるが，多くの場合，より高次にある政府レベルでの問題点を明らかにすることは困難である。それは，この手法は，現場での共同作業におけるタスク・社会・知識ネットワークを関係するものだからである。同様に，TRACEr は現場の個々のオペレーターによってなされたエラーにもっぱら焦点を当てており，会社レベルの行動形成要因までは含まない。

次は SNA と命題ネットワークであり，Rasmussen のモデルでの管理レベルまでの問題点をカバーする。一般に SNA は，タスク遂行中の，労働者，監督，マネージャー間のコミュニケーションに焦点を当てており，分析対象シナリオに先だってなされたコミュニケーションは含まない（これは適切なデータが与えられれば達成することができるが，より高次の組織のレベルにおいて，事故に先立ちなされていたコミュニケーションに関するデータを得ることは多くの場合，難しい）。命題ネットワークは状況認識だけに関係し，事故シナリオの始まる前とシナリオ中におけるシステムの認識をカバーする。したがって，ネットワークは分析対象（たとえばスタッフ，仕事，管理）の活動におけるレベルに対して包括的なものになる。しかし，このアプローチを，より高次の会社，規制当局，政府レベルでの状況認識の問題点を明らかにするために用いることは非常に難しい。というのは，この分析は，事故の起こる直前や事故の起こっている最中のイベントに焦点を当てるものであり，（高次の組織レベルでの状況認識の問題がもっぱら起きやすい）事故の起こる数週間前，数か月前といった頃の状況認識には焦点を当てていないからである。最後に，CPA は業務レベルのみをカバーするといわれている。それは一般に，現場のオペレーターによりなされるタスクや，彼らへの指示，異なるタスクシーケンスに対する推定パフォーマンス時間に焦点を当てる。

以上で示したように，適切な事故分析手法を選ぼうとする前に，分析の狙いと利用できるデータを明確化することが重要になる。それをすることによってのみ，最適な事故分析法が，確信を持って選択できるのである。事故分析に携わる実務者においては，事故分析活動において（たとえばエラー，意思決定，状況認識といった）調査を必要としそうな概念の多様な側面をカバーする，さまざまな事故分析手法の活用経験と訓練がやはり重要になるのである。

監訳者あとがき

不幸にして起こった事故から教訓を学び取り，再発防止へと活かしていくことは，安全推進の基本の一つであり，そのためには事故分析の方法論や手法が必要となる。

事故分析というと，連関図法（なぜなぜ分析）に代表されるRCA（root cause analysis：根本原因分析）の手法が有名である。

この手法は現場で生じた事故とその周辺において，事故をもたらした諸要素の因果状態を明らかとするのにきわめて有益である。いわば万能包丁のようなものであり，使い勝手がよく便利ではあるが，お刺身のお造りのような微細な調理や，逆にマグロの解体のような大きな対象をさばくことには向かない。それらにはそれに応じた刺身包丁や解体包丁が必要となる。つまり，ミリ秒単位で進展する認知プロセスに立ち入った分析や，監督・管理制度，企業経営，規制や監督行政などにまで立ち入らざるをえない事故（換言するなら，現場員の手が及ばないところの諸問題の帰結として生じた事故）の分析などには，相応の別の手法が求められる。

本書で紹介される事故分析の各手法は，それらRCA手法ではうまく扱えなかったタイプの事故を取り扱うためのものである。そして，そうしたタイプの事故は，ICT化が進むなかでシステムオペレーターには瞬時の判断が要求される機会が増え，一方では，巨大・複雑化する社会や社会技術システムにおいて，組織管理のあり方，規制行政のあり方が問われる事態も増え，珍しいこととはいえなくなっていることも，遺憾ながらまた事実である。本書で示されている手法が重宝される事態が生じてはならないことはもちろんではあるが，不幸にしてそれらの事故が生じたときには，それを解剖し，理解し，再発防止への教訓を一歩前進型で得ていくことはきわめて重要である。その際に，本書の各手法は大変有用なものである。

本書は実務書であり，第1章で事故分析の概念を紹介した後，第2章で，それら事故分析手法の概要が紹介されている。第 3 章から第 7 章までは，各手法の適用事例が詳しく紹介され，読者の実務的な理解を大いに助けている。さらに第 8 章は手法を組み合わせて用いる有用性を述べている。また第 9 章では各手法の適用範囲について相互比較を論じている。初学者でも理解しやすい内容ではあるが，手法の本質を理解するには，ある程度の事故調査，事故分析の経験を有していることが望ましいだろう。

本書の訳出について触れておきたい。原書は，監訳者である小松原が，研究室大学院生の演習において用いたもので，本書は彼らの訳をもとに整えたものである。演習に参加した院生は次のとおり（五十音順，敬称略）: 入福友一，小俣里奈，酒谷 修，東 大貴，前田佳孝。彼らの努力に敬意を表する。また本書の出版に理解をいただいた海文堂出版，並びに多大なるご支援をいただいた同社編集部岩本登志雄氏に厚くお礼申し上げる。

2016 年 7 月　監訳者 小松原明哲

参考文献

Alper, S.J. and Karsh, B.T. (2009) A systematic review of safety violations in industry. *Accident Analysis and Prevention*, 41, 739–54.

Annett, J. (2004) Hierarchical task analysis. In: D. Diaper and N. Stanton (eds), *The Handbook of Task Analysis for Human Computer Interaction*. Mahwah, NJ: Lawrence Erlbaum Associates, pp.67–82.

Annett, J. and Stanton, N.A. (2000) *Task Analysis*. London, UK: Taylor and Francis.

Annett, J., Duncan, K.D., Stammers, R.B. and Gray, M. (1971) *Task Analysis*. London: HMSO.

Arnold, R. (2009) A qualitative comparative analysis of SOAM and STAMP in ATM occurrence investigation. Unpublished MSc thesis, ⟨http://sunnyday.mit.edu/Arnold-Thesis.pdf⟩, accessed 27 Jan 2011.

Baber, C. (2004) Critical path analysis for multimodal activity. In: N. Stanton, A. Hedge, K. Brookhuis, E. Salas and H. Hendrick (eds), *Handbook of Human Factors and Ergonomics Methods*. Boca Raton, FL: CRC Press, pp.41.1–41.8.

Baber, C. and Mellor, B. (2001) Using critical path analysis to model multimodal human-computer interaction. *International Journal of Human-computer Studies*, 54, 613–36.

Baysari, M.T., Caponecchia, C., McIntosh, A.S. and Wilson, J.R. (2009) Classification of errors contributing to rail incidents and accidents: a comparison of two human error identification techniques. *Safety Science*, 47:7, 948–57.

Baysari, M.T., McIntosh, A.S. and Wilson, J. (2008) Understanding the human factors contribution to railway accidents and incidents in australia. *Accident Analysis and Prevention*, 40, 1750–7.

BBC News (2011) UK military deaths in Afghanistan and Iraq. ⟨http://www.bbc.co.uk/news/uk-10629358⟩, accessed 14 January 2011.

Bennett, J.D., Passmore, D.L. (1985) Multinomial logit analysis of injury severity in US underground bituminous coal mines, 1975–1982. *Accident Analysis and Prevention*, 17:5, 399–408.

Billiton, B.H.P. (2005) ICAM investigation guideline. Issue 3, guideline number G44.

Blandford, A. and Wong, B.L.W. (2004) Situation awareness in emergency medical dispatch. *International Journal of Human-Computer Studies*, 61:4, 421–52.

Bomel Consortium (2003) The factors and causes contributing to fatal accidents 1996/97 to 2000/01. Summary report. HSE Task ID BOM\0040. C998\01\117R, Rev B, November 2003.

Brazier, A. and Ward, R. (2004) Different types of supervision and the impact on safety in the chemical and allied industries: assessment methodology and user guide. Health and safety executive report.

Brazier, A., Gait, A. and Waite, P. (2004) Different types of supervision and the impact on safety in the chemical and allied industries. Health and safety executive report.

Brookes, A., Smith, M. and Corkill, B. (2009) Report to the Trustees of the Sir Edmund Hillary Outdoor Pursuit Centre of New Zealand: Mangatepopo Gorge incident, 15th April 2008.

Burke, S.C. (2004) Team task analysis. In: N.A. Stanton, A. Hedge, K. Brookhuis, E. Salas and H. Hendrick (eds), *Handbook of Human Factors and Ergonomics Methods*. Boca Raton, USA: CRC Press, pp.56.1–56.8.

Cannon-Bowers, J., Tannenbaum, S., Salas, E. and Volpe, C. (1995) Defining competencies and establishing team training requirements. In: R. Guzzo, and E. Salas (eds), *Team Effectiveness and Decision-making in Organisations*. San Francisco: Jossey Bass.

Card, S.K., Moran, T.P. and Newell, A. (1983) *The Psychology of Human-Computer Interaction*. Hillsdale, NJ: Lawrence Erlbaum Associates.

Cassano-Piche, A.L., Vicente, K.J. and Jamieson, G.A. (2009) A test of Rasmussen's risk management framework in the food safety domain: BSE in the UK. *Theoretical Issues in Ergonomics Science*, 10:4, 283–304.

Cawley, J.C. (2003) Electrical accidents in the mining industry, 1990–1999. *IEEE Transactions on Industry Applications*, 39, 1570–6.

Celik, M. and Cebi, S. (2009) Analytical HFACS for investigating human errors in shipping accidents. *Accident Analysis and Prevention*, 41 :1, 66–75.

Celik, M., Lavasani, S.M. and Wang, J. (2010) A risk-based modelling approach to enhance shipping accident investigation. *Safety Science*, 48:1, 18–27.

Cheng, A.S-K. and Ng, T.C.-K. (2010) Development of a Chinese motorcycle rider driving violation questionnaire. *Accident Analysis and Prevention*, 42:4, 1250–56.

Choudhry, R.M. and Fang, D. (2008) Why operatives engage in unsafe work behavior: investigating factors on construction sites. *Safety Science*, 46:4, 566–84.

Clarke, D.D., Ward, P., Bartle, C. and Truman, W. (2010) Killer crashes: fatal road traffic accidents in the UK. *Accident Analysis and Prevention*, 42:2, 764–70.

Cooper, P. (2003) Coalition deaths fewer than in 1991: we became stronger while Saddam became weaker. ⟨www.cnn.com⟩, accessed 25 June 2003.

Cox, T. and Cox, S. (1996) Work-related stress and control room operations in nuclear power generation. In: N. Stanton (ed.), *Human Factors in Nuclear Safety*. London, UK: Taylor and Francis pp.251–76.

Crandall, B., Klein, G. and Hoffman, R. (2006) *Working Minds: A Practitioner's Guide to Cognitive Task Analysis*. Cambridge, MA: MIT Press.

Cullen, Rt Hon Lord (2000) *The Ladbroke Grove Rail Inquiry. Part 1 Report*. Norwich: HSE Books, HMSO.

Dekker, S.W.A. (2002) Reconstructing human contributions to accidents: the new view on human error and performance. *Journal of Safety Research*, 33, 371–85.

Denis, D., St-Vincent, M., Imbeau, D. and Trudeau, R. (2006) Stock management influence on manual materials handling in two warehouse superstores. *International Journal of Industrial Ergonomics*, 36:3, 191–201.

Diaper, D. and Stanton, N.S. (2004) *The Handbook of Task Analysis for Human-computer Interaction*. New Jersey: Lawrence Erlbaum Associates.

Doytchev, D.E. and Szwillus, G. (2009) Combining task analysis and fault tree analysis for accident and incident analysis: a case study from Bulgaria. *Accident Analysis and Prevention*, 41:6, 1172–9.

Driskell, J.E. and Mullen, B. (2004) Social network analysis. In: N.A. Stanton, A. Hedge, K. Brookhuis, E. Salas and H. Hendrick (eds), *Handbook of Human Factors and Ergonomics Methods*. Boca Raton, USA: CRC Press, pp.58.1–58.6.

El Bardissi, A.W., Wiegmann, D.A., Dearani, J.A., Daly, R.C. and Sundt, T.M. (2007) Application of the human factors analysis and classification system methodology to the cardiovascular surgery operating room. *Annals of Thoracic Surgery*, 83, 1412–18.

Embrey, D.E. (1986) SHERPA: A Systematic Human Error Reduction and Prediction Approach. Paper presented at the International Meeting on Advances in Nuclear Power Systems. Knoxville, Tennessee, USA.

Endsley, M.R. (1995) Towards a Theory of Situation Awareness in Dynamic Systems. *Human Factors*, 37, pp.32–64.

Eysenck, M.W. and Keane, M.T. (1990) *Cognitive Psychology: A Student's Handbook*. Hove: Lawrence Erlbaum.

Feyer, A-M. Williamson, A.M., Stout, N., Driscoll, T., Usher, H. and Langley, J. (2001) Comparison of work-related fatal injuries in the United States, Australia and New Zealand: method and overall findings. *Injury Prevention*, 7, 22–8.

Finch, C., Boufous, S. and Dennis, R. (2007) Sports and leisure injury hospitalisations in

NSW, 2003–2004: sociodemographic and geographic patterns and sport-specific profiles. NSW Injury Risk Management Research Centre.

Flanagan, J.C. (1954) The critical incident technique. *Psychological Bulletin*, 51:4, 327–58.

Flores, A., Haileyesus, T. and Greenspan, A. (2008) National estimates of outdoor recreational injuries treated in emergency departments, United States, 2004–2005. *Wilderness and Environmental Medicine*, 19, 91–8.

Gaur, D. (2005) Human factors analysis and classification system applied to civil aircraft accidents in India. *Aviation Space and Environmental Medicine*, 76, pp.501–5.

Getty, D.J., Swets, J.A., Pickett, R.M. and Gonthier, D. (1995) System operator response to warnings of danger: a laboratory investigation to the effects of the predictive value of a warning on human response time. *Journal of Experimental Psychology: Applied*, 1:1, 19–33.

Gorman, J.C., Cooke, N. and Winner, J.L. (2006) Measuring team situation awareness in decentralised command and control environments. *Ergonomics*, 49:12–13, 1312–26.

Grabowski, M., You, Z., Zhou, Z., Song, H., Steward, M. and Steward, B. (2009) Human and organizational error data challenges in complex, large scale systems. *Safety Science*, 47:8, 1185–94.

Graham, R. (1999) Use of auditory icons as emergency warnings: evaluation within a vehicle collision avoidance application. *Ergonomics*, 42:9, 1233–48.

Gray, W.D., John, B.E. and Atwood, M.E. (1993) Project ernestine: validating a GOMS analysis for predicting and explaining real-world performance. *Human-Computer Interaction*, 8, 237–309.

Griffin, T.G.C., Young, M.S. and Stanton, N.A. (2010) Investigating accident causation through information network modelling. *Ergonomics*, 53:2, 198–210.

Groves, W., Kecojevic, V. and Komljenovic, D. (2007) Analysis of fatalities and injuries involving mining equipment. *Journal of Safety Research*, 38, 461–70.

Harms-Ringdahl, L. (2009) Analysis of safety functions and barriers in accidents. *Safety Science*, 47:3, 353–63.

Harris, D. and Li, W. (2011) An extension of the human factors analysis and classification system for use in open systems. *Theoretical Issues in Ergonomics Science*, 12:2, 108–28.

Harris, D., Stanton, N.A., Marshall, A., Young, M.S., Demagalski, J. and Salmon, P.M. (2005) Using SHERPA to predict design induced error on the flight deck. *Aerospace Science and Technology*, 9:6, 525–32.

Health and Safety Executive (I999) *Reducing Error and Influencing Behaviour.* HSE Books ISBN 0 717624528.

Health and Safety Executive (2008) Human factors: procedures. ⟨http://www.hse.gov.uk/humanfactors/comah/procedures.htm⟩.

Heinrich, H.W. (1931) *Industrial Accident Prevention: A Scientific Approach.* New York: McGraw-Hill.

Hobbs, A. and Williamson, A. (2002) Unsafe acts and unsafe outcomes in aircraft maintenance. *Ergonomics*, 45:12, 866–82.

Hollnagel, E. (1998) *Cognitive Reliability and Error Analysis Method – CREAM.* 1st edition, Oxford: Elsevier Science.

Hollnagel, E. (2004) *Barriers and Accident Prevention.* Aldershot, UK: Ashgate Publishing.

Hone, K. and Baber, C. (2001) Designing habitable dialogues for speech-based interaction with computers. *International Journal of Human Computer Studies*, 54, 637–62.

Hopkins, A. (2000) *Lessons from Longford: The Esso Gas Plant Explosion.* Sydney: CCH.

Houghton, R.J., Baber, C., McMaster, R., Stanton, N.A., Salmon, P.M., Stewart, R. and Walker, G.H. (2006) Command and control in emergency services operations: a social network analysis. *Ergonomics*, 49:12–13, 1204–25.

Houghton, R.J., Baber, C., Cowton, M., Stanton, N.A. and Walker, G.H. (2008) WESTT (Workload, Error, Situational Awareness, Time and Teamwork): an analytical prototyping system for command and control. *Cognition Technology and Work*, 10:3, 199–207.

Iden, R. and Shappell, S.A. (2006) A human error analysis of U.S. fatal highway crashes 1990–2004. Paper presented at the Human Factors and Ergonomics Society 50th Annual Meeting, Santa Monica, CA.

Independent Police Complaints Commission (IPCC) (2007) Stockwell One: investigation into the shooting of Jean Charles de Menezes at Stockwell underground station on 22 July 2005. Published by the Independent Police Complaints Commission (IPCC) on 8 November 2007.

Jacinto, C., Canoa, M. and Guedes Soares, C. (2009) Workplace and organisational factors in accident analysis within the food industry. *Safety Science*, 47:5, 626–35.

Jenkins, D.P., Salmon, P.M., Stanton, N.A. and Walker, G.H. (2010) A systemic approach to accident analysis: a case study of the Stockwell shooting. *Ergonomics*, 3:1, 1–17.

Jenkins, S. and Jenkinson, P. (1993) Report into the Lyme Bay canoe tragedy. Devon

County Council report.

John, B.A. and Newell, A. (1990) Toward an engineering model of stimulus-response compatibility. In: R.W. Proctor and T.G. Reeve (eds), *Stimulus-response Compatibility*. Amsterdam: North-Holland Publishing, pp.427–79.

Johnson, C.W. and de Almeida, I.M. (2008) Extending the borders of accident investigation: applying novel analysis techniques to the loss of the Brazilian space launch vehicle VLS-1 V03. *Safety Science*, 46:1, 38–53.

Karra, V.K. (2005) Analysis of non-fatal and fatal injury rates for mine operator and contractor employees and the influence of work location. *Journal of Safety Research*, 36:5, 413–21.

Kecojevic, V., Komljenovic, D., Groves, W. and Radomsky, M. (2007) An analysis of equipment-related fatal accidents in U.S. mining operations: 1995–2005. *Safety Science*, 45, 864–74.

Kirwan, B. (1992a) Human error identification in human reliability assessment. Part 1: overview of approaches. *Applied Ergonomics*, 23:5, 299–318.

Kirwan, B. (1992b) Human error identification in human reliability assessment. Part 2: detailed comparison of techniques. *Applied Ergonomics*, 23:6, 371–81.

Kirwan, B. (1998a) Human error identification techniques for risk assessment of high-risk systems. Part 1: review and evaluation of techniques. *Applied Ergonomics*, 29:3, 157–77.

Kirwan, B. (1998b) Human error identification techniques for risk assessment of high-risk systems. Part 2: towards a framework approach. *Applied Ergonomics*, 29:5, 299–319.

Kirwan, B. and Ainsworth, L.K. (1992) *A Guide to Task Analysis*. London, UK: Taylor and Francis.

Klein, G. and Armstrong, A.A. (2004) Critical decision method. In: N.A. Stanton, A. Hedge, E. Salas, H. Hendrick and K. Brookhaus (eds), *Handbook of Human Factors and Ergonomics Methods*. Boca Raton, FL: CRC Press, pp.35.1–35.8.

Klein, G.A., Calderwood, R. and Clinton-Cirocco, A. (1986) Rapid decision-making on the fireground. Proceedings of the 30th Annual Human Factors Society Conference. Dayton, OH: Human Factors Society, pp.576–80.

Klein, G., Calderwood, R, and McGregor, D. (1989) Critical decision method for eliciting knowledge. *IEEE Transactions on Systems, Man and Cybernetics*, 19:3, 462–72.

Klinger, D.W. and Hahn, B.B. (2004) Team decision requirement exercise: making team decision requirements explicit. In: N.A. Stanton, A. Hedge, K. Brookhuis, E. Salas and H. Hendrick (eds), *Handbook of Human Factors Methods*. Boca Raton: CRC

Press.

Kontogiannis, T., Kossiavelou, Z. and Marmaras, N. (2002) Self-reports of aberrant behaviour on the roads: errors and violations in a sample of Greek drivers. *Accident Analysis and Prevention*, 34, 381–99.

Kowalski-Trakofler, K. and Barrett, E. (2007) Reducing non-contact electric arc injuries: an investigation of behavioral and organizational issues. *Journal of Safety Research*, 38, 597–608.

Lawton, R. (1998) Not working to rule: understanding procedural violations at work. *Safety Science*, 28:2, 77–95.

Lawton, R. and Ward, N.J. (2005) A systems analysis of the Ladbroke Grove rail crash. *Accident Analysis and Prevention*, 37, 235–44.

Le Coze, J.-C. (2010) Accident in a French dynamite factory: an example of an organisational investigation. *Safety Science*, 48:1, 80–90.

Leigh, J.P., Waehrer, G., Miller, T.R. and Keenan, C. (2004) Costs of occupational injury and illness across industries. *Scandinavian Journal of Work, Environment, and Health*, 30, 199–205.

Lenné, M., Salmon, P., Regan, M., Haworth, N. and Fotheringham, N. (2007) Using aviation insurance data to enhance general aviation safety: phase 1 feasibility study. In: J.M. Anca (ed.), *Multimodal Safety Management and Human Factors – Crossing the Borders of Medical, Aviation, Road and Rail Industries*. Aldershot, UK: Ashgate Publishing, pp.73–82.

Lenné, M.G., Ashby, K. and Fitzharris, M. (2008) Analysis of general aviation crashes in Australia using the human factors analysis and classification system. *International Journal of Aviation Psychology*, 18, 340–52.

Leveson, N.G. (2002) *A New Approach to System Safety Engineering*. Cambridge, MA: Aeronautics and Astronautics, Massachusetts Institute of Technology.

Leveson, N.G. (2004) A new accident model for engineering safer systems. *Safety Science*, 42:4, 237–70.

Leveson, N.G. (2009) The need for new paradigms in safety engineering. Safety-critical systems: problems, process and practice: 3-20. Proceedings of the Seventeenth Safety-critical Systems Symposium, Brighton, UK, 3–5 February 2009.

Leveson, N., Allen, P. and Storey, M.A. (2002) The analysis of a friendly fire accident using a systems model of accidents. In: *Proceedings of the 20th International System Safety Society Conference (ISSC 2003)*. Unionville, VA: System Safety Society, pp.345–57.

Leveson, N., Daouk, M., Dulac, N. and Marias, K. (2003) A systems theoretic approach to safety engineering. Paper presented at workshop on investigation and reporting of incidents and accidents (IRIA), 16–19 September 2003, Virginia, USA.

Li, W.-C. and Harris, D. (2006) Pilot error and its relationship with higher organizational levels: HFACS analysis of 523 accidents. *Aviation, Space and Environmental Medicine*, 77, 1056–61.

Li, W.-C., Harris, D. and Yu, C.-S. (2008) Routes to failure: analysis of 41 civil aviation accidents from the Republic of China using the human factors analysis and classification system. *Accident Analysis and Prevention*, 40:2, 426–34.

Lombardi, D.A., Verma, S.K., Brennan, M.J. and Perry, M.J. (2009) Factors influencing worker use of personal protective eyewear. *Accident Analysis and Prevention*, 41:4, 755–62.

Maiti, J. and Bhattacherjee, A. (1999) Evaluation of risk of occupational injuries among underground coal mine workers through multinomial logit analysis. *Journal of Safety Research*, 30, 93–101.

Marsden, P. (1996) Procedures in the nuclear industry. In: N. Stanton (ed.), *Human Factors in Nuclear Safety*. London, UK: Taylor and Francis, pp.99–116.

McKinsey and Company (2002a) Improving NYPD emergency preparedness and response. August 19, 2002.

McKinsey and Company (2002b) FDNY Fire operations response on September 11. McKinsey and Company report. ⟨http://www.nyc.gov/html/fdny/html/mck_report/toc.html⟩.

Metropolitan Police Service (MPS) (2008) Suspected suicide bombers – Operation Kratos.⟨http://www.met.police.uk/docs/kratos_briefing.pdf⟩, accessed 12/02/2009.

Militello, L.G. and Hutton, J.B. (2000) Applied Cognitive Task Analysis (ACTA): A practitioner's toolkit for understanding cognitive task demands. In: J. Annett and N.S. Stanton (eds), *Task Analysis*. London, UK: Taylor and Francis, pp.90–113.

Ministry of Defence (2004) Army board of inquiry report. ⟨http://www.mod.uk/NR/rdonlyres/C2384518-7EBA-4CFF-B127-E87871E41B51/0/boi_challenger2_25mar03.pdf⟩, accessed December 2007.

Murrell, K.F.H. (1965) *Human Performance in Industry*. New York: Reinhold Publishing.

Nallet, N., Bernard, M. and Chiron, M. (2010) Self-reported road traffic violations in France and how they have changed since 1983. *Accident Analysis and Prevention*, 42:4, 1302–9.

NATO (2002) Code of best Practice for C2 assessment. Department of Defense Command and Control Research Program (CCRP), 3rd Edition.

Nelson, P.S. (2008) A STAMP analysis of the LEX COMAIR 5191 accident. Unpublished MSc thesis, ⟨http://sunnyday.mit.edu/papers/nelson-thesis.pdf⟩, accessed 27 Jan 2011.

Nivolianitou, Z.S., Leopoulos, V.N. and Konstantinidou, M. (2004) Comparison of techniques for accident scenario analysis in hazardous systems. *Journal of Loss Prevention in the Process Industries*, 17:6, 467–75.

O'Hare, D., Wiggins, M., Williams, A. and Wong, W. (2000) Cognitive task analysis for decision centred design and training. In: J. Annett and N.A. Stanton (eds), *Task Analysis*. London: Taylor and Francis, pp.170–90.

Ockerman, J. and Pritchett, A. (2001) A review and reappraisal of task guidance: aiding workers in procedure following. *International Journal of Cognitive Ergonomics*, 4:3, 191–212.

Olsen, J.R. and Nielsen, E. (1988) The growth of cognitive modeling in human-computer interaction since GOMS. *Human-Computer Interaction*, 3, 309–50.

Olsen, J.R. and Olsen, G.M. (1990) The growth of cognitive modeling in human-computer interaction since GOMS. *Human-Computer Interaction*, 5, 221–65.

Olsen, N.S. and Shorrock, S.T. (2010) Evaluation of the HFACS-ADF safety classification system: inter-coder consensus and intra-coder consistency. *Accident Analysis and Prevention*, 42:2, 437–44.

Paletz, S.B.F., Bearman, C., Orasanu, J. and Holbrook, J. (2009) Socializing the human factors analysis and classification system: incorporating social psychological phenomena into a human factors error classification system. *Human Factors*, 51:4, 435–45.

Patterson, E.S., Rogers, M.L., Chapman, R.J. and Render, M.L. (2006) Compliance with intended use of barcode medication administration in acute and long term care: an observational study. *Human Factors*, 48:1, 15–22.

Patterson, J.M. and Shappell, S.A. (2010) Operator error and system deficiencies: analysis of 508 mining incidents and accidents from Queensland, Australia using HFAC. *Accident Analysis and Prevention*, 42:4, 1379–85.

Paul, P.S. and Maiti, J. (2008) The synergic role of sociotechnical and personal characteristics on work injuries in mines. *Ergonomics*, 51, 737–67.

Perrow, C. (1999) *Normal Accidents: Living With High-risk Technologies*. Princeton, New Jersey: Princeton University Press.

Piper, J.L. (2001) *A Chain of Events: The Government Cover-up of the Black Hawk Incident and the Friendly-fire Death of Lt. Laura Piper*. Virginia: Brasseys, Inc.

Rafferty, L.A., Stanton, N.A. and Walker, G.H. (2010) The famous five factors in teamwork: a case study of fratricide. *Ergonomics*, 53:10, 1187–1204.

Rafferty, L.A., Stanton, N.A. and Walker, G.H. (2009) FEAST: Fratricide Event Analysis of Systemic Teamwork. *Theoretical Issues in Ergonomics Science*.

Rafferty, L.A., Stanton, N.A. and Walker, G.H. (In Press) *Human Factors of Fratricide*. Aldershot, UK: Ashgate Publishing.

Rashid, H.S.J., Place, C.S. and Braithwaite, G.R. (2010) Helicopter maintenance error analysis: beyond the third order of the HFACS-ME. *International Journal of Industrial Ergonomics*, 40:6, 636–47.

Rasmussen, J. (1997) Risk management in a dynamic society: a modelling problem. *Safety Science*, 27:2/3, 183–213.

Reason, J. (1990) *Human Error*. Cambridge: Cambridge University Press.

Reason, J. (1995) A Systems Approach to Organizational Error. *Ergonomics*, 38, 1708–21.

Reason, J. (1997) *Managing the Risks of Organisational Accidents*. Burlington, VT: Ashgate Publishing.

Reason, J. (2002) Error management: combating omission errors through task analysis and good reminders. *Quality and Safety in Health Care*, 11:1, 40–44.

Reason, J. (2008) *The Human Contribution: Unsafe Acts, Accidents and Heroic Recoveries*. Aldershot, UK: Ashgate Publishing.

Reinach, S. and Viale, A. (2006) Application of a human error framework to conduct train accident/incident investigations. *Accident Analysis and Prevention*, 38, 396–406.

Riley, J. and Meadows, J. (1995) The role of information in disaster planning: a case study approach. *Library Management*, 16:4, 18–24.

Ripley, T. (2003) Combatting friendly fire. ⟨www.ft.com⟩, accessed 23 January 2003.

Royal Australian Air Force (2001) The report of the F-111 deseal/reseal board of inquiry. Canberra, ACT: Air Force Head Quarters.

Salas, E., Sims, D.E. and Burke, C.S. (2005) Is there a big five in teamwork? *Small Group Research*, 36:5, 555–99.

Salmon, P.M., Stanton, N.A., Walker, G.H., Jenkins, D.P., Baber, C. and McMaster, R. (2008) Representing situation awareness in collaborative systems: a case study in the energy distribution domain. *Ergonomics*, 51:3, 367–84.

Salmon, P.M., Stanton, N.A., Walker, G.H. and Jenkins, D.P. (2009) *Distributed Situation Awareness: Advances in Theory, Measurement and Application to Teamwork*. Aldershot, UK: Ashgate Publishing.

Salmon, P.M., Lenné, M.G. and Stephan, K. (2010) Applying systems based methods to road traffic accident analysis: the barriers to application in an open, unregulated system. 9th International Symposium of the Australian Aviation Psychology Association, 18–22 April, Sydney.

Salmon, P.M., Stanton, N.A., Gibbon, A.C., Jenkins, D.P. and Walker, G.H. (2010) *Human Factors Methods and Sports Science: A Practical Guide*. Boca Raton, USA: Taylor and Francis.

Salmon, P.M., Williamson, A., Lenné, M.G., Mitsopoulos, E. and Rudin-Brown, C.M. (2010) Systems-based accident analysis in the led outdoor activity domain: application and evaluation of a risk management framework. *Ergonomics*, 53:8, 927–39.

Schraagen, J.M., Chipman, S.F. and Shalin, V. L. (2000) *Cognitive Task Analysis*. Mahwah, NJ: Lawrence Erlbaum Associates.

Shadbolt, N.R. and Burton, M. (1995) Knowledge elicitation: a systemic approach. In: J.R. Wilson and E.N. Corlett (eds), *Evaluation of Human Work: A Practical Ergonomics Methodology*. London: Taylor and Francis, pp.406–40.

Shappell, S.A. and Wiegmann, D.A. (1997) A human error approach to accident investigation: the taxonomy of unsafe operations. *The International Journal of Aviation Psychology*, 7:4, 269–91.

Shappell, S.A. and Wiegmann, D.A. (2001) Unravelling the mystery of general aviation controlled flight into terrain accidents using HFACS. Paper presented at the 11th International Symposium on Aviation Psychology. Columbus, OH: The Ohio State University.

Shappell, S.A. and Wiegmann, D.A. (2003) A human error analysis of general aviation controlled flight into terrain accidents occurring between 1990–1998. Report number DOT/FAA/AM-03/4. Washington DC: Federal Aviation Administration.

Shappell, S.A., Detwiler, C., Holcomb, K., Hackworth, C., Boquet, A. and Wiegmann, D.A. (2007) Human error and commercial aviation accidents: an analysis using the human factors analysis and classification system. *Human Factors*, 49, 227–42.

Shi, J., Bai, Y., Ying, X. and Atchley, P. (2010) Aberrant driving behaviors: a study of drivers in Beijing. *Accident Analysis and Prevention*, 42:4, 1031–40.

Shorrock, S.T. (2006) Technique for the retrospective and predictive analysis of human error (TRACEr and TRACEr-lite). In: W. Karwowski (ed.), *International Encyclopedia of Ergonomics and Human Factors*. 2nd Edition, London: Taylor and Francis.

Shorrock, S.T. and Kirwan, B. (2002) Development and application of a human error identification tool for air traffic control. *Applied Ergonomics*, 33, 319–36.

Skillicorn, D.B. (2004) Social network analysis via matrix decompositions: Al-Qaeda. Unpublished manuscript.

Snook, S.A. (2000) *Friendly Fire: The Accidental Shootdown of US Black Hawks Over*

Northern Iraq. Princeton, NJ: Princeton University Press.

Stanton, N.A. (2006) Hierarchical task analysis: developments, applications, and extensions. *Applied Ergonomics*, 37:1, 55–79.

Stanton N.A. and Baber, C. (2008) Modelling of human alarm handling responses times: a case of the Ladbroke Grove rail accident in the UK. *Ergonomics*, 51:4, 423–40.

Stanton, N.A. and Young, M. (1999) *A Guide to Methodology in Ergonomics: Designing for Human Use*. London: Taylor and Francis.

Stanton, N.A., Hedge, A., Brookhuis, K., Salas, E. and Hendrick, H. (2004) *Handbook of Human Factors Methods*. Boca Raton, USA: CRC Press.

Stanton, N.A., Salmon, P.M., Walker, G., Baber, C. and Jenkins, D.P. (2005) *Human Factors Methods: A Practical Guide for Engineering and Design*. Aldershot, UK: Ashgate Publishing.

Stanton, N.A., Stewart, R., Harris, D., Houghton, R.J., Baber, C., McMaster, R., Salmon, P.M., Hoyle, G., Walker, G.H., Young, M.S., Linsell, M., Dymott, R. and Green, D. (2006) Distributed situation awareness in dynamic systems: theoretical development and application of an ergonomics methodology. *Ergonomics*, 49, 1288–1311.

Stanton, N.A., Walker, G.H., Young, M.S., Kazi, T.A. and Salmon, P. (2007) Changing drivers' minds: the evaluation of an advanced driver coaching system. *Ergonomics*, 50:8, 1209–34.

Stanton, N.A., Baber, C. and Harris, D. (2008) *Modelling Command and Control: Event Analysis of Systemic Teamwork*. Aldershot, UK: Ashgate.

Stanton, N.A., Salmon, P.M., Harris, D., Demagalski, J., Marshall, A., Young, M.S., Dekker, S.W.A. and Waldmann, T. (2009) Predicting pilot error: testing a new method and a multi-methods and analysts approach. *Applied Ergonomics*, 40:3, 464–71.

Stanton, N.A., Jenkins, D.P., Salmon, P.M., Walker, G.H., Rafferty, L. and Revell, K. (2010) *Digitising Command and Control: A Human Factors and Ergonomics Analysis of Mission Planning and Battlespace Management*. Aldershot, UK: Ashgate Publishing.

Stanton, N.A., Salmon, P.M., Walker, G.H. and Jenkins, D.P. (2010) *Human Factors and the Design and Evaluation of Central Control Room Operations*. Boca Raton, USA: Taylor and Francis.

Stewart, R., Stanton, N.A., Harris, D., Baber, C., Salmon, P.M., Mock, M., Tatlock, K., Wells, L. and Kay, A. (2008) Distributed situation awareness in an airborne warning and control system: application of novel ergonomics methodology. *Cognition Technology and Work*, 10:3, 221–9.

St-Vincent, M., Denis, D., Imbeau, D. and Laberge, M. (2005) Work factors affecting manual materials handling in a warehouse superstore. *International Journal of Industrial Ergonomics*, 35:1, 33–46.

Svedung, I. and Rasmussen, J. (2002) Graphic representation of accident scenarios: mapping system structure and the causation of accidents. *Safety Science*, 40:5, 397–417.

Taylor, Lord Justice (1990) The Hillsborough Stadium disaster: final report. London: HMSO.

United States General Accounting Office (1997) Operation Provide Comfort: review of U.S. Air Force investigation of Black Hawk fratricide incident. Report to Congressional requesters.

USAF Aircraft Accident Investigation Board (2004) U.S. Army Black Hawk helicopters 87-26000 and 88- 645 26060: Vol.1, executive summary: UH-60 Black Hawk helicopter accident. 14 April 1994 online, ⟨www.schwabhall.com/opc report.htm⟩.

Van Duijn, M.A.J. and Vermunt, J.K. (2006) What is special about social network analysis? *Methodology*, 2:1, 2–6.

Vicente, K.J. (1999) *Cognitive Work Analysis: Toward Safe, Productive, and Healthy Computer-based Work*. Mahwah, NJ: Lawrence Erlbaum Associates.

Vicente, K.J. and Christoffersen, K. (2006) The Walkerton E. Coli outbreak: a test of Rasmussen's framework for risk management in a dynamic society. *Theoretical Issues in Ergonomics Science*, 7:2, 93–112.

Wagenaar, W.A. and Reason, J.T. (1990) Types and tokens in road accident causation. *Ergonomics*, 33, 1365–75.

Walker, D. (2007) Applying the Human Factors Analysis and Classification System (HFACS) to incidents in the UK construction industry. Unpublished MSc thesis, Cranfield University, Bedford, UK.

Walker, G.H., Gibson, H., Stanton, N.A., Baber, C., Salmon, P.M. and Green, D. (2006) Event analysis of systemic teamwork (EAST): a novel integration of ergonomics methods to analyse C4i activity. *Ergonomics*, 49, 1345–69.

Walker, G.H., Stanton, N.A., Kazi, T.A., Salmon, P.M. and Jenkins, D.P. (2009) Does advanced driver training improve situation awareness? *Applied Ergonomics*, 40:4, 678–87.

Walker, G.H., Stanton, N.A., Baber, C., Wells, L., Jenkins, D.P. and Salmon, P.M. (2010) From ethnography to the EAST method: a tractable approach for representing distributed cognition in air traffic control. *Ergonomics*, 53:2, 184–97.

Walker, G.H., Stanton, N.A. and Salmon, P.M. (2011) Cognitive compatibility of motorcyclists and car drivers. *Accident Analysis and Prevention*, 43:3, 878–88.

Ward, R., Brazier, A. and Lancaster, R. (2004) Different types of supervision and the impact on safety in the chemical and allied industries: literature review. Health and safety executive report.

Watts, L.A. and Monk, A.F. (2000) Reasoning about tasks, activities and technology to support collaboration. In: J. Annett and N. Stanton (eds), *Task Analysis*. London, UK: Taylor and Francis, pp.55–78.

Wenner, C.A. and Drury, C.G. (2000) Analysing human error in aircraft ground damage incidents. *International Journal of Industrial Ergonomics*, 26, 177–99.

Wiegmann, D.A. and Shappell, S.A. (2001) A human error analysis of commercial aviation accidents using the human factors analysis and classification system (HFACS). Report number DOT/FAA/AM-01/03. Washington DC: Federal Aviation Administration.

Wiegmann, D.A. and Shappell, S.A. (2003) *A Human Error Approach to Aviation Accident Analysis: The Human Factors Analysis and Classification System*. Burlington, VT: Ashgate Publishing Ltd.

Wikipedia (2010) Why-because analysis. ⟨http://en.wikipedia.org/wiki/Why-Because_analysis⟩, accessed 11 February 2011.

Wilson, K.A., Salas, E., Priest, H.A. and Andrews, D. (2007) Errors in the heat of battle: taking a closer look at shared cognition breakdowns through teamwork. *Human Factors*, 49:2, 243–56.

Woo, D.M. and Vicente, K.J. (2003) Sociotechnical systems, risk management, and public health: comparing the North Battleford and Walterton outbreaks. *Reliability Engineering and System Safety*, 80, 253–69.

Woods, D.D., Dekker, S., Cook, R., Johannesen, L. and Sarter, N., (1994) *Behind Human Error: Cognitive Systems, Computers and Hindsight*. Ohio: CSERIC.

Wu, W., Gibb, A.G.F. and Li, Q. (2010) Accident precursors and near misses on construction sites: an investigative tool to derive information from accident databases. *Safety Science*, 48:7, 845–58.

9/11 Commission (2004) The 9/11 Commission Report. ⟨www.9-11 commission.gov/report/911 Report. pdf⟩.

索　引

【監訳者】

小松原 明哲（こまつばら あきのり）

1980 年　早稲田大学理工学部工業経営学科卒業
現在　　早稲田大学理工学術院創造理工学部経営システム工学科教授
　　　　博士（工学）　専門：人間生活工学

ISBN978-4-303-72987-5
事故分析のためのヒューマンファクターズ手法

2016 年 8 月 20 日　初版発行

監訳者　小松原明哲　　検印省略
発行者　岡田節夫
発行所　海文堂出版株式会社

本　社　東京都文京区水道 2-5-4（〒112-0005）
電話 03（3815）3291（代）　FAX 03（3815）3953
http://www.kaibundo.jp/
支　社　神戸市中央区元町通 3-5-10（〒650-0022）

日本書籍出版協会会員・工学書協会会員・自然科学書協会会員

PRINTED IN JAPAN　　印刷　田口整版／製本　誠製本